中央军委主席江泽民题写书名

現代武器装备知識丛書

现代武器装备知识丛书　　总主编　汪致远

总装备部电子信息基础部　编

核武器装备

主　编　钱绍钧

原 子 能 出 版 社
航 空 工 业 出 版 社
兵 器 工 业 出 版 社

图书在版编目（CIP）数据

现代武器装备知识丛书．核武器装备/汪致远总主编；钱绍钧分卷主编．—北京：原子能出版社、航空工业出版社、兵器工业出版社，2003.7
ISBN 7-5022-2686-9

Ⅰ.核… Ⅱ.钱… Ⅲ.核武器－基本知识 Ⅳ.E928

中国版本图书馆CIP数据核字(2002)第084847号

内 容 简 介

本书全面、系统地介绍了核武器装备知识。全书共分六章，内容包括20世纪的尖端武器、核武器的秘密、核武器装备系统、核试验、核武器毁伤作用与防护及核武器的未来等。书中介绍了核武器的相关知识和许多鲜为人知的史料。

本书内容深入浅出、语言通俗易懂、图文并茂。在当前全军开展高科技知识学习的活动中，可作为广大部队官兵的科普读物，也可作为对广大青少年进行国防教育的教材。

责任编辑：赵志军　李盈安
装帧设计：崔　彤　李松林
原子能出版社、航空工业出版社、兵器工业出版社出版发行
保定市印刷厂印刷　全国各地新华书店经销
开本：787 × 1092 1/16　印张：11.375　字数：272千字
2003年7月第1版　2003年7月第1次印刷
印数：1—5 000
定价：38.00元

《现代武器装备知识丛书》

《核武器装备》

主　　编 钱绍钧

副 主 编 俞启宜

编　　者 （按姓氏笔画排列）

冯晓辉　朱焕金　华欣生

刘恭梁　李志民　杨岳欣

杨凯旋　沈中毅　陈俊祥

竺家亨　郝　晋　胡思得

俞启宜　钱绍钧　唐西生

程开玉

总序

进入新世纪新阶段，我军武器装备建设任重道远。面对新形势、新任务，编辑出版《现代武器装备知识丛书》很有必要，很有意义。这对于全军特别是装备系统，深入学习和普及现代武器装备知识，促进我军武器装备现代化建设，加紧推进军事斗争准备，必将产生重要的作用。

当今世界，以信息技术为核心的高新技术的迅猛发展和广泛应用，不仅深刻地改变着人类社会面貌，而且引发了一场世界范围的新军事变革。各主要国家都在积极调整军事战略，重点发展军用高技术及其武器装备，力求抢占新的军事制高点。纵观上世纪90年代以来爆发的历次局部战争，高技术武器装备已成为推动新军事变革的重要物质基础和最活跃的因素。江主席敏锐地把握世界新军事变革的趋势，根据军事斗争准备和我军现代化建设的需要，高瞻远瞩，总揽全局，果断决策实施科技强军战略，明确提出了实现我军武器装备跨越式发展的战略构想。这些年来，全军装备系统和国防科技工业战线，坚决执行江主席的决策和指示，发扬"两弹一星"精神，大力加强国防科学技术研究，集中力量发展"杀手锏"装备，一大批高技术武器装备相继研制成功并装备部队，大大增强了我军在高技术条件下的威慑能力和实战能力，为完成机械化和信息化建设的双重历史任务奠定了坚实的基础。

迎接世界新军事变革的挑战，关键在人才。展望未来，放眼世界，建立知识密集型的军队已成为各主要国家的共同选择，也是推动中国特色新军事变革的重大举措。因此，抓住难得的历史机遇，普及现代武器装备知识，提高全体官兵的科技素质，是十分重要而紧迫的战略任务。

江主席指出："在全军各部队、各级领导机关和广大指战员中，必须迅速掀起并形成一个广泛、深入、持久地学习现代科技特别是高科技知识的高潮。"为贯彻落实江主席的指示精神，总装备部电子信息基础部组织军内外百余名专家，历时两年编写了《现代武器装备知识丛书》。全书共八卷，每卷均由相关领域的知名院士、将军和专家担任主编。这套丛书图文并茂，结合一些典型战例，全面、系统地介绍了现代武器装备的发展历程、现状、趋势以及基础知识和基本原理，是一套开卷有益的高技术武器装备知识读本。希望广大官兵积极响应江主席的号召，努力学习现代武器装备知识。我相信这套丛书将为实施科技强军战略，培养新型军事人才，推进我军现代化建设，加强军事斗争准备作出贡献。

中央军委委员　总装备部部长 

前　言

21世纪的帷幕已经拉开。在刚刚终结的20世纪历史舞台上，核武器作为人类历史上独一无二的一类武器，发挥着独特而重要作用。

核武器之所以独特，完全是因为它那非凡的毁伤力。核武器利用的是原子核裂变或聚变放出的核能，这种能量要比常规弹药爆炸产生的化学能大百万至上千万倍。以美国战略核力量中最先进的俄亥俄级核潜艇为例，每艘潜艇携带24枚“三叉戟”Ⅱ（D-5）型潜射弹道导弹，每枚导弹有8个分导式核子弹头，每个子弹头的爆炸威力为47.5万吨梯恩梯当量。这样，一艘俄亥俄级核潜艇携带的核子弹头总威力为9 120万吨梯恩梯当量，约为第二次世界大战美国在德国和日本投下炸弹总威力（200万吨梯恩梯炸药）的50倍。

正是由于核武器的超常威力，二次世界大战期间交战双方各大国在相互拼杀的同时，都拿出可观的人力、物力来研究发展与核武器有关的技术，力图抢先掌握这种武器以致胜对方。这场围绕新技术的竞争加速了核武器研制的进程。从发现核裂变现象，到形成核武器的概念，再到原子弹研制成功并用于实战，仅用了区区6年时间，这在兵器发展史上是十分罕见的。

也是由于核武器的超常威力，使它成为二次世界大战后，美、苏为首的两大阵营军备竞赛的主要领域。在形形色色军事需求的驱动下，到20世纪70年代末，双方都已研发、部署了从炸弹、导弹、巡航导弹、火炮、深水炸弹、地雷、水雷、鱼雷等系列的核武器装备，各自拥有的核弹头总数都达了数万件，远远超出了实际的军事需求。

核武器的超常威力，反而使它的军事使用受到了道义上、政治上的诸多制约。特别是经过几十年的核军备竞赛，美、苏双方都拥有了大量核武器，更使双方都无法承受核战争的毁灭性后果，从而有效的遏制了任何一方动用核武器的意图。这就是核武器自相矛盾的历史作用。其结果是一方面自1945年美国在日本投掷两枚原子弹后，核武器再也没有被使用过；另一方面在整个冷战期间，它在保持两大阵营间的战略平衡、避免爆发世界大战方面发挥着重要的战略威慑作用。

为帮助广大指战员了解核武器装备知识，让我们打开历史的尘封，借解读核武器在20世纪“半是天使半是魔”的卷轴，为读者送上一份启迪。

20世纪40年代，一场神秘的原子弹研制竞赛在美、英、德、苏、日等国展开。你也许会对这段带有神奇色彩的历史和趣闻感兴趣，想了解核物理的发现是怎样导致核武器出现的，为什么美国最先摘取了桂冠，而纳粹德国却功亏一篑？你也许还想知道各国围绕氢弹研制的角逐。本书第一章将帮助你解开这些迷团。

核武器作为一种大规模杀伤破坏性武器，其威力是一般常规武器所无法比拟的。你一定很想了解：一枚小小的核弹为什么会有摧毁一座城池的威力呢？随着核武器的发展，出现了形形色色的核武器，它们的设计原理是什么？又各有哪些特殊本领呢？使用的核材料又是怎样生产出来的？本书第二章将揭开原子弹、氢弹及中子弹的神秘面纱。

你可能想了解，什么是装备部队的核武器系统？在世界庞大的核武库中到底秘藏着哪些核武器呢？它们的性能如何？在第三章我们将带你到核武器家族中遨游。

核试验是研制发展核武器最直接、最有效的手段。你也许十分关心核试验的来龙去脉，为什么有关核试验的话题在国际舆论中经久不衰？核试验对核武器的发展有什么作用呢？核试验有哪些方式？它们是怎样进行的？又怎样对它们进行监测？本书第四章将带领你走进神奇色彩的核试验天地。

现代战争已成为新型武器的试验场，但核武器作为20世纪的尖端武器，仅仅在第二次世界大战结束前被美国使用过。有关核武器毁伤作用的研究，大多是在后来的核试验中进行的。你想知道核武器使用将牵涉哪些问题吗？它有哪些毁伤作用呢？采取怎样的方法和防护措施可以避免或减小其危害呢？在本书第五章中你会找到答案。

鉴于核武器在上个世纪的特殊战略地位与作用，核武器曾是衡量一个国家综合实力的重要标志。进入新世纪后，世界上还部署着约3万件核武器，人类仍生活在核威胁的阴影中。因此，你一定渴望了解：下个世纪核武器还会长期存在吗？它将怎样继续发展？它的地位和作用将发生什么变化？本书第六章试图对核武器未来的作用和发展趋势作出预测。

全书力图以深入浅出的内容，通俗、形象的语言，图文并茂的方式，介绍有关核武器研制发展过程和相关的科学技术知识。其中不乏许多引人入胜、鲜为人知的史料，使读者在拓展知识的同时，不会感到枯燥乏味。

总装备部科技委委员、院士 钱绍钧

目　录

第一章

20世纪的尖端武器

回首战事连连的20世纪，美国悍然在日本广岛、长崎投下两颗原子弹，演绎了震惊世界的一幕。核武器的出现使战争兵器发生了质的变化，从此，人类进行毁灭性战争的能力发展到空前的程度。

由于核武器能给敌国造成难以承受的毁伤，它一直是有核国家最为隐秘的核心机密，被看成是克敌制胜的法宝，捍卫国家安全的基石。随着时间的推移，当年的一些秘密逐渐通过不同渠道得以披露。这些令人瞩目的资料公诸于世，使我们得知了核武器研制、发展及核战略演变中鲜为人知的一幕。在那狂热的战争年代，核武器是如何诞生的？美国为什么要开人类使用核武器的先河？在近半个多世纪的军备竞赛中，核武器如何发展成庞大的核武库的？

本章将带你拉开核时代的序幕，透视核武器伴随冷战发展的轨迹。

第一节 举足轻重的核武器

核武器是一种利用核能的大规模杀伤破坏武器，人类究竟是怎样逐步发现核能的呢？这还得追溯到20世纪前30年的一些研究工作。

19世纪末、20世纪初，物理学方面一连串令人瞩目的发现和研究成果：电子、X射线、钋、镭和铀的天然放射性、狭义相对论及质量与能量关联公式、量子力学和原子模型等开创了原子理论发展的新阶段。

20世纪20年代，史无前例的创造热情弥漫着整个物理学界：发现原子核、破解原子核正电荷的秘密——发现质子、实现人工核反应，一步步揭开了原子核结构的奥秘。

20世纪30年代是核物理学的“黄金时代”。中子的发现导致了原子核由质子和中子组成假说的提出，翻开了核物理研究新的一页。对原子核结合能的研究和铀原子核在中子轰击下裂变现象的发现打开了人类探索新能源——核能的大门。

核能也就是原子核能，它比化学反应释放的能量要大得多。以铀-235核裂变反应为例，“燃烧”（裂变）一个原子核，能释放约200兆电子伏的能量；而在煤、石油，天然气等燃烧（氧化反应）的过程中，一个碳原子氧化产生一个二氧化碳分子，只释放大约4电子伏的能量。也就是说，一个铀核裂变反应释放的裂变能是一个碳原子氧化反应所释放化学能的5 000万倍。我们再看看聚变反应的例子。太阳光辉普照地球已40亿年，却只用了它的一小部分资源。太阳之所以坐吃而不山空，是因为它拥有宇宙中真正的能量宝库——聚变核能。太阳的燃烧和自古使用的篝火燃烧完全不同。木头燃烧的化学反应，只是各个原子之间的组合状态起了变化，原子核没变 而太阳燃烧的核聚变反应使原子核组成发生了某种变化。无论核裂变反应或核聚变反应，原子核都转变为其他原子核。

人们习惯上称利用核能制成的武器为原子武器，但由于能量释放实质上来自原子核的反应与转变，所以称核武器更为确切。

从1938年12月18日德国放射化学家——奥托·哈恩及F.斯特拉斯曼和奥地利物理学家丽丝·迈特纳发现铀原子核裂变，到1945年7月16日，第一颗原子弹在美国试验成功，前后只用了6年时间。在现代武器发展史上，其速度之快是名列前矛的。这一方面是由于核物理学取得了一系列重大发现，奠定了科学技术基础；另一方面，要归因于第二次世界大战迫使各国寻求杀伤威力更大的新武器。原子弹就诞生在这样的环境中。

核武器与一般常规武器有什么区别呢？常规武器装的是化学炸药，如梯恩梯等，利用化学炸药爆炸产生化学能，主要来自化合物的分解反应；而核武器里面装的是核装料，如铀-235、钚-239、氘、氚等，利用原子核的裂变或聚变反应，瞬时释放出核能。核能的军事利用是武器发展史上新的里程碑。

核武器具有一般常规武器无法比拟的杀伤破坏作用。一般炸弹最多装几百千克炸药，主要依靠爆炸效应或碎片进行杀伤，空中爆炸时杀伤半径只有几十米到几百米；而核武器威力可从数百吨梯恩梯当量到数千万吨梯恩梯当量。一枚中等威力的核武器杀伤半径可达几千米至几十千米，而且还有常规武器所没有的其他多种杀伤破坏效应，如具有持久杀伤作用的放射性沾染等。它能以最少的兵力、兵器在短时间内造成敌方人力物力的巨大损失。如第二次世界大战期间，美国在德国和日本投下的炸弹，总计约200万吨梯恩梯炸药，只相当于美国B-52型轰炸机携载的2枚氢弹爆炸威力。可见，核武器毁伤作用之巨大。

和其他许多科学技术的发明首先用于军事一样，核能的开发最先不是为人类解决能源危机，而是用于军事目的。德国科学家最先注意到核裂变的军事价值，纳粹头子希特勒也曾想利用其巨大的能量去制造武器，改变战争的局面。一些物理学家为了不使这种武器掌握在纳粹手里，并为赢得第二次世界大战的胜利，在美国率先制造成功威力巨大的原子弹。

从有战争以来，人们总在不断设法加大武器的杀伤力。人类几千年的武器发展史，从冷兵器拼搏到热兵器较量，至核武器问世，除了科学技术发展的推动外，对更大杀伤力武器的追求也是重要的动力。由于核武器具有其他武器无法替代的巨大杀伤破坏力，因而自它诞生以来，就被各国的军事战略家奉为至宝。但只有当第一次核试验发出胜过太阳的强烈闪光，广岛、长崎遭到核袭击灾难时，人类才真正领略到这种毁灭性武器的威力。一枚中等威力的原子弹，能在瞬间毁灭一座中等城市，造成数十万人员的伤亡。氢弹研制成功后，核武器威力更急剧增长，从几万吨梯恩梯当量到几百、几千万吨梯恩梯当量（图1.1）。人类第一次拥有

图1.1 美国大威力核试验之一，代号“矮人”核试验

了过剩的杀伤能力。

原子弹制造是一个复杂的科学技术大工程。它的实施首先需要国家最高领导层的决策，政府部门的组织协调及人力、物力上强有力的支持；由于原子弹研制规模大，保密要求高，各国都要在远离城市的荒漠或高山地区建立研究机构；集中一批富有献身精神的杰出科学家组成“大兵团作战”；同时还必须具有足够的核燃料——铀和钚。这些都是研制原子弹必不可少的要素。那么，当时各国是如何利用核裂变现象来研制原子弹的呢？下面我们来回顾一下历史，看是谁把“核怪物”放出了“魔盒”？

第二节 一场神秘的原子弹竞赛

上节我们已经讲到，利用原子核裂变能量的武器，其威力巨大无比。因此，在第二次世界大战中，原子武器被各国军政领袖们看成克敌制胜的手段之一，德、日、苏、英、美、加等国在原子弹研制中开展了一场竞赛。最终是美国最先研制出原子弹；纳粹德国虽抢先起步，但失道寡助而失败；日本人起步很早，但因缺乏铀原料而“无米下锅”；苏联、英国、法国皆因二次世界大战的影响减缓了研制速度，战后才陆续研制出核武器；中国在超级大国的核威胁下，别无选择，被迫研制成原子弹。

一、德、日功亏一篑

二次世界大战时，德国的科学技术本处于领先地位。德国哥廷根曾经是一个活跃的物理科学研究中心，知名科学家纷至沓来。1942年以前，德国在核技术领域的水平与美、英两国大致相当。1938年德国科学家发现了铀核裂变现象，也是他们最早注意到它的军事价值。1939年4月，德国已处于战争前夕，科学家就向军方写信，指出这一研究成果可能应用于军事方面，首先用上它的国家将取得军事上的压倒优势。但这封信并未引起纳粹当局的注意。1940年初，德国化学家做的铀链式裂变反应实验引起了军方的注意，于是柏林开始进行一项核研究计划。1932年获诺贝尔奖的德国著名物理学家W.海森堡，主持纳粹德国的核物理研究。但在1942年申请拨款时，他只要了区区几百万当时的“帝国马克”，战后他说：这是为德国的核技术研究设置障碍。但反对派一直谴责他与纳粹的合作行为。1942年2月的一次报告会上，当海森伯和玻特（Bothe）被问道：“在3个季度时间内，借助原子能是否能生产一种决定胜负的武器？”时，两位教授都作了否定回答。从此以后，这项研究工作的目标就只限于制造反应堆，德国称之为“铀炉”。

制造原子弹离不开反应堆和铀矿，除德国东部的铀矿外，德国军队还占领了捷克斯洛伐克的铀矿。德国当时在设计产生动力的反应堆，在挪威南部建成了重水生产厂。为生产高浓铀，德国曾着重于高速离心机的研制。由于忙于战事，加上空袭和电力、物质缺乏等原因，工作进展缓慢。在用反应堆生产钚-239中，用作减速剂的石墨制造厂被反法西斯职工破坏后，不得不探索新的慢化剂——重水。而同盟国飞机地毯式轰炸，又使重水工厂多次遭破坏。德国的研究设施已很难找到安稳的地区，1944年2月，柏林威廉皇帝化学所被炸。威廉皇帝物理所搬迁并建起了新“铀炉”。1945年2月，用金属铀和重水作中子增殖实验，已使中子增殖达到7倍，想继续扩大实验却因交通中断已不可能。4月22日，该所被美军占领，使原已临近制造原子弹的日期大大推迟。

此外，希特勒疯狂迫害科学家及一些科学家持不合作的态度，也是德国原子弹研制进展缓慢的原因之一；在无人飞机和火箭方面投入

力量太多，又分散了提炼金属铀的能力；德国法西斯头目过分自信，认为战争可以很快结束，对尚无必成把握的原子弹，最初几年一直无暇顾及，直到1944年才开始想加强核技术的研究，又因繁重的军工生产和战争破坏而困难重重。1944年2月7日，德国准备将重水工厂设备和储存的重水从挪威运回德国汉堡。2月20日，英国特工人员潜入运输船“海德”号，将其炸沉，使德国的原子弹研制计划遭到毁灭性打击。

日本是当时另一个军国主义国家，它在1941年就对原子弹进行过研究，制定了分离铀-235的“2号研究”与“F研究”计划。但日本本土铀资源缺乏，只能在朝鲜半岛、中国东北搜寻铀矿。据美国华盛顿国立档案馆披露的文件记载：在第二次世界大战末期，日本曾在朝鲜半岛北部兴南市进行过原子弹研制。1945年8月11日，苏军攻入兴南，8月15日，日本宣布无条件投降。日本的原子弹计划以失败告终。

1

二、美国捷足先登

在原子弹研制的神秘角逐中，美国为什么会后来居上，抢先制造出了原子弹。这其中的奥秘过去一直是核心机密，直到20世纪后期才逐渐披露出来。现在分析，当时美国确实占有天时、地利、人和等多方面的有利条件，如其本土远离战区，具有强大的经济实力又掌握了必需的铀资源，集中了一批国内外的优秀科技人才等，这些都是其它国家难以相比的。

战争年代，美国开始大量吸引世界各国的人才。20世纪30年代，一批欧洲著名科学家为逃避法西斯分子的迫害，背井离乡客居美国。其中有被称为相对论之父的德国犹太人爱因斯坦、匈牙利出生的著名犹太物理学家、后被誉为美国“氢弹之父”的特勒等。1939年初，匈牙利科学家L.西拉德得知德国研制原子弹的消息后，十分担忧法西斯可能抢先掌握这种武器。经他和另几位从欧洲移居美国的科学家推动，1939年8月，爱因斯坦写信给美国总统罗斯福，建议美国研制原子弹。信中说：“近4个月里，通过约里奥-居里在法国的工作与费米和西拉德在美国的工作，已经有把握地知道，在大量的铀中建立起原子核的链式反应会成为可能，……由此可以制造出极有威力的新型炸弹来”。当年10月，罗斯福总统作出了影响未来岁月的重大决策，成立了“铀顾问委员会”。1941年12月7日，日本袭击珍珠港事件又起了动员令的作用，成为美国加速原子弹研究的转折点。1942年8月，原子弹研制工作扩大成代号为“曼哈顿工程区”的庞大计划。罗斯福批准了这一规模巨大的军事工程项目，直接动用的人力约60万人，按当年美元计算，投资约22亿美元。

制造原子弹既要解决武器研制中一系列科学技术问题，还要设法生产出必需的核装料。造一颗原子弹要用提炼得很纯的核装料（铀-235或钚-239）。生产裂变核燃料有两条途径：一是从天然铀中分离出铀-235丰度很高的武器级铀。二是在核反应堆中通过中子照射铀-238，生产自然界不存在的钚-239。早期，美国的高浓缩铀是电磁分离法生产，而建设电磁分离工厂的费用高达3亿美元，其中尚未计入从国库借来用以制造励磁线圈银导线的白银；另一种核装料钚-239，则是从三座原子反应堆及与之配套的化学分离工厂生产的。

在招募、搜索各国顶尖级科学人才中，美国独具慧眼。“曼哈顿计划”开创了科学大工程的先河，它是由聚集在美国的许多来自不同国家的优秀科学家共同完成的。大战期间，多数科学家放弃了原来从事的研究工作，加入到军事技术的研究中。当时美国吸引了大量欧洲的人才，特别是犹太人。其中起重要作用的有“冶金实验室”主任阿瑟·康普顿；还有德国犹太物理学家詹姆斯·弗兰克，他是哥廷根大学原子研究“三巨头”之一，后来在研究链式反应和核材料钚的生产中起了很大作用。

“冶金实验室”拥有E.费米领导的反应堆小组和R.奥本海默领导的理论设计小组。费米是意大利物理学家（图1.2），他的妻子是犹太血统，由于法西斯种族迫害，不得不于1938年11月利用去瑞典接受诺贝尔奖的机会，携家迁往美国。在费米与匈牙利物理学家西拉德主持下，1942年12月2日，建成第一座反应堆，并成功地进行了可控铀-235链式裂变反应试验，

图1.2　意大利科学家费米

标志着人类开始掌握核能可控利用的技术。1943年，奥本海默（图1.3）等科学家在新墨西哥州洛斯·阿拉莫斯人迹罕见的深凹大峡谷建立了原子研究所。奥本海默由于在铀同位素分离研究中崭露头角，而登上原子弹总设计师的宝座。

图1.3　美国物理学家奥本海默（右）与爱因斯坦

与此同时，田纳西州橡树岭的两座工厂，分别采用电磁分离法与气体扩散法分离铀同位素；华盛顿州汉福特的三个原子反应堆，生产钚和从事核裂变研究。到1945年6月已生产出足够数量的武器级铀和钚-239。洛斯·阿拉莫斯原子研究所与橡树岭、汉福特这三个秘密研究机构相互配合，进行原子弹的设计与制造。

到第二次世界大战即将结束时，美国凭着其得天独厚的优势，加上英、加两国的加盟参与，终于后来居上。“曼哈顿计划”结出了可怕的果实，制成一颗代号“小男孩”的铀弹和两颗钚弹。“小男孩”原子弹装有当时美国积攒起来的约64千克的武器级铀，后投在日本广岛，是世界上首次用于实战的原子弹。两颗钚弹中，一颗用作“三一”试验弹，另一颗代号“胖子”，后投在长崎。

1945年7月16日清晨4时，在新墨西哥州阿拉莫戈多沙漠试验场进行了代号为“三一”（基督教以圣父、圣子与圣灵合为一神称为“三一圣体”）的原子弹爆炸试验。这颗内爆型钚弹长6米多，用钚-239作核装料，放在30米多高的铁塔上引爆。爆炸的瞬间，一个火球跃起，天空明亮得像有成千个太阳照耀，伴随一声巨响，五颜六色的火云翻滚上升，空中出现了巨大蘑菇云，在原铁塔处形成了一个巨大弹坑。这次试验产生了相当于1.9万吨梯恩梯炸药的威力，试验的成功使美国成为世界上第一个拥有原子弹的国家。被誉为美国“原子弹之父”的奥本海默半夜站在观察站内，仰望爆炸的耀眼闪光，感慨地背诵一位哲人的圣诗：“漫天奇光异彩，犹如圣灵逞威。只有一千个太阳，才能与其争辉。”图1.4为美国第一次试验的原子弹装置，图1.5为原子弹试验时的爆炸景象。从此，原子弹跳出“魔盒”，人类多了一种恐惧，地球多了一份威胁。

图 1.4　美国第一次试验的原子弹装置

图 1.5　美国首次原子弹爆炸景象

1

三、苏联急起直追

在第二次世界大战前，苏联为研制原子弹也进行过一定的工作。早在20世纪30年代，苏联就建立了三个核研究中心。1940年，在库尔恰托夫领导下，年轻物理学家弗辽洛夫和彼得夏克发现了铀-238原子核自发裂变。科学家哈里顿和泽列多维奇提出了维持铀核链式裂变反应的条件，并进行了有关实验。在研制原子弹方面也进行过一定的工作。

苏联的核能发展从一开始就伴随着间谍活动。克格勃情报机关不遗余力地获取德国铀技术进展的情报，促使苏联开始考虑制造原子武器问题。1940年7月30日，科学院十几位原子科学家，包括库尔恰托夫和哈里顿等，组成了“铀问题委员会”，准备出一份原子弹科学研究方案。按约·斯大林的指示：四年要造出原子弹来。1940年12月21日，苏联《消息报》上登载了一篇关于铀的文章，表明苏联在用铀-235实现核爆炸方面作了一些研究。1941年6月，希特勒入侵苏联，研究工作被迫中断。1942年后，苏联情报机构又不断收集到美国“曼哈顿计划”的情报。苏联国防委员会决定成立专门研究机构从事原子弹研究。1943年3月，第二研究所成立（即现在的俄罗斯科学中心——库尔恰托夫研究所）。战争结束前主要是解决铀的问题。当时，由于国民经济遭到巨大破坏，研究经费不足，使苏联原子弹研制速度减缓。经过几年的艰苦努力，1944年底，终于在中亚等地找到了铀矿，使苏联原子弹研制有了可靠的基础。由于预先获得了美国“三一”钚弹试验的信息，1945年7月在波茨坦会议上，斯大林对杜鲁门告诉他“美国试验成功一种特大威力的武器”时泰然自若。同年8月美国在日本投下两颗原子弹，令人信服地“演示”其威力后，苏联加快了原子弹研究。在人称“大胡子”的核科学家库尔恰托夫（图1.6）的领导下，为争取时间，采用美国第一颗原子弹设计，开始制造原子弹。1945年8月20日，苏联国防委员会决定成立专门委员会领导和协调原子弹研究工作。1946年4月8日，苏联部长会议决定成立原子弹研究设计局“КБ-11”，即现在阿尔扎马斯-16，1946年12月，第一座石墨慢化反应堆在南乌拉尔启动，并实现了铀的受控链式裂变反应。起初，“К Б -11”的任务是制定两个原子弹设计方案——钚弹（РДС-1，内爆型）和铀弹（РДС-2枪法）。РДС，俄语意为“俄

图 1.6　苏联原子弹领导人库尔恰托夫

图1.7　苏联第一颗原子弹

罗斯自己制造”，后因枪法原子弹性能落后，PДC-2的设计工作于1948年终止。1948年秋，第一个钚生产反应堆投入使用，铀-238在这里变成钚-239。1949年7月，用钚-239作核装料组装了“PДC-1”（见图1.7），8月29日在中亚塞米巴拉金斯克附近的试验场试爆成功（图1.8），试验威力为2.2万吨梯恩梯当量。美国人给它起的代号是“JOE-1”（斯大林-1）。从此，苏联终于打破了美国的核垄断地位，成为世界上第二个拥有核武器的国家。

图1.8　苏联首次核试验场上的塔架

四、英、法迎头赶上

英国是核研究起步较早的国家之一。1939年就制订过原子弹研究计划，牛津、剑桥等大学都开展了原子弹研究。1940年5月，温斯顿·丘吉尔就任首相，决心加速实施原子弹研制计划。其后，英国科学家在其原子弹结构设计和铀同位素分离等方面都进行了有价值的实验工作。

随着希特勒发动军事侵略，一些科学家从德占区逃亡英国，对英国的核技术起了促进作用。如丹麦科学家尼尔斯·玻尔提供了德国原子弹研究的情报；法国科学家帮助建设回旋加速器并带去挪威生产的重水。1940年由高级科学家组成“铀问题”行动计划委员会。同年12月，该委员会发表德国逃亡科学家西蒙所写的关于同位素分离的报告，指出用六氟化铀气体扩散法分离铀-235同位素生产武器用裂变材料是可行的。1941年，英国将分散的核研究工作相对集中，形成代号“铸管厂”的统一机构，使实验设备和经费都大大充实。正当英国准备建设大规模试制工厂时，德国的频繁轰炸，加上战时人力物力短缺，研制工作受到很大干扰。这时德国在核技术方面的进展使英国惴惴不安，局势的严峻使他们认识到必须联合协作，决不能让德国在这个领域里抢先。英国率先派出科学家代表团访问美国，介绍了英国的研制情况，罗斯福总统建议英、美、加联合研制原子弹。于是，英国的设备涉海过洋转移到北美，在纽约和加拿大分别设立研究小组，继续从事分离铀同位素的气体扩散法研究。英国虽是美国的亲密盟友，但原子弹的研制工作毕竟操纵在美国手里，美国限制英国人接近分离提纯钚的设施。具有讽刺意味的是，在二次大战期间，从美国洛斯阿拉莫斯核武器研究所往外拐带秘密情报的不只是苏联间谍，英国也参与这一行动。战后，美、英在有关核武器问题上发生矛盾，英国外交大臣曾说：“我们不能轻易默认美国对这一开发的垄断。”1947年1月，英国决定独自研制原子弹。到美国参加核研究的英国科学家战后都撤回英国，他们轻车熟路，在查德

图 1.9　英国核武器研制领导人查德威克

威克（图1.9）领导下，工作十分顺利，很快掌握了原子武器的关键技术。由于狭小的英伦本土不具备进行核试验的条件，1952 年 10 月 3 日，英国在西澳大利亚蒙特贝洛岛的水下试爆了一枚原子弹，威力只有千吨梯恩梯当量。成为世界上第三个爆炸原子弹的国家（图 1.10）。

图 1.10　英国的原子弹

法国在20世纪初科研力量雄厚，有强烈的自主立场。1934年，法国约里奥 - 居里夫妇用 α 粒子轰击原子核，发现了人工放射性。1939年—1940年，在法兰西学院核化学实验室实现了次临界链式反应。二次世界大战期间法国被纳粹军队占领，科研受到严重破坏。战后，总统戴高乐决心迎头赶上，抓紧进行原子弹的研究与生产，由著名物理学家、居里夫人的女婿约里奥 - 居里（图 1.11）担任主要负责人。1948 年，法国在本土找到铀矿，建立了第一座反应堆，1949 年，法国科学家取得了显赫的成果，第一次分离出钚。

图 1.11　法国物理学家约里奥 - 居里

1960 年 2 月 13 日，在法属西非撒哈拉沙漠的拉甘试验场，法国进行了第一次原子弹试验，威力为6万吨梯恩梯当量，从而挤进了核国家的行列（图 1.12）。

图 1.12　法国的原子弹

五、中国被迫而为

第二次世界大战后，国民党政府也曾秘密筹划中国的原子能计划，1946 年曾派出一批优秀青年赴美学习考察，但由于美国的封锁、保密未能如愿。国内仅有两个核科学研究机构，拥有吴有训、钱三强等少数优秀科学家。

20 世纪中叶，浓厚的核阴云笼罩着世界，中国也面临核威胁。早在 1950 年 11 月 29 日，朝鲜战争初期，美国杜鲁门总统就曾以使用原子弹相威胁，批准将 9 颗 MK Ⅳ型原子弹的核部件交付空军。以后，在我援越抗法和炮击金门、马祖群岛期间，美国又多次对我国进行核威胁。面对美国的核讹诈，中国别无选择，只能被迫上马，开始研制核武器的艰难历程。1954 年通过铀矿普查，发现了多处有开发前景的铀矿资源。1955年1月，中共中央和中国政府毅然作出了发展原子能事业的战略决策。1956

图 1.13 中国核试验场

年4月，毛泽东指出："中国不但要有更多的飞机大炮，而且还要有原子弹。"中国只有掌握了起码的核还击手段，才能确保国家的安全和独立，自立于世界民族之林。居安思危，有备无患，这句古训在当时显得更有意义。中国必须发展以导弹、原子弹为标志的尖端武器。这已成为中国领导层和科技界的共识，也得到一些外国友人的支持和理解。早在50年代初，当时的法国科学院院长、诺贝尔奖获得者约里奥-居里就曾给毛泽东主席带口信说："你们要反对原子弹，就必须自己拥有原子弹。"

从1955年4月至1958年9月，中国和苏联在核物理和核工业领域签订了4个协定，苏联同意在有关技术方面给予中国援助。1956年11月，成立了第三机械工业部，(后改为第二机械部）负责领导核工业的建设和发展工作。1958年1月该部成立第九局，负责组织原子弹研制工作。同年4月，为了进行核武器研制试验，中央军委决定筹建核试验场。一支浩浩荡荡铸造核盾牌的大军，开进了边塞大漠，开始在马兰建设核试验基地（图1.13）。7月，成立北京核武器研究所，以接受苏联提供的技术资料和原子弹样品，同时开始抢建西北核武器研制基地。

1959年6月，苏联毁约停援，撤走了专家。于是中国决心依靠自己的力量研制原子弹。1960年初，从全国各有关部门调集百余名高、中级科学研究和工程技术人员参加核武器研制工作。王淦昌、彭桓武、郭永怀、朱光亚、程开甲、邓稼先、陈能宽、周光召……等一批优秀的科学家（图1.14），肩负起神圣的历史使命，跋涉在青海高原和戈壁沙漠，默默无闻铸核魂，无私奉献写人生。

第一颗原子弹以"596"作为代号（指苏联毁约停援的年月）。初期的探索工作大致按理论

图 1.14 聂荣臻（中）、王淦昌（左）、朱光亚在核试验场

1

设计、爆轰物理、中子物理和放射化学、引爆控制系统、结构设计等几方面进行。经过艰苦探索、反复实验，到1962年底，已基本掌握了以高浓铀为主要核装料的原子弹物理规律，完成了物理设计和爆轰物理、引爆控制系统台架等关键试验，提出了理论设计方案。1963年春，核武器研制基地和核试验基地初步建成，形成了核武器研制、试验能力，并进入会战攻关。1964年1月，第一座气体扩散浓缩铀厂开始生产用作原子弹装料的高浓铀。1964年6月6日，全尺寸爆轰模拟试验成功。1964年10月16日15时，在新疆罗布泊沙漠成功地进行了第一颗铀原子弹装置爆炸试验，威力为2.2万吨梯恩梯当量（图1.15）。山呼海啸的巨响震憾寰宇，云蒸霞蔚的蘑菇云升起在大漠上空（图1.16）。中华民族的优秀儿女终于依靠自己的智慧和力量研制出了原子弹。从此，中国打破了超级大国的核垄断，为核武器的发展树立了第一个里程碑。

图 1.15 中国核试验成功后的情景

图 1.16 中国第一颗原子弹爆炸烟云

第三节 震憾世界的原子弹空袭

美国“曼哈顿”计划造出了三枚原子弹。除第一颗钚弹用于“三一”核试验外，其余两枚分别被称为“小男孩”和“胖子”的原子弹，在第二次世界大战结束的前夕，被投掷到日本的广岛和长崎，将两座城市化为废墟。原子弹轰炸加速了日本军国主义的灭亡，也勾画出一幕触目惊心的核战争悲剧。

一、投掷原子弹的决策过程

美国第一批原子弹研制成功后，怎样在战场上派上用场呢？早在1943年初，美国军事决策委员会就策划用原子弹作一次巨大的实战效应试验。1945年4月12日，罗斯福病逝，副总统杜鲁门递任总统，从而使他成为世界上第一个掌握原子弹使用权和惟一下令使用过它的人。当时，对日作战进入最后阶段，美军方认为日本可能以武士道精神决一死战，敦请使用原子弹对付日本有军事设施的大城市，以显示其大规模的杀伤威力，避免美军登陆日本本土时大量伤亡。同时考虑到苏联在东欧势力日益增加，美国想抢在苏联参战之前迫使日本投降。美国总统在给英国首相的信中也提出："制成的最新炸弹也许用来对付日本，直至他们投降为止。"

美国打算用原子弹加速结束战争进程的想法遭到国内一些科学家和高级将领的反对，但却得到英国首相丘吉尔的积极支持。1945年7月4日，美、英签署了对日本使用原子弹的协定，定于8月初对日本使用原子弹。7月26日，中、美、英三国发表了促使日本投降的"波茨坦公告"。8月9日，苏联对日宣战，并迅速消灭了日本关东军主力，日本已接近战败的边缘，并开始通过苏联寻找和平谈判的途径。在这种情况下，美国总统杜鲁门还是决定对日本进行核空袭。就这样，日本两个城市遭受悲惨命运的倒计时就开始了。

二、广岛、长崎祸从天降

美国"三一"原子弹试爆成功后，1945年7月23日，美国陆军部长飞往波茨坦向杜鲁门总统报告了这一消息。杜鲁门决定赶在战争结束前尽快在日本投下剩下的两颗原子弹——"小男孩"和"胖子"。

为确保原子弹突袭的成功，美国作了一系列周密准备。受命执行空袭任务的美陆军航空兵509混合大队（图1.17和图1.18）1945年进驻太平洋提尼安岛，进行特殊训练，还多次在日

图1.17　美国空投原子弹的B-29轰炸机

图1.18　轰炸广岛的美军机组

本上空进行模拟投掷演练。该大队所属6架B-29型亚声速远程战略轰炸机成为核炸弹最早的投掷工具。它的翼展56.39米，机长49.05米，机高12.40米，机身所占面积差不多有半个足球场那么大。机上有4个发动机和电子控制系统，弹舱特别大，最大速度1 010千米/小时。8月2日，一艘巡洋舰将"小男孩"原子弹的铀-235装料和其他部件运到该岛组装，于是第一颗枪法原子弹诞生了（见图1.19）。它看上去像一个"拉长的带翼垃圾筒"。

轰炸广岛的经历令人触目惊心。8月6日凌晨2点45分，六架美B-29型轰炸机从提尼安岛起飞。除载机"埃诺拉·盖伊"号携带重约4吨的"小男孩"原子弹外，其余各机承担气象侦

图 1.19　美国的“小男孩”原子弹

察和测试任务。六个半小时后，飞机到达广岛上空，8 点 15 分 17 秒，带尼龙降落伞的“小男孩”从约1万米的高空投下，降至六百多米高度爆炸，核爆炸威力约1.5万吨梯恩梯当量。爆炸产生像飓风一样的高压爆炸气浪，掀起大片烟雾和尘埃。火球向外发出很强的光和热，使广岛市大火焚烧，从地面卷起的尘柱与火球相连形成蘑菇云。随后下起了黑雨，核反应产生各种射线和放射性物质碎片降到地面，给广岛市民带来了雪上加霜的灾难。巨大的核爆炸效应（详见第五章）使广岛变成一片废墟，约 80% 左右的建筑物被毁坏，其中爆心周围十几平方千米区域内的建筑物毁灭殆尽（见图1.20）。据1945年底的统计，直接被原子弹杀伤的人数约十余万人，占全市 24 万人口的 60%。

图 1.20　原子弹轰炸后的广岛

图 1.21　“胖子”原子弹

8 月 9 日清晨 3 时 48 分，携带原子弹“胖子”的B-29轰炸机出发，这是一颗装钚-239的内爆法原子弹，重约4.5吨，直径约1.5米，长 3.3 米（图 1.21）。由于气候缘故，第一目标日本九州的小仓被浓烟遮盖，执行任务的飞机在目标上空绕了三圈仍无法目测轰炸。于是飞往候补目标长崎，11 时 58 分投下了“胖子”，核爆炸威力约2万吨梯恩梯当量。长崎是个有23万人口的高度工业化港口，四周的小山对原子弹爆炸效应起了一定屏蔽作用，但仍有11平方千米地区房屋被毁，年底统计的伤亡约七万余人，占全市人口的1/3。劫后余生者，几年后又因辐射症死亡了几万人（图1.22）。

图 1.22　长崎原子弹爆炸情景

两次原子弹轰炸给日本侵略者以毁灭性打击，加速了日本军国主义无条件投降。9月2日上午9时，日本外相率领代表团向盟军代表团签字投降。美国悍然使用原子弹也给日本平民造成重大伤亡，核战争的阴影使一些当事人心灵造成极大痛苦。在长崎投下原子弹的美国飞行员克米特·比汉，后来曾向记者说："但愿我是世界上最后一个投原子弹的人。"人们一夜之间意识到：核武器是能够毁灭人类自己的大规模杀伤武器。

第四节 围绕氢弹研制的角逐

1949年，苏联原子弹试验成功，大大超出了美国认为苏联要10～20年才能搞出原子弹的预测。事实说明一个真理，没有任何一个国家能够长期垄断一种先进的武器，包括核武器。核垄断的打破，意味着核军备竞赛的升级，新一轮核竞赛又围绕氢弹展开。

一、历史性的突破——氢弹诞生

氢弹是利用轻核聚变反应放出巨大能量的武器。从原子弹到氢弹，是核武器质的飞跃。

氢弹用的核装料是普通氢的同位素——氘和氚。氘和氚在一定条件下可发生聚变，生成氦-4和中子，同时放出能量。由于氘、氚较易生产，且同等质量氘、氚完全聚变放出的能量是铀核完全裂变反应的3～4倍，还不受临界质量的限制，所以氢弹的威力可以做得很大。

但是，要使氚和氘原子核结合在一起实现聚变反应的条件，却比实现重核裂变的条件苛刻得多。因为原子核都带正电，它们之间电的作用力是排斥性的，这种力阻碍两个原子核的进一步靠拢并发生反应。要设法冲破这个阻力，就必须让一个原子核以极高的速度冲向另一个原子核，或者让两个原子核以极高的速度对碰，使两者靠近到强大的核力（吸引力）发生作用的距离。举个例子可能有助于我们对这一问题的理解 好比往一个四周有高坡的坑里滚皮球，只有速度快的皮球，才能越过高坡，与坑里的皮球靠到一起。

我们知道，当物质的温度很高时，它的分子热运动速度也很快。在相当于太阳和恒星内部温度（几千万度）下，氘核就能战胜原子核的静电排斥力，而与另一氘核发生聚变反应。由于聚变反应是要在非常高的温度下进行的，所以又称为热核反应，利用热核反应产生爆炸的氢弹亦称热核武器。1945年，美国造出原子弹以后，科学家就提出利用原子弹的能量"点燃"氢弹的设想。这是因为地球上目前只有利用原子弹爆炸的能量才能产生维持聚变反应所需的高温，所以，氢弹要用原子弹来引爆。

由于技术及其他方面的原因，美国氢弹（当时叫超级弹）的研制经历了十分曲折的过程。洛斯阿拉莫斯研究所建立时，"超级弹"就是该所的主要任务（见第二章氢弹基本原理）。但直到1949年苏联的原子弹爆炸，才促使了美国高层人士下决心加快氢弹的研制。1951年，被誉为美国"氢弹之父"的特勒与乌拉姆一起提出"分级辐射内爆原理"的设计方案，拔得了氢弹研究的头筹。

氢弹的研制，在理论和制造技术上都比原子

图 1.23　美国“迈克”核装置

弹更为复杂。1952年11月1日，美国在太平洋比基尼珊瑚岛上试验成功代号为“迈克”的氢弹装置，威力约1 040万吨梯恩梯当量(图1.23)。但这个氢弹装置重65吨，装的是液态氘，需低温贮存设施。体积比载重汽车还大，根本不能用作武器。但这次试验成功地验证了特勒—乌拉姆原理的正确性，因而在核武器发展史上具有重要意义。

1954年3月1日，美国在比基尼岛上又爆炸了一枚氢弹，它用固态氘化锂做核装料，威力约为1 500万吨梯恩梯当量。由于无需低温贮存设施，因而使体积和重量大大减小，基本满足了武器化的要求(图1.24)。

图 1.24　1954年美国首次空投氢弹MK17（重约20吨，直径156厘米，长7.47米）

二、“核讹诈”梦幻破灭

(一)苏联氢弹研制不甘示弱紧步美国后尘

还在美国制造原子弹的时候，苏联就着手制定了氢弹研制计划。1945年，苏联开始探索聚变能的利用问题，并从美国获得有关氢弹研制的情报，着手研究热核爆炸的可能性。1948年3月，苏联又从英藉德裔科学家K.富克斯处获得一批关于美国氢弹发展的重要资料。1948年6月，苏联最高领导下令正式部署并加强氢弹的研究，责成阿尔扎马斯-16研究氘氚混合物的点火与燃烧理论，以验证情报的准确性，还成立了研制氢弹（该装置代号РДС-6）的特别小组。1949年3月，苏联科学院物理研究所提出用氘化锂-6作热核燃料。1949年8月，原子弹爆炸成功后，苏联开始全力以赴研制氢弹，两套方案平行进行。1950年2月，代号РДС-6С的“夹层饼”模型列为优先（详见第二章)。1953年8月12日，苏联爆炸了一个含氘化锂-6热核材料的加强型原子弹装置，爆炸威力为40万吨梯恩梯当量，向氢弹研制迈出了关键的一步。因为是单级，属于助爆原子弹(图1.25)。1954年3月1日美国代号“强盗”的大威力氢弹试验，使苏联核武器的科学家意识到美国已经掌握了更有效的设计氢弹的技术途径。又经过一段时间的努力，苏联终于也掌握了用“初级”原子弹压缩“次级”热核弹芯的设计技术。1955年11月22日，苏联进行了以固态氘化锂-6为核装料的氢弹空投试验，代号РДС-37，设计威力为300万吨梯恩梯当量，实际爆炸威力控制到160万吨梯恩梯当量(图1.26)。至此，美、苏两国的核差距缩小了，成了世界上拥有氢弹的

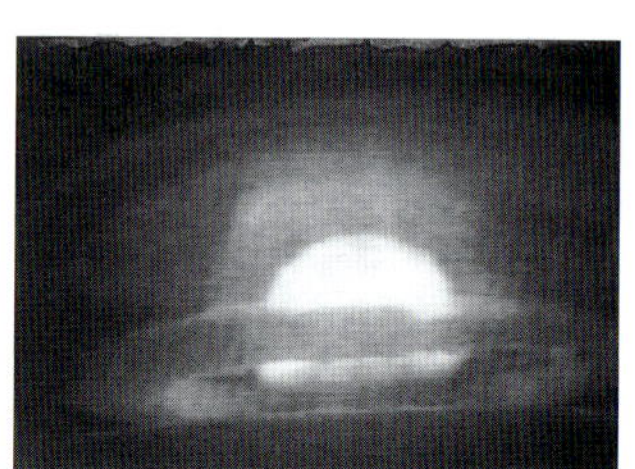

图 1.25　苏联第一颗助爆原子弹试验

图 1.26　苏联氢弹爆炸的烟云

1

两个超级大国。

(二)英国研制氢弹势在必行

虽然英国是美国的“密友”，在战时还联合研究过原子弹，但美国并不愿意与英国共享其氢弹秘密。英国要成为核大国，就得独立制造出氢弹。1957年5月，英国成功地在太平洋圣诞岛进行了氢弹试验，威力为百万吨梯恩梯当量，成为世界上第三个拥有氢弹的国家（见图1.27）。

图 1.27 英国“黄太阳”热核炸弹

三、华夏氢弹惊闻于世

早在1960年底，中国就开始氢弹理论的探索研究工作。1964年10月,原子弹试验成功后，为加强氢弹技术攻关的力量，以于敏为首的原子能研究所聚变研究小组加入了研制的行列。科研人员以气冲霄汉的鸿鹄之志，顽强拼搏、群策群力，为突破氢弹技术，从原理、结构、材料等多方面进行了广泛的探索和研究。到1965年底，终于找到了实现自持热核反应的关键和方法，提出采用裂变装置作“初级”来引爆“次级”的理论设计方案。为进一步检验设计思想，摸清热核材料氘化锂-6在核爆炸中的作用和性质，1966年5月9日，成功地进行了含热核燃料的核试验。同年12月28日，在铁塔上进行了中国首次氢弹原理试验（图1.28），爆炸威力约12.2万吨梯恩梯当量。这次试验的成功，是中国核武器发展史上又一个里程碑，标志着中国已掌握了氢弹的设计技术。1967年6月17日，氢弹空爆试验成功，爆炸威力约330万吨梯恩梯当量（图1.29、图1.30和图1.31）。中国成为世界上第四个拥有氢弹的国家。

图 1.28 中国氢弹原理试验的铁塔

从原子弹到氢弹，按其原理试验的年、月间隔比较，美国是7年3个月；苏联是6年3个月；英国是4年7个月；法国是8年6个月；中国只用了2年2个月。中国如此神速地研制成功氢弹，引起了

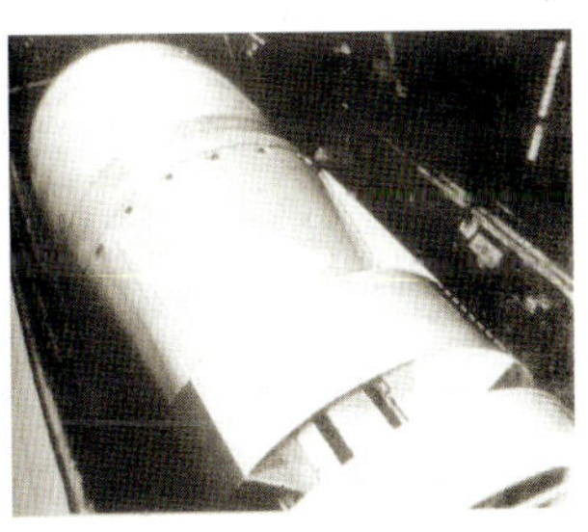

图 1.29 装上轰炸机的氢弹

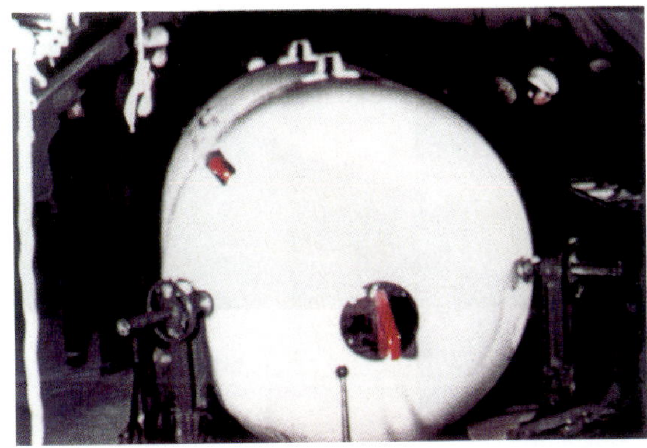

图 1.30 中国第一颗氢弹

图 1.31　中国首次空投氢弹的蘑菇云

各国科学家的震惊。华夏儿女以比发达国家少得多的经费和试验次数，在较短的时间内，独立自主地研制出原子弹和氢弹，创造了彪炳史册的辉煌业绩，对世界和平做出了巨大贡献。邓小平曾说“如果六十年代以来中国没有原子弹、氢弹，没有发射卫星，中国就不能叫有重要影响的大国，就没有现在这样的国际地位。”

图 1.32　法国战略导弹 M20 装备的 TN61 热核弹头

法国以第四名的资格挤进了“核俱乐部”后， 立即转向氢弹研制。但他们用了八年多时间，到1968年8月24日才在太平洋的穆鲁罗瓦岛上，爆炸了自己的氢弹（图1.32）。在氢弹研制的赛程中，法国落在了中国的后面，成为世界上第五个掌握氢弹的国家。

第五节
“冷战”中的核武器较量

回首五十年来历史的演进，世界处在核威胁的制约下，这就是被西方称为“冷战”的，以美、苏为首的两大阵营间大规模的对抗。冷战时期，核武器是东西方关系的主宰因素之一。

二次世界大战后，美、苏由战时的同盟国走向对立和对抗。从上世纪50年代起，美国就逐步形成了以准备全面核战争为目标的核威慑战略，其实质就是要使用核武器去威胁，去作战，甚至去赢得一场核战争。这反映了当时美国在核力量方面的优势地位。在这一核战略的指导下，五角大楼曾在一系列战争危机期间对一些国家威胁要动用核武器，并认真策划过对苏联实施第一次打击。例如，1948年6月，第一次“柏林危机”爆发，美国就制订了第一份完整的对苏核攻击计划。1962年，美、苏爆发“古巴导弹危机”，双方的核武器都差一点“利剑出鞘”。这是历史上最惊心动魄的一次核危机。1973年，中东战争期间，美国“为对付苏军可能发动的进攻，紧急发出作战命令，核力量进入戒备状态，B-52轰炸机随时准备投入战斗，核战处于“一触即发”的状态（图1.33）。

面对美国的核优势，苏联急起直追，到上世纪50年代末也初步建成了先发制人的核能力。1962年10月，因苏联将中程导弹及核武器运进古巴，美国总统肯尼迪下令海军对那个岛国实行封锁（图1.34）。这一行动使当时美、苏

图 1.33　美国 B-52 轰炸机携带的 B28RI 核弹

两国的战略核导弹都进入待发状态，形势发展到了爆发核战争的危险边缘。后因赫鲁晓夫退缩才化解了这场危机。由于古巴危机事件的刺激，苏联自 1963 年起，开始大批量生产与装备战略核武器（图 1.35 和图 1.36），从而与美国展开了更为激烈的核军备竞赛。

20世纪50年代以来，美国曾不止一次对中国进行赤裸裸的核威胁。1969 年中苏边界冲突时，苏联勃烈日涅夫也曾对中国进行核威胁。

图 1.34　美国"亚历山大"号核潜艇

图 1.35　苏联弹道式导弹 P-36 发射

图 1.36　俄罗斯"贝布尔"号核潜艇

来自两个超级大国的直接核威胁迫使中国发展必要的自卫核力量。

超级大国的核军备竞赛促进了核武器技术的发展，也使美、苏两个超级大国建立了称雄于世的庞大核武器库。但是由于核武器的特殊性，两国都不敢轻易地使用它。这就是冷战时期超级大国奇特的核逻辑。

一、核武器的演变

冷战时期，核武器的发展大体经历了两个阶段。第一阶段是突破原子弹与氢弹的设计原理，掌握制造技术，研制高爆炸威力的核武器。第二阶段是研制与远程投掷工具适配、打击精度高、威力适中的小型化氢弹和毁伤效应可选

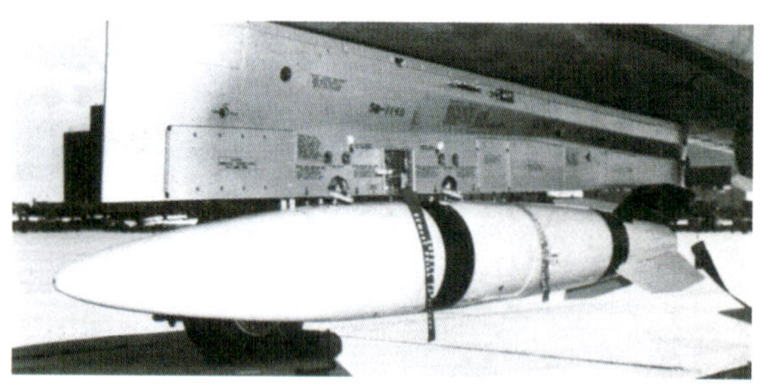
图 1.37　美国小型氢弹 B-43

图 1.38　携带 B-43 的 FB-111A 轰炸机

择的特殊性能核武器。与此相应，有人主张将原子弹与早期氢弹称为第一代核武器，小型化氢弹（图 1.37）与特殊性能核武器称为第二代核武器。小型化氢弹是后来美、苏两国核威慑力量的主体（图 1.38）。

核武器由大威力向高打击精度、较小威力的发展，是科技进步的必然，也标志着核武器装备系统性能更趋完善。起初轰炸机是投掷核弹的首选工具；随后射程远、命中精度高的导弹成为投射核弹的主要手段，导弹核武器除了可直接摧毁各种军事目标外，还可用于反导和突防；最后续航力高、生存能力强、可从任何海域发射潜射导弹的核潜艇，成为实施核突击的有效平台。美、苏的“三位一体”战略核力量就是由陆基（洲际弹道导弹）、潜基（携带潜射弹道导弹和核巡航导弹的核潜艇）和空基（携带核炸弹和巡航导弹的战略轰炸机）三种核力量构成的（详见第三章）。

20世纪60年代，为适应导弹向多弹头发展的需要核武器开始向小型化发展。经过10多年的努力，核弹头的质量、尺寸大幅度减小，比威力有了显著提高。小型化核武器还可以设计成具有根据作战需要调节威力的能力。70年代以后，进一步提高比威力代价大而效益不显著，美、苏两国转而致力于改进提高武器的生存能力和命中精度等战术技术性能。

特殊性能的核武器是指根据作战使用要求，增强或减弱了某些杀伤破坏效应的核武器。这类武器往往采用特殊的结构设计和材料。已经研制成功的特殊性能核武器有增强辐射弹（亦称中子弹）、减少剩余放射性弹（亦称冲击波弹）和增强 X 射线弹等（见第二章）。

核武器的威力虽大，但能量向四方发散。一种新的设想是把核武器的能量定向使用，这就是核爆炸驱动定向能武器。有人把这类核武器称为第三代核武器。它设想通过专门设计的转换器使核爆炸释放的能量（包括各种辐射）转换成某种定向能，在特定方向上集中起来，从而大幅度提高其对远距离局部目标的破坏效能。迄今，第三代核武器尚处于概念研究阶段。

二、庞大的核武库

上世纪50年代初，美国已拥有能用于实战的核武器，而苏联刚刚掌握其设计原理和技术。美国凭借其核优势，推行所谓“大规模报复战略”，对社会主义阵营进行遏制。该战略强调核武器决定战争胜负，主张重点发展核武器，以抑制和抵消苏联在欧洲的常规兵力优势。将核武器作为实战武器使用的企图，导致美国对核武器需求的直线上升。

60年代，美国奉行“相互确保摧毁”的核战略。该战略是以美、苏双方均拥有可靠的第二次核打击能力为前提的，即在一方首先实施核打击后，另一方仍保有摧毁对方的报复能力。这样，为了建立一支“三位一体”的第二次核打击力量，美国核武器拥有量在此期间达到了顶峰，即携带核弹的陆基洲际导弹 1 054 枚，潜射弹道导弹656枚，远程轰炸机400架。而此时，苏联则奉行火箭核战略，大力发展导弹核武器。

图1.39 苏联弹道式导弹8K 67П型分导式多弹头的安装

为了争夺核优势，当时苏联曾以每年部署两千多枚核弹头的速度赶超美国（图1.39）。到70年代中期，苏联在核武器数量上已大体与美国处于均势，但在技术和质量上仍落后于美国。其后，美、苏的核军备竞赛开始从以数量为主转为以质量为主，重点是发展小型化弹头及分导式多弹头（见图1.40和1.41），提高核武器的可靠性、安全性、生存能力、打击精度等综合性能。

长期的军备竞赛导致双方核武器的储备达到饱和状态。在冷战高峰时期，美国、苏联部署的核弹分别超过 三万枚和四万枚，足以把地球毁灭数次。这样庞大的武器库是人类历史上从来没有过的，远远超出了军事的需要。

图1.40 俄第一种分导式多弹头（洲际弹道导弹的热核子弹头）

美、苏核军备竞赛的另一个方面就是进行核试验，它是研制新型核武器和改进核武器性能十分重要的手段。冷战时期，美、苏两国所进行的核试验次数占世界核试验总次数的80%以上。大量核试验使核武器的设计技术有了显著的提高，质量日臻完善（详见第四章）。

图1.41 美国三叉戟II-D5带核子弹头首次发射

美、苏的核军备竞赛给世界和平笼罩了一层阴云。早在20世纪50年代，联合国就开始讨论核裁军问题。美、苏两国从70年代开始也进行过多轮核裁军谈判，并达成过一些协定。但由于双方谁都不愿放弃核优势，未能取得实质性进展。80年代后期，美、苏两国拥有的核武器中已有相当部分步入更新换代期，加上国际形势趋向缓和，维持庞大的核武库既无必要，也给经济发展造成了沉重负担。在这种情况下，双方都感到裁减一定数量“过时、多余”的核武器对他们是有利的。这样，就出现了美、苏两国达成有限核裁军协议的可能。1987年，美、苏两国签署的“中导条约”，虽然只涉及很少一

图 1.42 美国 MX 导弹

部分核武器的投掷工具，但毕竟在核裁军上迈出了第一步。1991 年和1993 年，两国又陆续达成了“关于削减进攻性战略武器条约”和“关于进一步削减进攻性战略武器条约”，其中第一个条约已经付诸实施。尽管如此，据美国《原子科学家公报》统计，到2000年底，美国部署的核弹头仍有七千多枚，俄罗斯有六千多枚。再加上库存量，美国实际拥有约10 500枚可作战使用的核弹头（图1.42），而俄罗斯则拥有约20 000枚（图1.43）。可见美、俄两国的核武库仍十分庞大，且仍都保留着陆基核导弹、潜基核导弹和机载核武器的“三位一体”战略核力量结构。

三、进攻与防御

早期核武器是由战略轰炸机投掷的核炸弹，因而可以利用防空手段来防御。核导弹，特别是核洲际导弹的问世，使核武器防御面临新难题。为此，美、苏两国都开始寻求能有效防御核导弹袭击的手段和技术。除了加固战略进攻核导弹、构筑地下室掩体和民防工程等防御措施外，起初着重研究发展的是装有核战斗部的反弹道导弹武器系统，即所谓“以核反核”。60年代，美、苏两国先后部署了“以核反核”的反导弹系统，标志着战略防御系统成为战略力量体系的组成部分。1972 年 5 月，美、苏两国

图 1.43 俄罗斯远程战略飞机

图1.44 俄罗斯"橡皮套鞋"反导系统

签订了《限制反弹道导弹条约》，对反导弹系统的部署作了较严格的限制。1975年，由于"以核反核"的技术难以发挥其应有的作用等原因，美国停止了"卫兵"反弹道导弹系统的部署。俄罗斯部署的"橡皮套鞋"反导系统一直保留至今（图1.44）。

进入80年代，随着激光、遥感、微电子及计算机等技术取得显著进展，研制更先进的战略防御系统再次被提上日程。1983年3月，美国总统R.里根提出《战略防御倡议》(俗称"星球大战计划")，计划以定向能武器、动能武器、粒子束武器等几种新技术为突破口，构成以对导弹主动段拦截为重点的多层拦截防御，其最终目标是建立一个包括以地面、空中和太空为基地的多种拦截手段的综合防御体系，以对来袭弹道导弹的各个飞行阶段——助推段、末助推段、中段和再入段逐层加以拦截，使美国免遭核攻击的威胁，或把核攻击的危险性降低到最低限度。1984年，按此倡议制定了一个长期性研究与开发计划，投资五百多亿美元。

美国提出战略防御倡议的初衷是想发展一种能保护美国本土及其盟国免遭大规模核导弹攻击的天衣无缝的"空间盾牌"。这样，就可以凭借其战略进攻和战略防御的双重优势，摆脱与苏联之间长期存在的"相互确保摧毁"的战略威慑状态，建立更有利于美国的国际战略环境。同时，还可以借此机会发展空间武器有关的技术，为将来争夺、控制外空作好技术上的准备。但由于计划要求过高（如要求在苏联发动大规模进攻时拦截其95%以上的来袭洲际导弹弹头），缺乏现实的技术基础，到1987年不得不将计划的目的改为仅针对苏联的第一次核打击，建立一个保护美国本土的防御系统；技术要求则改为以动能武器为重点的双层拦截系统，拦截率也降为30%。1991年，美国又提出重点发展"对付有限打击的全球防御系统"，只要求能对付偶发性导弹和第三世界少量（不超过200枚）弹道导弹的来袭。该系统包括战区导弹防御系统、国家导弹防御系统和全球导弹防御系统三部分，而以战区导弹防御系统为发展重点。1993年，美国正式宣布放弃"战略防御倡议"计划，美国想通过该计划使自己处于既能对别国实施核威慑，又不受别国的反威慑境地的愿望也随之成了泡影。但战略防御已成为美国战略威慑力量的重要组成部分，而相关技术的研究也一直没停止过。

近年来，随着美国把发展和部署"国家导弹防御系统"（NMD）确立为国策，并明显加快研究步伐，导弹防御问题再次成为国际社会关注的焦点。这是因为，越来越多的人认识到，发展战略防御系统不仅将破坏国际战略格局的平衡，而且几代人努力取得的核军备控制方面的进展也将付诸东流。

四、核武器自相矛盾的作用

核武器在军事斗争中的地位和作用，是人们十分关注的问题。第二次世界大战后，核武器为超级大国所垄断，成为它们实行核威胁、核讹诈的工具。它们一方面夸大核武器作用，有人甚至称之为"绝对武器"，以营造核恐怖气氛，对其他国家进行核威胁；另一方面又为各军兵种研制了多种多样的核武器，以将这些武器应用于实战。但是核武器巨大毁伤作用使它们在核武器的使用上受到了政治、道义等多方

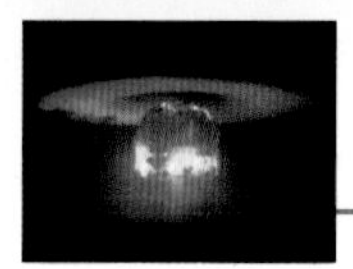

面的制约，而不得不有所顾忌。因此，许多人相信，核武器在军事斗争中仍主要起战略威慑作用。

威慑是古今中外军事斗争中常常采用的一种行为方式。它通过威胁对方的关键利益阻止其采取于已不利的行动，强调的是遏制对方的敌对行动，即所谓“不战而屈人之兵”。威慑能否成功地达到目的，取决于威慑方采用的威胁手段、威慑方使用这一手段的决心和被威慑方对上述两点的认知等三个因素。一般来说，威慑要达到的目的和拟采取的手段相称时，威慑就比较容易成功。核威慑是以使用核力量为威胁手段的，它对于达成战略性目的，如阻止对方的核进攻或阻止对方挑起大规模战争等，比较有效。因为一旦威慑方受到对方的核打击或大规模入侵，使用核力量的决心就大，而对方对此也会有足够的认知。反之，以核力量威慑局部战争、地区冲突的爆发则往往收效甚微。这是因为此时威慑方很难下决心动用核武器，被威慑方也不大相信威慑方会这样做。

当然，核威慑是建立在对立双方理性行为的基础上的。在军事斗争中非理性的思维和行为也是客观存在的。事实上，美、苏（俄）等核国家都有人希望扩大核武器的使用范围，将核武器的作用从遏制核进攻扩大到遏制生、化武器和常规武器的进攻，从保护本土扩大到保护其盟国。核武器走向实战化的趋向，增加了爆发核战争的危险。

冷战的历史表明，核武器对世界形势的影响主要有两个方面：一方面核武器的发展使世界面临核战争的危险，另一方面在核力量相对平衡，特别是双方都拥有第二次打击核力量的两极对峙中，美、苏（俄）双方都处于既拥有摧毁对方的能力，也面临被对方摧毁的困境。有人把这种状况生动地比喻为“困于瓶中的两个蝎子，彼此都可以致对方于死地，但自身也性命难保”。这样，核战争可能给双方带来的毁灭性后果，反过来起到了遏制核战争的作用。这就是核武器自相矛盾的历史作用。其结果是，自核武器问世以来，除了美国在日本投掷过两枚原子弹外，这种武器再也没有被使用过。冷战期间，尽管局部战争绵延不断，但始终未酿成世界大战，原因肯定是多方面的，但核武器的战略威慑作用是重要因素之一。

对于核国家来说，核武器是国家综合国力的标志，也是维护国家安全的重要基石。特别是对于较弱小的国家，核武器是在复杂的国际环境中制衡超级大国，提升国际地位的重要手段。这也是有些中、小国家研发核武器，谋求核国家地位的内在驱动力。而且，只要有核武器存在，这种驱动力就不会消失。

随着信息技术、精确制导技术等高技术的迅猛发展，世界正经历着一场新的军事革命。可以预料，未来的战争将是核威慑条件下的信息化战争。在这种信息化战争的作战体系中，核武器将继续发挥其战略威慑作用，防止核战争和世界大战的爆发。

第二章

核武器的秘密

长期以来，核武器国家一直把核武器列为最高机密，给核武器披上了一层神秘的外衣。核武器是什么样的武器？为什么它有那么大的威力？原子弹、氢弹是怎样制造的？长达半个世纪的冷战对峙，美国和苏联都研制了哪些类型的核武器？这是人们想要知道的秘密。

然而任何武器都是科学技术发展的结果，核武器也不例外，随着科学技术的普及，核武器已被众多的人们所认识。核武器的主要原理涉及原子核的裂变、聚变等物理过程，要认识核武器，必须先从核物理的一些基础知识谈起。

第一节 巨大能量的来源

第一章已经讲过，核武器的巨大能量来源于核能。但要深入理解核能怎么来的，就得认识原子、原子核。

一、原子的奥秘

公元前5世纪，古希腊人认为宇宙万物都是由微粒所组成，并称这种微粒为“原子”(atom)。希腊语“atom”就是不可分的意思。直到19世纪，英国化学家道尔顿(J.Dalton)在实验的基础上提出了原子论，认为原子是组成化学物质的元素，每一种元素都具有区别于其他元素的独特质量和化学性质。后来，经过意大利化学家阿伏伽德罗（A.Avogadro）和康尼查罗(S.Cannizzaro)的修正和完善，形成了组成物质的“原子、分子统一论”。这些结论证实了原子的存在，但仍旧认为原子是不可分的最小微粒。

早期原子论的动摇

1887年，英国物理学家汤姆逊（J.J. Thomson）发现了电子；1895年，德国物理学家伦琴（W.Roentgen）发现了X射线；1896年，法国物理学家贝可勒尔（A.H.Becquerel）发现铀盐能放出一种可穿透物质的射线；法国物理学家居里（J.Curie）夫妇对贝可勒尔的发现做了更多的研究，认为这种现象具有普遍性，称其为“天然放射性”，也称原子的衰变。这一系列的射线，都是从原子里放射出来的，说明原子并不是不可分的最小微粒。于是科学家发起了向原子内部进军的科学研究。

20世纪初，英国物理学家卢瑟福（E. Rutherford）和化学家索迪（F.Soddy）等人，研究原子衰变的性质，发现放出的射线分三种，并分别命名为α、β和γ。α是带正电的粒子，在磁场中发生偏转；β是带负电的粒子，在磁场中向另一边偏转；γ是不带电的光子，在磁场中不发生偏转。这些研究对原子内部放出的射线做了总结，但是原子内部的结构还是一个谜。

二、原子核的发现

1909年，卢瑟福和他的助手盖革(H.Geiger)，用α粒子射向金箔，发现绝大多数的α粒子都穿过去了，仅仅观察到约有八千分之一的α粒子发生了大角度散射，被直接反射回来的极少。这种现象与当时的汤姆逊原子模型不符，汤姆逊原子模型认为原子是非常致密的球体。金原子比α粒子大得多，按照汤姆逊模型，α粒子带正电荷，射向金箔后大多数α粒子应该被散射或反射回来，可是实验结果正好与之相反。

(一)太阳系模型——原子有核模型

经过分析研究，卢瑟福认为：只有原子内部结构很空，绝大多数α粒子才可能穿越过去；只有原子的中心存在一个极小的带正电荷的坚硬的核，才能解释极少量的α粒子发生大角度散射的现象。1911年，卢瑟福发表了他的理论推算结果，提出了原子有核模型，即原子是由带正电荷的原子核和带负电荷的电子组成。后来，丹麦物理学家玻尔（N.Bohr）把卢瑟福的有核原子模型和普朗克的量子论结合起来，提出了原子的太阳系模型，如图2.1。这种原子模型为建立现代原子结构理论奠定了基础。

发现原子有核是一个很大的进步，但并未回答天然放射性的α、β和γ是怎样产生的。原子核外面除了电子以外都是空的，那么α、β和γ只能是从原子核里出来的，于是原子核又应该是可分的了。卢瑟福一鼓作气，向原子核发起了进攻。

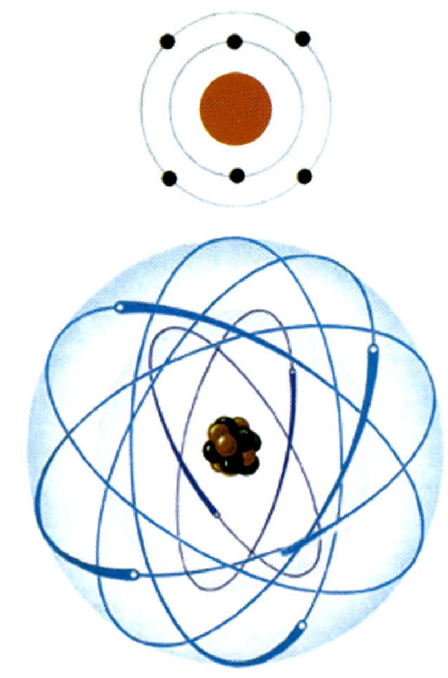

图2.1　原子的太阳系模型示意图

（上）碳原子的太阳系模型（或轨道模型），
2个电子在第一条轨道（能级），4个电子在第二轨道；
（下）立体图表示电子彼此倾斜地围绕原子核运动

(二)原子核由中子和质子组成

1919年，卢瑟福用α粒子轰击氮时，发现有氢核产生，他认为氢核是氮核的组成部分，将其命名为质子。1930年，德国物理学家玻特（W. Bothe)用α粒子轰击铍等轻元素时，发现了一种穿透力很强的不带电荷的中性射线，居里夫妇也做了类似的实验，但他们习惯地将其看成是γ射线。当时英国物理学家查德威克（J.Chadwick）正在卢瑟福实验室工作，卢瑟福曾预言过原子核里应该有一种中性物质存在，否则带正电荷的质子靠在一起是不可能的。查德威克对玻特的发现极为重视，重做了上述实验，他测出这种中性射线的质量与质子差不多，因此他断定这不是γ射线，而是一种新的粒子，并命名为“中子”，从而证实了卢瑟福的预言。1932年2月，查德威克在《自然》杂志上发表了关于“中子”的文章。

中子不带电，比用α粒子或质子轰击原子核容易得多，因为它不需要克服原子核的库仑排斥力，可以直闯而入。因此，发现中子就是找到了打开原子核大门的钥匙，是核物理学中的伟大发现，为此，1933 年查德威克获得了诺贝尔奖。

查德威克发现中子后不久，苏联物理学家伊万宁科（Д.Д.Иваненко）和德国物理学家海森伯（W.Heisenberg）提出了“原子核是由质子和中子组成”的假设。如图 2.2 所示。

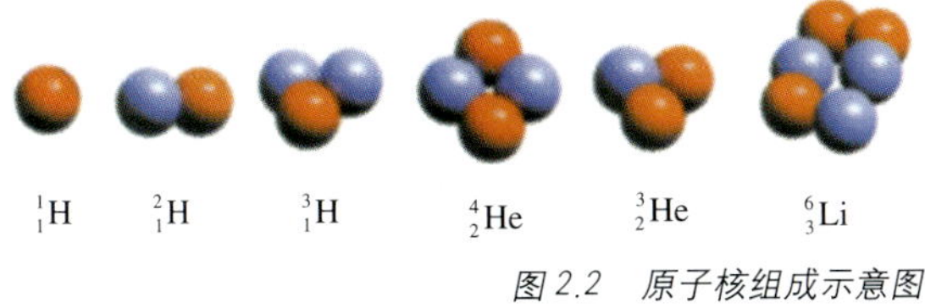

图 2.2 原子核组成示意图
（红色代表质子，蓝色代表中子）

此后，核物理学家就用中子向原子核开炮，进行人工放射性研究，进而发现原子核里的中子放出一个电子就变成质子，这就是 β^- 衰变；原子核里的质子放出一个正电子就变成中子，这就是 β^+ 衰变。而原子核里放出的 α 粒子是由两个质子和两个中子组成的，是以小集团的形式跑出来的。原子核在放出 α 和 β 时，剩余的能量以 γ 射线方式释放出来，所以 γ 是一种伴生辐射。这些研究回答了天然放射性三种射线的来源，并说明它们都不是原子核的成员，而真正的成员只有质子和中子。从而证实了“原子核是由质子和中子组成”的假设是正确的。

目前公认的原子结构图像中，原子非常小，内部却很空，绝大部分物质都集中在很小的中心，叫做原子核。原子核里是质子和中子（统称核子），靠核力结合得非常紧密。原子核外面是电子，以各种轨道围绕原子核运动。电子的总电荷与质子的总电荷相等，所以原子是中性的。原子核可以看作是球形，但由于原子核在转动，所以原子核略呈旋转椭球状。根据卢瑟福的 α 粒子散射实验，估算出原子核的直径约为 $10^{-15} \sim 10^{-14}$ 米，如图 2.3 所示。

原子核半径只有原子半径的几万分之一，原子核的体积只占原子体积的几万亿分之一。从空间上看，相对于原子来说，原子核是微乎其微。但是，原子的全部质量几乎都集中在原子核里，核的质量就是原子的质量。因为，电子质量只占原子质量的几千分之一，在核物理学家眼里，电子的质量“轻如鸿毛”，可以忽略不计。

了解了原子核的组成，还需知道原子核的表示方法，以便阅读科技资料。原子核的质子和中子统称为核子，核子数常用 A 表示。科学家用数字在元素符号的左边标出原子核的核子数和质子数。如，$^{238}_{92}U$ 是铀的元素符号，238 是核子数 A，92 是质子数。238 − 92 = 146 就是中子数。质子数代表该元素在元素周期表中的位置，因此质子数相同，而中子数不同的原子

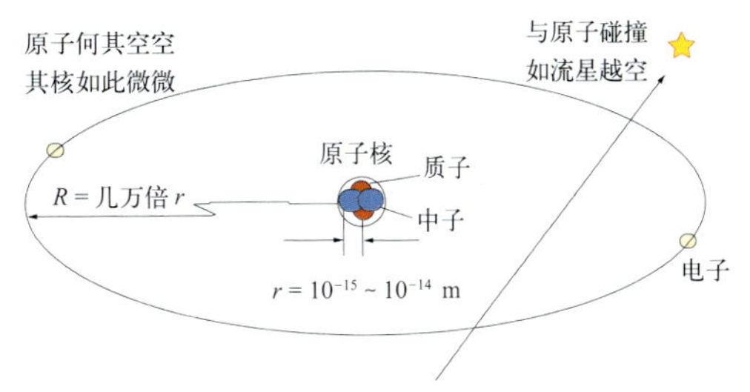

图 2.3 氦原子组成示意图

核是在同一位置，所以称这种原子核是该元素的同位素。自然界有很多元素都是由几种同位素组成的，如天然铀就是由铀 -238（$^{238}_{92}U$）和铀 235（$^{235}_{92}U$）组成的。

三、能量的源泉

（一）质量与能量的转化

1905 年，爱因斯坦发表了著名论文《物体的惯性与它所含的能量有关吗？》。惯性就是物体的质量，该论文根据相对论理论计算，得出质量与能量的关系式：

$$\Delta E = \Delta Mc^2$$

式中 ΔE 是物体释放的能量，ΔM 是物体减少的质量，c 是光速常数（约 3×10^8 米 / 秒）。

这篇论文的结论是“物体的质量是它所含能量的一种量度，如果能量改变了，其质量也就改变了”，“如果物体以辐射的形式放出能量，

那么辐射就在发射体与吸收体之间传递着质量”。这个结论告诉我们，质量和能量只是同一个物理量的不同名称，质量与能量可以相互转化，转化常数是 c^2。

可以说爱因斯坦的这个发现是对人类最伟大的贡献，因为只要消耗一点点质量就可得到很多很多的能量，c^2这个转换系数非常之大。在此之前，人类使用的能源都是化学反应放出的能量，而所有的化学反应只是核外电子在转移。爱因斯坦认为，化学反应放出能量时，其质量也会减少，只是减少的量非常小，观察不到而已。比如，1吨煤全部燃烧放出的能量，只相当于0.028毫克质量全部转化而来的能量。换句话说，1吨煤完全燃烧只损失了0.028毫克的质量。质量减少如此之微，所以爱因斯坦当时认为，质量是一个“富有而吝啬的守财奴”，它是不肯轻易变成能量的。

研究原子核后知道，原子的质量都集中在原子核里，而原子核的体积小得出奇，可以想像它的密度必然是大得惊人。经计算，原子核的密度约为每立方厘米2.3亿吨，是典型的固体密度的百万亿倍。世界上最大的起重机也休想吊起1立方厘米原子核。原子核既然是如此神奇的重物，如果使它稍微损失一点点，按照质能公式就会得到巨大的能量。

(二)原子核结合能的发现

原子核在什么条件下才会损失质量而放出能量呢？爱因斯坦质能公式发表后的30多年里，原子核领域的研究取得了重大进展。科学家们在分析每个原子核的质量时，发现各个原子核的质量总是小于组成它的单个核子的质量之和。例如，一个氘原子核的质量就比组成它的一个中子和一个质子的质量之和小，而且所有的原子核都是这样。这就使人想到，单个核子在结合成原子核时耗损了质量，耗损的质量必然以能量放出来。经过实验，在生成新原子核的核反应中确实测到了放出的能量，测得的能量按质能公式计算与反应前后减少的质量相符。于是科学家把单个核子结合成原子核前后的质量差称为“质量亏损”，把相应于质量亏损放出的能量称为原子核的“结合能”。

为了方便计算质量亏损，原子质量单位不用千克，而是以碳-12（$^{12}_{6}C$）原子为标准，取其十二分之一作原子质量单位，记为u（u = 1.660 565 5 × 10^{-27}千克）。所以碳-12原子的质量等于12 u。质子质量等于1.007 276 u，中子质量等于1.008 665 u。当原子或原子核的质量用u作单位时，与其数值最接近的整数称为该原子或原子核的质量数，其实就是核子数A。例如氦原子核的质量为4.002 602 u，质量数为4，核子数A = 4。下面以氦原子核为例，计算其质量亏损与结合能。

氦原子核的质量是4.002 602 u，结合前两个质子和两个中子的质量之和是4.031 882 u，结合前后的质量之差等于0.03 u。按照爱因斯坦质能公式，质量单位换算为能量单位，1 u = 931.5兆电子伏。结合氦原子核时，质量亏损放出的结合能等于28兆电子伏。按氦原子核有4个核子计算，平均每个核子在结合时放出7兆电子伏能量（1兆电子伏等于1.6 × 10^{-13}焦耳）。

按核子数平均计算的结合能称为平均结合能或称比结合能。实验测定了每个原子核的质量，并计算出它的平均结合能，绘制曲线如图2.4。

其实结合能是个普遍的概念，如蒸汽分子结合成水滴要放出能量，水分子结合成冰块也要放出能量。这些过程放出的能量使它们结合

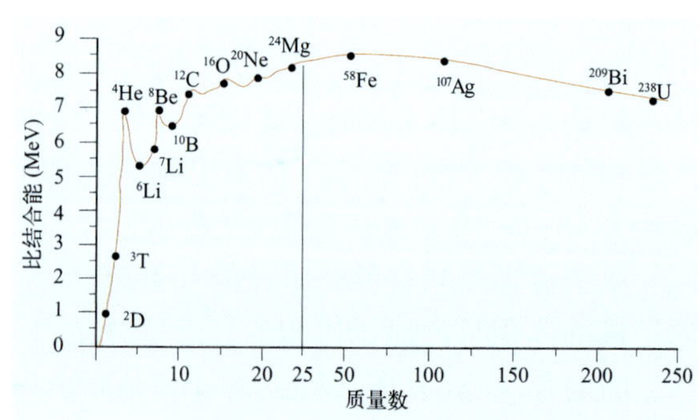

图2.4　原子核平均结合能按质量数的分布

前后的质量发生变化，只不过改变太小，察觉不出来。然而在核反应中，核子质量亏损达千分之几，可以放出很大的能量。上面计算氦核结合时，每个核子放出7兆电子伏的能量，质量亏损将近一个核子的千分之八，这个比例不小，完全可以测量出来。结合能的发现为人类开发利用核能开辟了光辉灿烂的前景。

四、核能的利用

由图2.4中的平均结合能曲线可以看出原子核结合能的特征。这条曲线两边低中间高，轻核这边低得更多。质量数在30～150的中间段比较平坦，其结合能大于两边原子核的结合能。这个特征意味着，分布在曲线两边的原子核变成曲线中部的原子核时，还要放出结合能。

结合能的大小，反映原子核的稳定程度，结合能越大越稳定。质量数在50～80之间的原子核最稳定，大于80的重核有分裂的倾向；小于50的轻核有聚合的可能。由此可预料，一个重核分裂重新组成两个中等核，每个核子还会放出一定的结合能；两个轻核合成一个较稳定的中等核，每个核子还要放出很多结合能。因此，无论是重核分裂还是轻核聚合，当它们生成更加稳定的中等原子核时都要放出能量，这就为人类利用核能找到了途径。

核武器的巨大能量就是来自原子核的结合能，是从原子核裂变或聚变时，生成新原子核发生的质量亏损转化而来的。

(一)核裂变反应

1936年，意大利物理学家费米(E.Fermi)用中子轰击元素周期表上的92号元素——铀-238时，得到一种半衰期为13分钟的放射性产物，使费米大为惊奇，他认为自己突破了元素周期表的边界，发现了新元素。实际上这是最早出现的重核裂变现象，但费米那时不认识，仍旧按以前的经验判断，新元素的原子序数总是被轰击的原子序数加1，因此费米认为新元素是93号超铀元素，并命名为“铀-X”。

费米发现新元素的消息轰动了欧洲，约里奥-居里等人重复做了这个实验，发现产物中有一种半衰期为3.5小时的放射性物质，其化学性质有点像57号元素镧，但未能肯定。德国化学家哈恩（O.Hahn）和他的助手斯特拉斯曼（F. Strassmann）也重复了这个实验，发现产物中的新元素倒有点像56号元素钡。但奥地利女物理学家迈特纳（L.Meitner）认为，中子轰击原子核只能打掉一小块，怎么能一下从92号铀降到56号的钡呢？斯特拉斯曼也觉得理由不充分，不敢再争。1938年底，斯特拉斯曼看到了法国化学家伊伦娜·居里（Irene Joliot Curie）关于“93号”元素是镧的报道，引起他的惊奇：“她说是镧，我说是钡，到底是什么？”哈恩听出了这里面的门道，他们决定重做实验，反复测试，利用化学分析确切地肯定了中子轰击铀后产生了中等质量的元素，既有镧，也有钡。哈恩对此无法解释，但如实发表了实验结果。哈恩在发表他的论文之前，先寄给与他长期合作的迈特纳，迈特纳和她的外甥——青年物理学家弗里胥（O.R.Frisch）从理论上分析后，认为这是铀核被中子轰击后分裂成两半了，并借用生物学细胞分裂的概念，首次引进“核裂变”这个物理学术语。

裂变的发现为人类利用核能打开了大门，使核能的利用成为可能。1944年哈恩为此获得了诺贝尔化学奖。但真正认识核裂变的物理学家迈特纳和弗里胥功不可没。

重原子核在中子或其他粒子轰击下分裂成两个中等的原子核，就称为核裂变反应。核裂变是先分裂成两块碎片，碎片的质量数不固定，可能这块大点，那块小点，经过衰变后形成稳定的原子核。所以铀核裂变产生的新原子核中可能有钡，也可能有镧，还有对应的另一半。我国核物理学家钱三强还发现了一个铀核裂变成

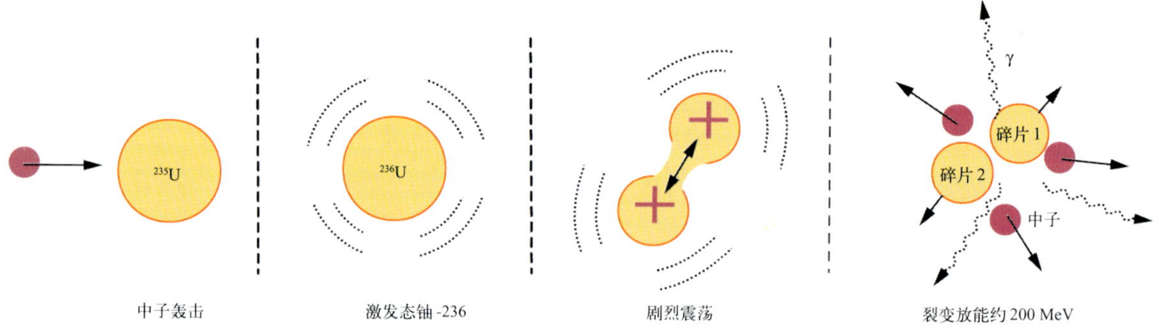

图 2.5　铀 -235 裂变示意图

2

三块的现象。

裂变机理可用液滴模型来解释，如图2.5所示。铀-235吸收一个中子变成铀-236，放出的结合能使铀-236处于激发状态。激发态的铀-236有如高温状态的液滴，震荡变形偏离球形，随着原子核内的核子向两端分离，排斥力超过结合力，最后致使液滴断裂成两半。由于重核里的中子数多，组成两个中等核时中子过剩，包容不了的中子被游离出来。一般裂变都要放出2～3个中子，同时伴随γ辐射。裂变反应前后的质量亏损释放约200兆电子伏的能量，这些能量变成裂变碎片和中子的动能，以及γ光子的能量。原子弹就是利用裂变反应制成的武器。

一个铀原子核裂变放出200兆电子伏的能量，绝对数并不算大。但是，一千克铀包含了10^{24}个铀核，积累起来就不得了。原子弹里烧掉1千克铀-235就相当于2万吨梯恩梯爆炸。也就是说1千克铀-235全部裂变相当于2 000万千克梯恩梯全部爆炸释放的能量，按单位质量比较，等于2 000万倍。

（二）核聚变反应

1934年，卢瑟福和澳大利亚物理学家奥利芬特（M.L.E.Oliphant）以及奥地利化学家哈尔特克（P.Harteck）等，用加速氘（D）核轰击固体的氘靶，发现了以下两道核反应:

$$D+D \rightarrow T+p+4.04\ MeV$$

$$D+D \rightarrow {}^{3}He+n+3.27\ MeV$$

T是氚，p是质子，n是中子，^{3}He是氦-3。这两道核反应发生的机会几乎相等。后来又用氚核或氦核去轰击氘核，产生了下列核反应:

$$T+D \rightarrow {}^{4}He+n+17.6\ MeV$$

$$^{3}He+D \rightarrow {}^{4}He+p+18.34\ MeV$$

这些核反应的共同特点是，两个较轻的原子核聚成一个较重的核，并放出一些粒子（如质子、中子、γ光子等）和大量能量。这类核反应称核聚变反应，可形象地用图 2.6 表示。

核聚变反应需要一定条件，因为原子核都带正电，两个带正电荷的核靠拢时排斥力特别大，在它们达到融合距离之前，必须克服这种排斥力的障碍。一种可行的办法是在高温下进行聚变反应。在极高的温度时，原子核可以获得足够的动能，速度非常高，当它们相互接近

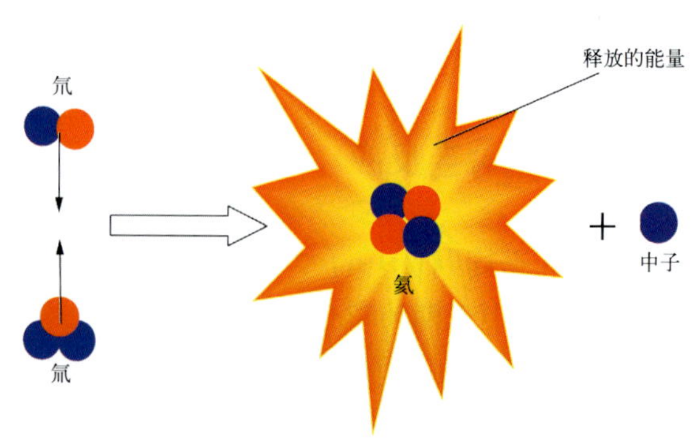

图 2.6　氘氚聚变反应示意图

时的能量大到足以克服排斥力时，就有机会融合在一起了。对于氘和氚来说，需要10^7 ~ 10^8开（几千万度到亿度）的温度。这种方式引起的核反应叫做热核反应。氢弹就是利用这种热核反应做成的武器。

如图2.6所示的氘氚聚变反应，放出17.6兆电子伏的能量。氘氚共有5个核子，平均每个核子放出3.52兆电子伏能量。如果1千克氘氚完全聚变，则相当于8万吨梯恩梯炸药爆炸释放的能量！这相当于1千克铀-235完全裂变放出的能量的4倍。

第二节 原子弹

德国科学家发现了核裂变，庆幸的是希特勒未能打开这只“魔盒”。他把一批犹太科学家赶到了美国，这些优秀的科学家与美国强大的国家机器相结合，在较短的时间里就研制出威力巨大的原子弹。

半个世纪过去了，原子弹的秘密已被许多人所了解。下面向读者介绍有关原子弹原理和制造技术的一般知识。

一、原子弹的基本原理

原子弹是利用链式裂变反应原理，在一个小的空间内瞬间释放出巨大能量，从而产生爆炸的武器。从物理学的角度说原子弹应该称为“裂变弹”。

(一)链式核裂变反应

重核裂变时总是会放出几个中子，这些中子如果不跑掉，只要有一个或一个以上能够打入另一个重核中，使之发生裂变，就会有新的中子产生。这些新的中子再去轰击另一些重核，如此下去，核裂变反应就可以持续不断地进行下去，核能就可源源不断地释放出来。这种持续不断的核裂变反应称为“链式核裂变反应”。

要实现链式核裂变反应需要一个条件，即当一个中子引起一个重核裂变后（第一代），至少要产生一个或一个以上中子，并保证至少有一个中子引起另一个重核裂变（第二代）。

链式裂变反应有两种情况。一种是通过控制使每代裂变反应产生的中子刚好只有一个能引起下一级的原子核发生裂变（如图2.7所示），使裂变得以长期维持并持续放能。这一种称为

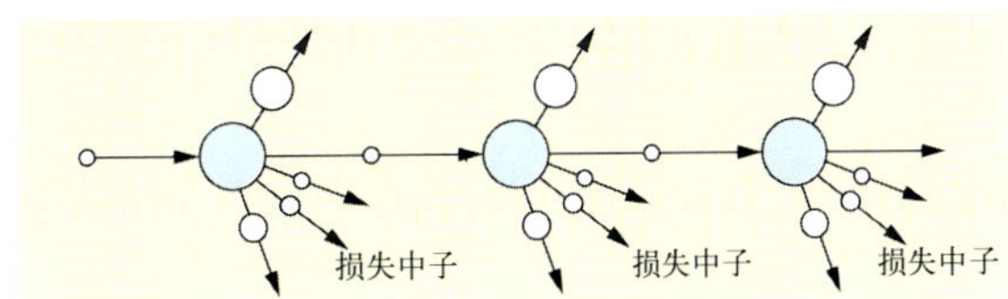

图2.7 可控链式裂变反应示意图

可控链式裂变反应，常用于核电站、核潜艇的反应堆中。

第二种情况是，每代裂变反应放出的中子有一个以上能引起下一级的核裂变反应，使裂变反应的规模越来越大，如图2.8所示。这一种称为不可控（或称发散型）链式裂变反应。例如：1个中子轰击1个原子核时放出2个中子，

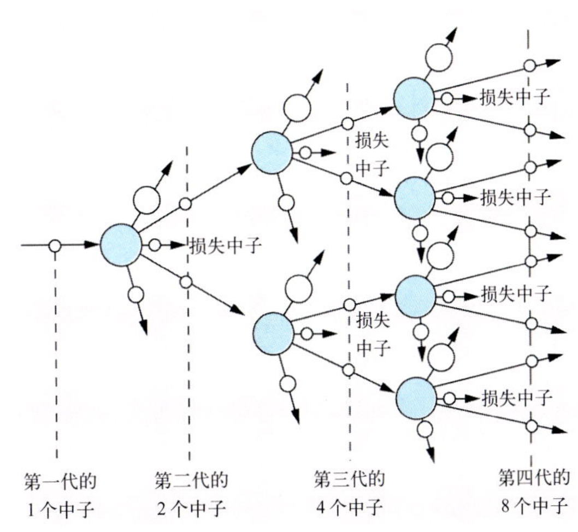

图2.8 不可控链式裂变反应示意图

放出的2个中子再轰击2个原子核，这时会放出4个中子，再去轰击4个原子核，再放出8个中子去轰击8个原子核，再放出16个中子……。这样，中子和参与裂变的原子核雪崩式地发展，短时间内能量骤然增长，最终形成爆炸。核武器就是利用这种不可控的链式裂变反应原理做成的。

(二)临界质量

在图2.8中，每代裂变都有两个中子继续引起裂变。这是假设的理想情况，实际上不可能代代如此。原子内部是空荡荡的，原子核极其微小，一个中子射进去要碰上原子核是很不容易的。以铀裂变材料为例，中子在其中的命运如图2.9所示：①碰上铀核使其发生裂变；②碰着铀核而被散射；③碰着铀核而被吸收；④什

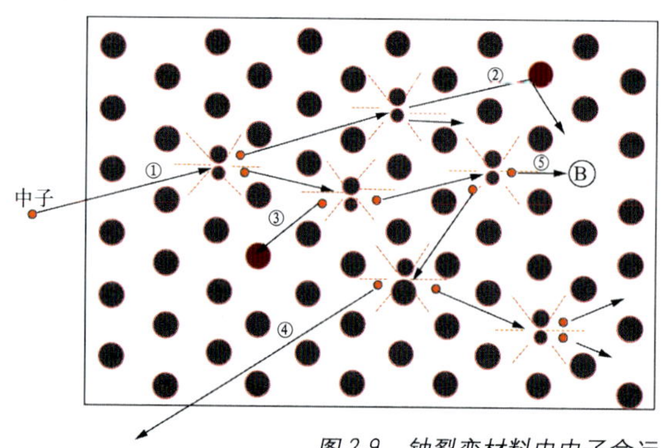

图2.9　铀裂变材料中中子命运

么也没碰着，跑出去了；⑤碰着杂质（如硼原子核）被吸收。

发生各种情况的概率与裂变材料是什么核素，以及与体积、形状、密度、纯度、表面积、周围介质等密切相关。显然裂变材料体积越大、密度越大、表面积越小，中子跑出去的概率就越小，发生裂变的概率就越大。裂变材料周围的介质还有可能把跑出去的中子挡回来。裂变材料越纯，中子被杂质吸收的可能性就越小。当这块裂变材料周围条件一定时，如果中子减少的概率大于增加的概率，链式裂变就会中断，习惯上叫“熄灭”。一块裂变材料刚刚能够维持裂变反应进行而不熄灭时的质量，称为“临界质量”。此时的体积就称为“临界体积”。铀-235裸球体的临界质量约为50千克，而α相钚-239裸球体的临界质量只有10千克，δ相钚-239裸球体的临界质量只有16千克。

上面讲过，临界质量与裂变材料的表面积有关。例如，对于一定体积的裂变材料，形状扁平或细长时，其表面积较大，中子容易跑掉；而为球形时表面积最小，中子跑掉的概率小。所以，扁平或细长的裂变材料其临界质量要比球形时来得大。因此原子弹通常采用球形结构，这样可以节约裂变材料。如果在裂变材料外包一层能反射中子的铀-238或铍金属，临界质量还可以减小。又如，质量相同的两块裂变材料，密度越大的表面积越小，内部原子核越密，中子就有更多的机会碰到原子核，因而临界质量也就越小。此外，临界质量还与系统的结构材料、中子慢化材料及几何配置有关。

由裂变材料(裂变装料芯)与其周围介质(如反射层、结构材料等)组成的系统称裂变材料系统。对裂变材料系统，通常定义一个中子增殖系数k，来说明它的临界状态。若系统内第n代裂变产生的中子数为f_n，第$(n+1)$代裂变产生的中子数为f_{n+1}，则定义

$$k=f_{n+1}/f_n$$

$k=1$，称临界系统，裂变刚好能维持。$k<1$，称次临界系统，中子越来越少，裂变会熄火。$k>1$,称超临界系统，中子越来越多，形成发散型链式裂变反应。

实现超临界的方法有两种：一种方法是增大裂变材料的质量，比如将两块或两块以上的小于临界质量的裂变材料快速合拢成一块而达到超临界，实现核爆炸，这种方法称为“压拢法”。另一种方法是增大裂变材料的密度，即利用炸药爆炸将小于临界质量的裂变材料块向中心压缩，使其在瞬间体积变小，密度增大，从而达到超临界，实现核爆炸。这种方法称为“压紧法”。这两种实现超临界的方法都需要一个由

炸药起爆元件和主炸药组成的炸药系统。炸药系统的结构见后面的"枪法"和"内爆法"原子弹结构图。

要使达到超临界状态的裂变材料系统发生核爆炸，必须在最佳时刻提供中子点火，此外，还须要求裂变材料系统能够在较长时间(至少百万分之一秒)内能维持超临界状态。一般的方法是在裂变材料外包上密度很大的惰层（如铀-238),依靠它的惯性可以延缓裂变系统膨胀的速度,并将一部分向外逃逸的中子反射回来继续参与裂变。这样，在裂变系统解体之前，裂变反应充分发生，核爆炸才能达到足够大的威力。

从上面可以看出，原子弹必须包含裂变材料系统和炸药系统。裂变系统包括裂变装料芯和惰层，炸药系统包括雷管、传爆部件和主炸药。此外，还有一个引爆控制系统和中子点火系统,引爆控制系统输出给雷管点火的电脉冲,中子点火系统输出给裂变系统点火的中子脉冲。(详见第三章。)

(三)原子弹爆炸的过程

原子弹爆炸是在极短的时间里实现的，其物理过程非常复杂。虽然用"枪法"和"内爆法"原子弹的爆炸过程稍有不同，但主要的物理过程并无多大差异。这里以"内爆法"原子弹为例，说明原子弹爆炸的基本过程。

引爆控制系统在预定的时间或条件下发出电脉冲，引爆雷管使炸药系统起爆。炸药爆炸产生强冲击波将裂变系统向中心压缩。经过大约几十微秒,裂变系统达到最佳超临界状态时,中子点火系统及时提供足够数量的中子，引发链式裂变反应。在极短的时间内，裂变中子呈指数增长,越来越多的裂变材料发生裂变反应,放出巨大的能量。随着能量积聚，温度和压力迅速升高，裂变系统发生膨胀，密度不断下降,最终又成为次临界状态，链式反应熄灭。从中子点火到链式反应熄灭这一裂变放能阶段，只有零点几微秒。原子弹在如此短暂的时间内释放几百至几万吨梯恩梯当量的巨大能量，使整个弹体及周围介质都变成了高温高压等离子体放射性气团，以排山倒海之势在空气或其他介质中强烈爆炸和传播,形成冲击波、光辐射、早期核辐射、放射性沾染及电磁脉冲等五种杀伤破坏因素。

二、原子弹类型

根据实现超临界的方式,原子弹可分为两种类型: 用"压拢法"实现超临界的，称为"枪法原子弹"; 用"压紧法"实现超临界的，称为"内爆法原子弹"。现在的原子弹都属于这两种类型。

2

(一)枪法原子弹

"枪法"，顾名思义就像打枪射击一样，把一块处于次临界状态的裂变装料射向另一块也处于次临界状态的裂变装料，使两块装料迅速拼合，超过临界质量而产生核爆炸。"枪法"原子弹见图2.10，图a中的雷管、传播药柱和炸药组成炸药推进系统，三块核裂变装料分开放置，各自都处于次临界状态。雷管点火后，炸药爆炸推动一块核燃料使之与另两块合拢，三块核燃料加起来便成了图b的状态，达到超临界而产生爆炸。这有点像古代神话"张羽煮海"中所说，龙女偷的龙宫宝器——三块"劈柴"，这三块"劈柴"分开放置不会燃烧，一旦堆在一起，就会燃起熊熊大火。

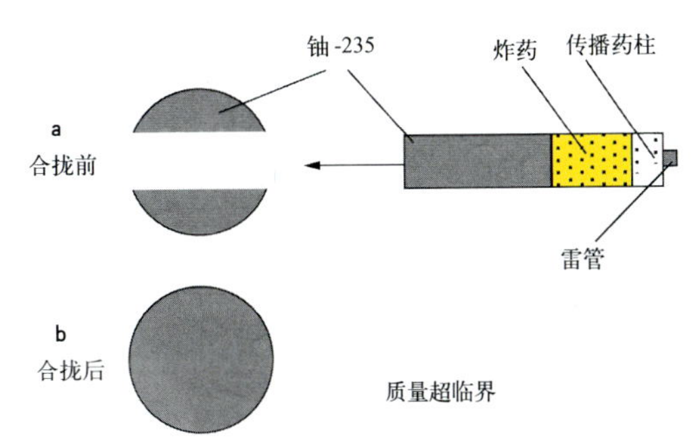

图2.10 "枪法"原子弹原理示意图

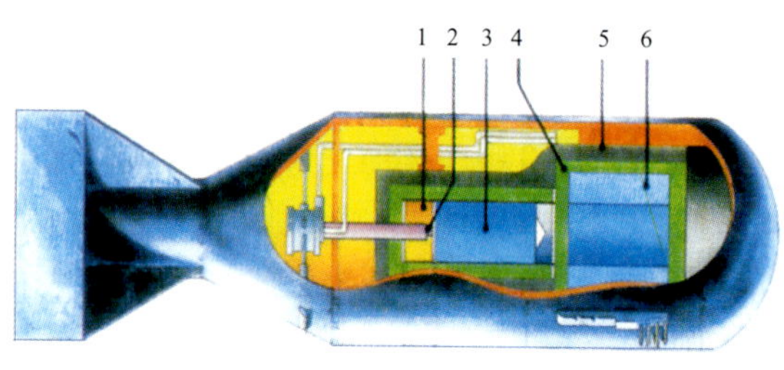

图 2.11　美国“小男孩”原子弹结构示意图
1.火药包；2.起爆头；3，6.铀-235 部件；
4.中子反射层；5.铸造的弹壳

“枪法”原子弹结构比较简单，利用较为成熟的发射炮弹的内弹道技术就可能实现核爆炸，无需经过核试验就可能制造出比较可靠的原子弹。美国投在广岛的“小男孩”就是未经试验的“枪法”原子弹。“小男孩”原子弹（见图2.11）长3.2米，直径0.71米，重约4吨，装有64千克浓缩铀-235。由火药推动作为“射弹”裂变装料的是一个圆柱体浓缩铀块，长16厘米，直径10厘米，重25.6千克，占总裂变装料的40%。裂变装料的“靶”块为一个中空圆柱体浓缩铀块，直径和长度均为16厘米，重量38.4千克。在“射弹”与“靶”相距25厘米时，系统就达到临界状态。合拢速度为每秒300米，总合拢时间为1.35毫秒。中子点火器采用钋—铍中子源。钋-210与铍-9也是分开放在“靶”与“射弹”上，当它们合拢时，钋与铍就混合在一起放出点火中子，引发链式反应，产生核爆炸。

“枪法”原子弹有一些不易克服的缺点：一是被推动的铀“射弹”需要一段加速距离，使武器必须做得较长；二是裂变装料未经压缩，利用率很低，如“小男孩”用了64千克铀-235，爆炸威力仅约1.5万吨梯恩梯当量，裂变材料利用率约为1.2%，这对昂贵的铀-235材料是很大的浪费；三是几块裂变装料的合拢时间长，过早点火问题比较严重，可能导致武器爆炸威力更低。但是，“枪法”原子弹也有其优点，它的直径可以做得较小，很适合于做大炮炮弹。美国和苏联的核大炮炮弹大多是“枪法”原子弹。

(二)内爆法原子弹

铀-235和钚-239都是金属，金属材料是可以压缩的。科学家们研究出一种先进的爆炸压缩方法，称为“内爆法”。压缩后密度提高，表面积大大缩小，裂变反应概率增加，裂变装料的燃烧效率比“枪法”高几倍，大大节省昂贵的裂变材料。

这里先介绍一下“爆轰波”的概念。在观察一个管内的可燃气体火焰面的传播时，由于点火条件不同，可出现两种截然不同的情况，一种是火焰面以每秒几米的速度传播；另一种则以每秒几千米的速度传播。前者称为燃烧，后者称为爆轰。在炸药中也同样如此，比如用火焰点燃梯恩梯，其火焰面传播速度就很慢；如果用雷管引爆，其火焰面将以极高的速度传播。火焰面是一个化学反应区，可燃物穿过这个面立即变成燃烧产物。在炸药中以每秒几千米的速度传播的火焰面就称为爆轰波。

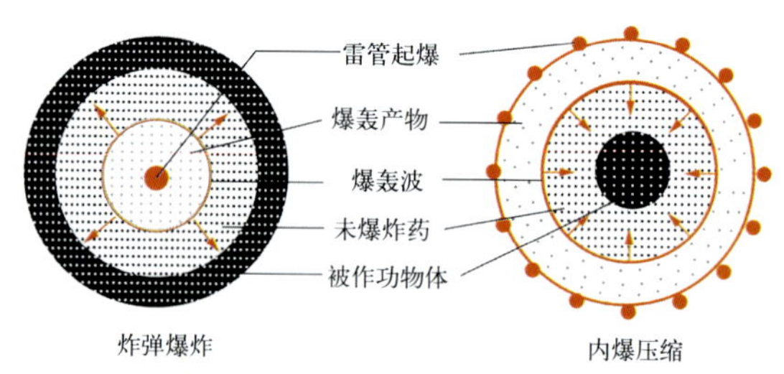

图 2.12　普通炸弹散心爆轰波与内爆法原子弹的聚心爆轰波压缩比较

从中心向外传播的爆轰波称散心爆轰波；反之，从周围向中心传播的爆轰波则称为聚心爆轰波。普通炸弹的炸药装在里面，弹丸弹片装在外面，炸药产生散心爆轰波向外作功，如图2.12左边所示。内爆法原子弹炸药装在外层，核材料装在里面，炸药产生聚心爆轰波向内压缩核材料，如图2.12右边所示。

原子弹内爆压缩最重要的是聚心同步问题。所谓同步，就是空间上的每一步在时间上都是一致的。比如在操场上画了许多同心圆圈，每圈相隔一步，在外圈上均匀站着许多士兵，一声命

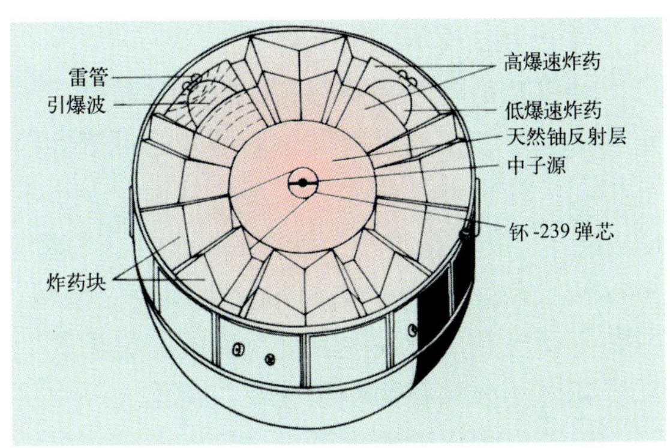

图 2.13　内爆法原子弹炸药透镜示意图

令齐步向中心前进，每个士兵每一步都要同时踏进里面一圈。这种动作是很难走整齐的，如果走不整齐，圆周上的队形就会变得弯弯扭扭，像波浪一样。内爆法原子弹对爆轰波的同步性要求很高，波形差一般都小于百万分之一秒。

美国投在长崎的"胖子"就是"内爆法"原子弹，其炸药内爆系统厚度为47厘米（外半径70厘米，内半径23厘米），重量约2 500千克（图2.13为该系统的示意图）。用来起爆主炸药的有32个炸药透镜。每个炸药透镜由高爆速炸药和低爆速炸药组合而成，用以保证在主炸药表面上形成近似球面的爆轰波。主炸药由高爆速炸药组成。由于主炸药球面加了一层炸药透镜，横向尺寸增大了，所以被命名为"胖子"。"胖子"仅用了6.2千克钚材料，爆炸威力约2万吨梯恩梯当量，裂变材料利用率为20%，约为"小男孩"的16倍。

"内爆法"原子弹的效率虽然比"枪法"原子弹高得多，但内爆法所需的庞大的炸药系统使得武器十分笨重，如果减少炸药用量，裂变材料的压缩必然不理想，裂变材料的利用率必然降低，影响武器威力。怎样才能既提高裂变材料的利用率从而提高原子弹威力，又能降低原子弹的质量、尺寸呢？

（三）助爆型原子弹

科学家们发现，在裂变装置爆炸时，裂变装料中心部分的压力可达到几百亿个大气压，温度达几千万度。如果在裂变装料中心留一个空腔，在里边充少量聚变材料（如氘氚混合气体或氘氚化锂-6），裂变产生的高温高压足以引发聚变反应。聚变反应释放的中子会使更多的裂变材料发生裂变反应，从而提高裂变装料的利用效率。另外，聚变反应产生的高能中子（约14兆电子伏）还能够使惰层/中子反射层中不易裂变的铀-238发生裂变，释放出更多的中子和能量。裂变和聚变两种反应的相互作用使得裂变系统的链式反应增殖快得多，在裂变系统解体之前有更多的重核发生裂变，大大提高了裂变材料的利用效率，原子弹爆炸的威力就更大。这就是助爆型原子弹的原理。

助爆型原子弹也称加强型原子弹，是内爆法原子弹的一种发展，其基本结构与内爆法原子弹相同，只是在裂变材料的中心加了氘氚或氘化锂等聚变材料。从助爆型原子弹示意图(见图2.14)可以看出，最外圈是炸药内爆系统，往里是一个铍反射层；反射层里面是裂变装料钚-239；中心是一个充满氘氚气体的小空腔，氘氚在裂变产生的高温高压下发生聚变反应，释放大量的高能中子；这些高能中

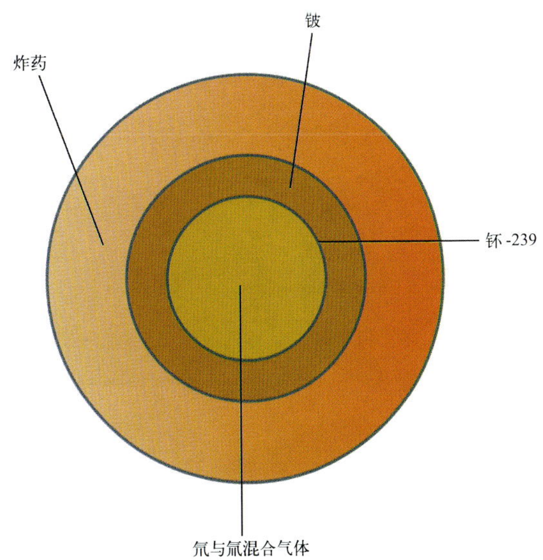

图 2.14　助爆型原子弹示意图
（选自美国W87弹头结构示意图中的"初级"部分）

2

子会使更多裂变装料发生裂变而释放出巨大能量。

助爆型原子弹可以提高裂变装料的利用率，增大爆炸威力，有利于装置的小型化。 其威力可达十几万吨梯恩梯当量，并且可以很容易地通过改变热核材料的装填量或氘氚的含量来调节爆炸威力。助爆型原子弹常用作氢弹的“初级”。

三、裂变材料的制备

原子弹的裂变装料主要是铀-235、钚-239和铀-233等。铀是最基本的裂变装料，是制造原子弹的基础，没有铀就很难制造出原子弹。

天然铀包含铀-234、铀-235和铀-238三种同位素，分布在地球的地壳和水圈中。地壳中铀含量约为0.000 4%，少数富矿中铀含量约为1%～4%，以化合物成矿。图2.15是铀矿的样品。

在天然铀中，铀-234含量可以忽略，铀-238占99.3%，而铀-235仅占0.7%。用于核电站的铀燃料，铀-235的丰度需达到3%左右，而核武器用的铀，铀-235丰度需要达到90%以上。因此需要从天然铀中对铀-235进行富集（或称浓缩）。

图2.15 各种铀矿

(一)铀-235的分离

铀-235是自然界中存在的惟一容易裂变的元素。中子引发核材料同位素裂变的可能性很不相同，核物理学称之为“反应截面”大小不同。把一个中子射向一个铀核的行为比作打靶，把铀核设想为靶面，靶面中发生裂变的区域，称裂变反应截面，发生其他反应的，就称其他反应截面。如果靶面中裂变反应截面大，中子打中后发生裂变的概率就大，靶面中裂变反应截面小，中子打中后发生裂变的概率就小。必须指出，“反应截面”只是一种描写反应概率大小的假想截面，与原子核的几何截面完全是两回事。例如，铀-235与铀-238的几何截面相差无几，但是对于0.1兆电子伏的中子，铀-235与铀-238的裂变截面可相差几万倍。核物理学家发现，铀-235的裂变截面很大，中子很容易使铀-235发生裂变，不管是高能中子还是低能中子；而铀-238裂变截面很小，就不易发生裂变，只有能量很高的中子才能使它发生裂变。所以

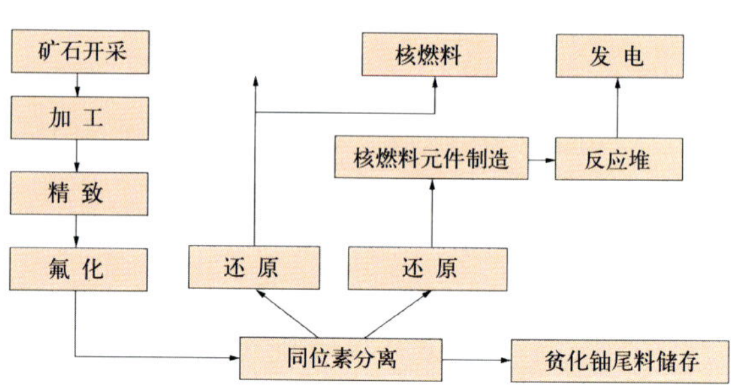

图2.16 铀-235的生产流程

制造原子弹要选用铀-235。

铀的开采和冶炼都很困难（见图2.16）。要得到铀-235丰度在90%以上的武器级铀，最困难的是进行同位素分离。铀同位素之间除原子质量存在差别外，其物理性质也存在微小的差别，利用这些差异，采用某种物理或化学方法将某一同位素分离出来的过程叫同位素分离。从铀同位素中分离铀-235主要有电磁分离法、气体扩散法、离心机分离法和激光分离法等四种。

电磁分离法 主要原理是用巨大的磁铁产

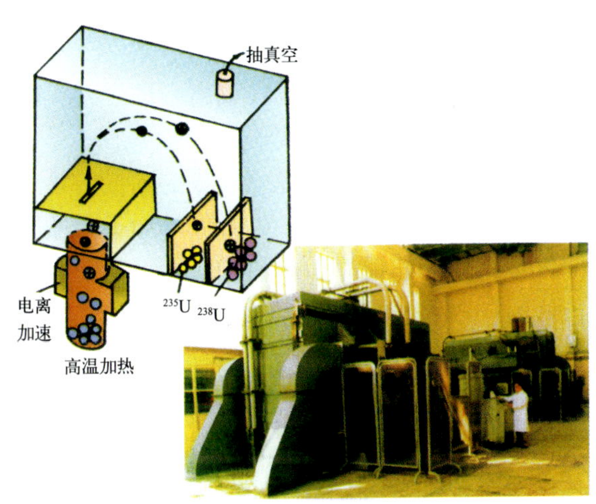

图 2.17　电磁同位素分离法原理图（上）和同位素电磁分离装置（下）

生磁场，经过气化和电离的挥发性铀盐离子送入磁场后，铀-235和铀-238的质量不同，因而在磁场中产生的动量不同，回转半径也不同，将它们分别收集到两个不同的容器中。如图2.17所示，铀-238离子较重，回转半径大，进入磁场外圆的收集器；铀-235离子轻些，回转半径小，则进入磁场内圆的收集器。这样就把铀-235分离出来了。经过一次分离，内圆收集器里难免也有一些铀-238。将内圆收集器里的同位素再进行分离，如此反复经过若干次的分离后，内圆收集器里的铀-235就可以富集到要求的丰度。

气体扩散法　是利用气体热运动平衡时，质量不同的分子平均动能相同而速度不同的特性进行分离。如图2.18所示。六氟化铀在65 ℃时就会气化，不断地将六氟化铀气体向有大量微孔（直径约为0.01微米）的薄膜压送，让气体分子互不碰撞地自由地通过这些微孔。由于含铀-235的气体分子比含铀-238的气体分子轻，热运动速度较大，容易通过薄膜。通过薄膜后的气体中，含铀-235的气体分子比例高，铀-235得到一定程度的富集；而未通过薄膜的气体中，留下铀-238的气体分子比例高，铀-238得到一定程度的富集，从而实现两种同位素的分离。

通过一个扩散级铀-235的相对丰度只提高百分之零点几，因此必须把多个扩散级串联起来，构成级联装置（见图2.19）。经过几千级的分离，最终可得到丰度90%以上的武器级铀。例如，美国橡树岭的铀浓缩厂就有4 384个扩散级。

离心分离法　是根据质量不同的物体，作相同角速度的圆周运动时，所受到的离心力不同，因而抛洒的落点不同的原理进行分离。如图2.20所示，在高速旋转的离心机中，含铀-238的六氟化铀分子较重，受到的离心力大，落点靠近外周；含铀-235的六氟化铀分子较轻，受到的离心力小，则聚集在轴线附近。从外周和中心分别引出气流，就可实现同位素的初步分离。与气体扩散法一样，也必须将若干台离心机串

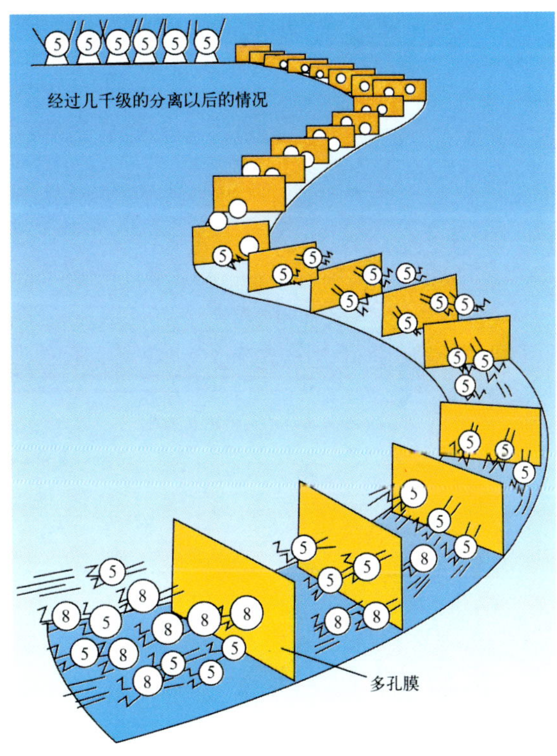

5 代表铀-235；8 代表铀-238

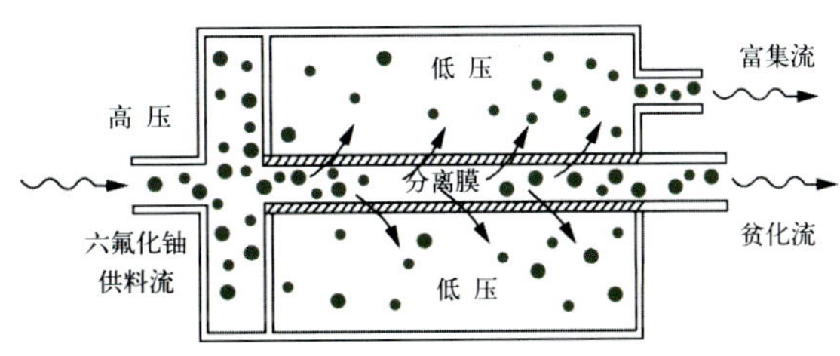

气体扩散同位素分离法的一个扩散级

图 2.18　气体扩散分离法原理图

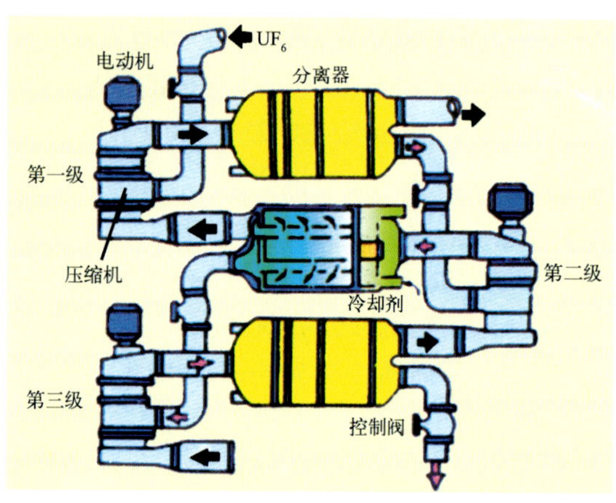

气体扩散同位素分离级联示意图

中国浓缩铀工厂的气体扩散机群

图 2.19　气体扩散机群图

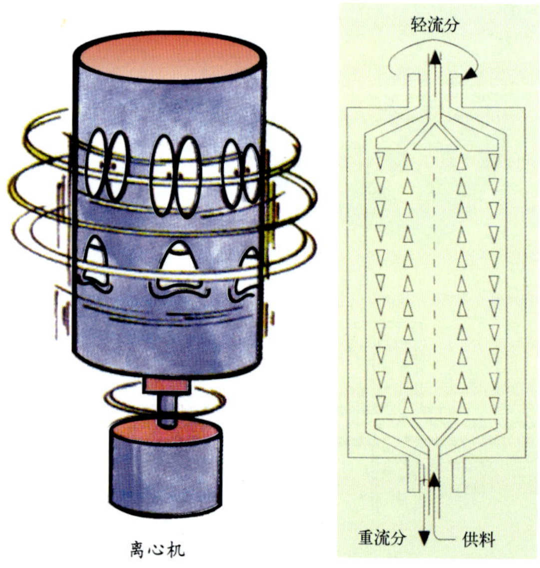

离心机

图 2.20　离心分离法原理图

联起来，经过若干次的分离，最后才可以得到武器级铀。一个大型的同位素离心机分离厂往往需要安装一二百万台离心机。

激光同位素分离　是一种新的同位素分离技术。同位素的质量不同，其能级（原子核外层的电子运动的轨道）也不同，由低能级激发到高能级时的吸收光谱也有差异。用不同波长的激光激发其中的一种同位素，就可以利用激发态与非激发态同位素在物理和化学性质上的差异，用适当的方法将其分离。用激光将同位素激发，再用电磁法收集，效率可以大大提高。激光同位素分离只需要一个分离级，体积小，耗电少。

激光同位素分离有两种不同的工艺：一种是分子激光同位素分离；另一种是原子蒸气激光同位素分离。在分子激光同位素分离工艺中，在−220 ℃下，用氦稀释六氟化铀气体，用一台激光器激发这种气体（这种激光器对铀-238不起作用），再用一台激光器（如铜蒸气激光器）来分解已激发的分子，生成五氟化铀，以白色粉末单色形式被回收，用作进一步分离。

在原子蒸气分离工艺中，用聚焦电子束在真空中把铀锭加热到 3 000 ℃，使铀金属汽化成铀-235 和铀-238 的原子状态，用激光器将铀蒸气中的铀-235 原子电离（这种激光器对铀-238不起作用），再用电磁分离法将电离了的铀-235 离子收集（见图 2.21）。

（二）钚-239 的制备

钚-239比铀-235更容易裂变，是核武器常用的核材料。钚具有强烈的放射性和化学毒性。精炼后的纯钚是一种银白色金属，密度很大。钚金属的化学性质活泼，曝露在空气中很快就会被氧化腐蚀。

室温下纯钚为α相。α相钚的密度最大，20 ℃时为19.84克/厘米^3。但这种钚坚硬易脆，不好加工。钚在319 ℃下为δ相，密度最低（15.9克/厘米^3），但延展性好，易于加工。δ相钚很不稳定，经受很低的压力就会转变成α相。如果掺

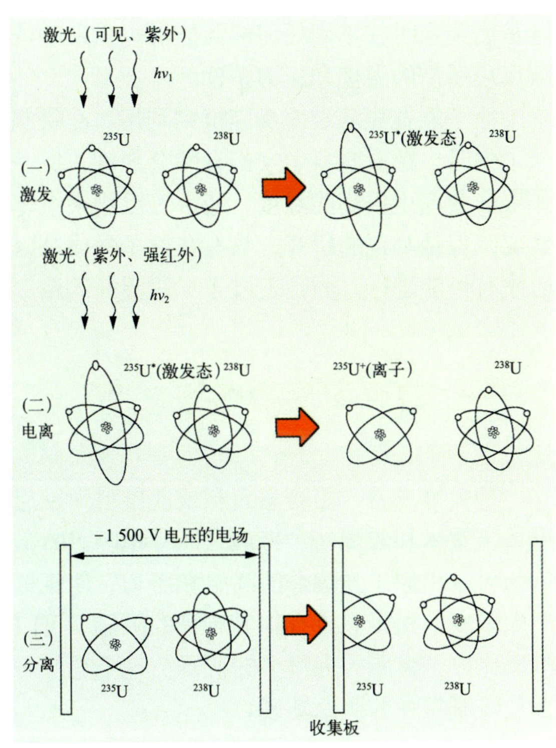

a) 原子蒸气激光同位素分离原理示意图

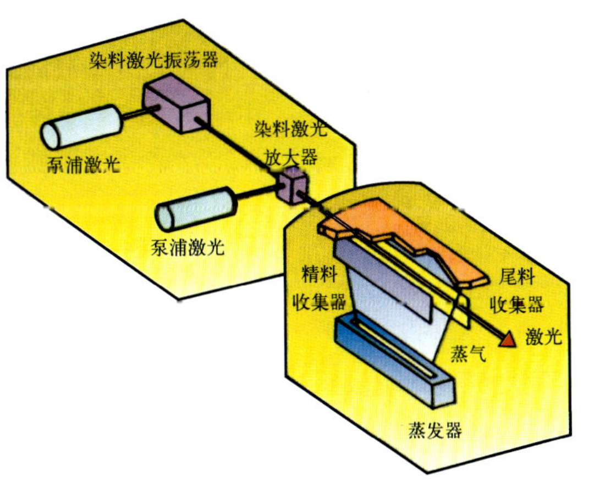

b) 原子蒸气激光同位素分离主要装置

图 2.21　原子蒸气激光分离法原理图

入少量的镓，就可使 δ 相钚在室温下稳定。核武器中用的钚就是掺了少量镓的 δ 相钚合金，这种合金钚至少在 −75 ~ 475 ℃范围内是稳定的。核武器用的钚材料中，一般钚-239 占 93% 左右，其余为钚-240 和钚-241。

自然界中没有钚-239，它是在核反应堆中用中子轰击铀-238 制成的。钚-239 的生产工序也很复杂，主要有反应堆辐照、辐照冷却期、分离和还原成金属等四步(见图 2.22)。

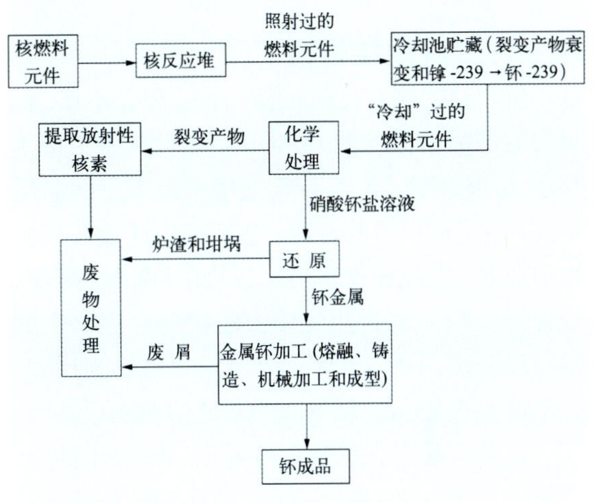

图 2.22　钚生产工艺流程图

首先把金属铀棒放在反应堆中照射。铀-238 俘获反应堆里的裂变中子生成铀-239，铀-239 经过一次 β 衰变就变成 93 号元素镎-239，再经过一次 β 衰变就变成 94 号元素钚-239。

反应堆中的铀-238 经过足够时间照射，生成相当数量的钚-239 后，将辐照过的燃料元件从反应堆内取出，并放入水中贮存 2 ~ 4 个月。在此期间，裂变产物经衰变后，其放射性大大减弱；与此同时，由铀-238 形成的镎-239，也大多转变成钚-239。

燃料元件冷却后，可用若干不同的方法将钚与铀和裂变产物分离开。通常用于大规模生产的是化学方法。钚能以几种不同的氧化态或化合价态存在，而且在某些化合价态时，其化学性质与铀完全不同。根据这一特点，预先配制一种溶液，使其中钚和铀具有不同的氧化态和不同的化学性质。然后选择沉淀法、溶剂萃取法或离子交换法，便可以相当容易地分离出钚。

分离出来的钚大多数是一种钚盐，必须经过处理以便获得金属形式的钚。例如将四氟化钚和还原剂（如金属钙）预先混合，然后在高压炉中加热，就可把四氟化钚还原成金属钚。

还原后，再经过酸洗，除去杂质，即得到清洁的钚金属钮（像钮扣样的金属小块）。这些金属钚就可进行熔融、铸造以及机械加工了。

（三）其他核材料

铀-233的裂变反应截面与铀-235差不多，也可作原子弹的核材料。但铀-233在自然界中也不存在，它是用钍-232在核反应堆中经中子照射后制成。生产铀-233的过程，是把氧化钍放在反应堆中照射，生成钍-233。钍-233经过两次β衰变，变成铀-233。同样用化学方法把照射产物中的铀-233分离出来。其化学分离工艺与钚的相同，只不过要选择和配制不同的萃取溶剂而已。

钍是天然存在的放射性元素，储量比铀大。天然钍几乎100%是钍-232，常和铀以及稀土元素等共生。

铀-238和钍-232也是重要的核材料，它们分别是制造钚-239和铀-233的重要原料，其本身也可以发生裂变，所以人们习惯上也称其为核燃料。特别是铀-238，大约40%的裂变中子和全部聚变中子可以使它发生裂变，由于它的密度和原子质量都很大，无论是裂变装置（原子弹）还是聚变装置（氢弹）都用它做惰层/中子反射层，它裂变释放的能量是核武器威力的重要组成部分。

无论是铀-235的分离还是钚-239和铀-233的制取，都需要先进的科学技术，雄厚的工业基础，还需要有强大的经济实力。没有强大的核工业基础，不可能生产出合格的武器级核燃料。

第三节 氢　弹

早在20世纪30年代，科学家们就已发现轻核聚变反应可以放出巨大的能量，太阳经久不衰的光辉就是来自氢核聚变。可是人们未能首先开发利用聚变能，更没有想到把它做成武器。这是因为当时找不到任何能源能够提供聚变持续反应所需的温度和压力条件。

原子能首先从裂变反应得到利用。在研制原子弹时，核武器科学家们自然会想到，原子弹爆炸会产生极高的温度，是否可以用来点燃聚变？但是真正的研究，只有在原子弹成功以后才有可能进行，而且走过了一段漫长的路。

一、氢弹原理和结构

1941年9月，美籍意大利核武器科学家恩里科·费米和爱德华·特勒（Edward Teller），认为可以用原子弹爆炸的高温和压力，使氘核产生聚变。由于它没有临界质量的限制，可以做成比原子弹威力大得多的武器。这个想法一直是研制氢弹的概念基础。

（一）经典超级弹

1942—1950年间，特勒提出的氢弹方案叫做“经典超级”弹，基本上是一个由液态氘组成的圆柱体。其设想是，用一个大的裂变弹引爆，使部分氘加热到极高温度，这部分被加热的氘核将发生核聚变反应。聚变反应释放的能量再传递给附近其他氘核，通过这种热能的传递使核聚变反应传播到整个氘圆柱体，从而释放出比引爆裂变弹大几百倍的能量。

但是，“经典超级”弹设计中，在点火问题上存在难以克服的困难。原子弹爆炸提供的高温不足以保证引起氘—氘反应。为了克服这个困难，设想加些氚，因为氘—氚反应点火温度低于纯氘—氘反应。然而数学家S.乌拉姆（S.Ulum）仔细计算后，发现需要昂贵的氚太多，很不现实。

除点火问题外，热核反应的传播也大成问题。费米和乌拉姆进行的计算表明，氘—氘反应即使在局部发生，其传播发展的可能性很小。因为氘—氘反应截面很小，而产生的能量损失很快，不足以点燃周围的氘而使反应持续下去。

要克服上述困难，必须对热核燃料进行压缩的方案。即热核燃料（氘、氚）在点火燃烧前，先被压缩到很高的密度，这样，聚变反应释放的能量就会以一种复杂的方式与电子和辐射光子分享，而不会很快损失掉。这一点特勒等人早在1946年就想到过，但不知道如何实现，曾考虑用高能炸药产生的爆轰波来压缩，可是经过计算，这不足以显著提高聚变反应的效率。

（二）特勒—乌拉姆构形

直到1951年2月，乌拉姆在计算提高原子弹裂变效率的研究中得到启发。当时的计算模型是裂变、聚变材料在一起，他发现这种构形的核材料会在大规模热核燃烧发生之前飞散；同时又发现原子弹爆炸产生的X射线在周围材料中沉积能量时有很大的反冲作用。乌拉姆由此开了窍，他想能不能用裂变爆炸产生的X射线引燃聚变反应，即X射线能不能作为从裂变中把能量传输给聚变燃料的主要手段？他把这一想法告诉了特勒，特勒马上意识到用X射线去压缩聚变燃料。1951年3月，特勒和乌拉姆合写了一个报告，提出了用裂变初级的辐射能压缩热核次级的氢弹设计方案。同年4月，特勒又提出在热核燃料中间加一个易裂变材料部件，称为“火花塞”，其作用是对压缩以后的热核材料点火。这就是现在常说的氢弹“分级辐射内爆原理”，也称为“特勒—乌拉姆构形”。

1952年11月1日，根据“特勒—乌拉姆构形”设计的世界上第一颗氢弹试验装置——“迈克”，试验结果威力高达1 040万吨梯恩梯当量。从此，核武器的威力开始用百万吨梯恩梯当量来衡量。

有关氢弹的具体结构是保密的。但在1974年出版的《大美百科全书》中，爱德华·特勒曾对氢弹的爆炸过程作如下的图示（见图2.23）。图中，

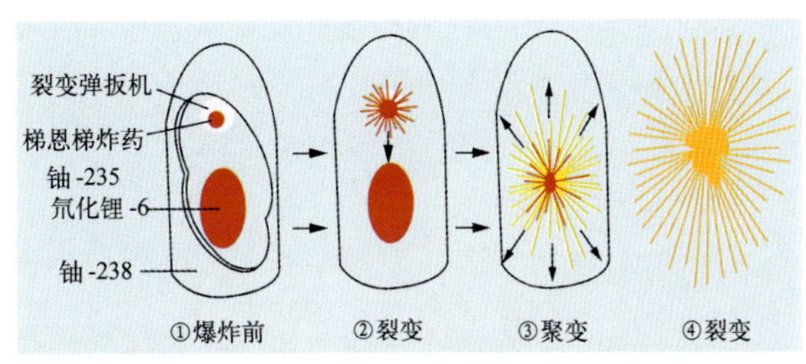

图2.23　特勒描述的氢弹爆炸过程图

①氢弹爆炸前的状态表明氢弹是由一枚裂变装置来点燃热核爆炸。②氢弹裂变装置爆炸过程表明在梯恩梯炸药压缩下，铀-235达超临界而发生链式反应，使温度上升至数百万度，并释放出大量中子。③氢弹聚变过程表明由裂变装置释放的中子与热核装料氘化锂中的锂核发生反应，形成氦与氚，氚与氘聚变，释放出更多中子。④氢弹裂变过程表明一些中子打在铀-238外壳上，使其发生裂变，释放出更多的能量。

这种典型的“裂变—聚变—裂变”过程，称为三相，这样的氢弹被称为“三相弹”。三相弹也称氢铀弹，是最早被用作武器的一种普通氢弹。

由于热核燃料氘化锂-6和辐射屏蔽层铀-238不存在临界质量问题，因而氢弹的威力原则上没有限制。按照特勒—乌拉姆构形原理，可以将聚变燃料一级一级地串起来引爆，像串“糖葫芦”一样。爆炸威力的限制只取决于军事

图2.24　苏联的超级氢弹——世界上爆炸过的威力最大的核武器

2

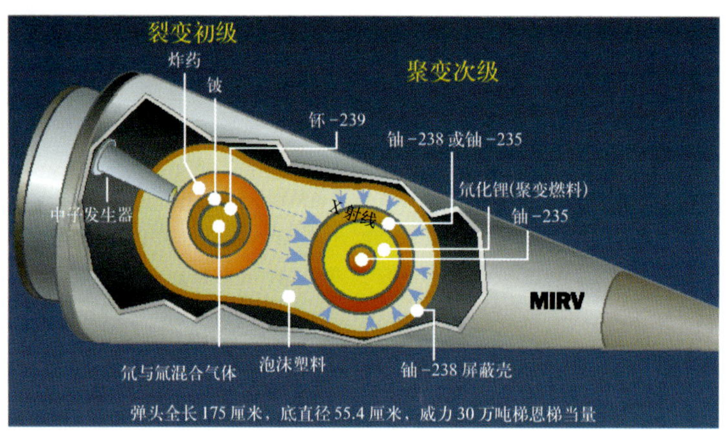

图 2.25　W87 结构示意图

的需要和投掷工具的载荷能力。原子弹威力通常为几百吨至几万吨梯恩梯当量，而美国第一颗氢弹原理试验装置的威力高达千万吨梯恩梯当量。苏联1961年10月30日进行的超级氢弹试验，设计威力是亿吨级的，考虑到投弹飞机的安全，只好作减威力试验（把核材料减掉一部分），在新地岛的6千米上空用图-95飞机空投，爆炸威力为5 800万吨梯恩梯当量。图2.24是这颗超级氢弹的复制品，陈列在全俄技术物理研究院武器博物馆里。

氢弹的具体结构，各核国家都是严格保密的。但国外有许多书刊对它作过种种描述，从这些描述中可知一二。例如，从《考克斯报告》刊登的W87结构示意图（见图2.25）可以看到，氢弹主要由裂变初级、聚变次级、铀-238辐射屏蔽壳等部分组成，与特勒描述的结构大致相同。

二、制造氢弹的材料

(一)氘与氚

人们最早想到用作氢弹的材料是氘与氚（都是氢的同位素，氘也称“重氢”，氚也称“超重氢”）。氘核只带一个正电荷，库仑排斥力较小，容易聚合；氘又是自然界存在的元素，在海水中的含量约为0.015%。利用特殊设备可以从水中分离出重水（D_2O），然后再电解出氧和氘。地球上的海水总量约为10^{18}吨，所以氘可以称得上是取之不尽，用之不竭的能源材料。

氚原子核由一个质子和两个中子组成，也容易聚合。但是，自然界中没有氚，武器用的氚要靠人工在反应堆中制造。另外氚是不稳定核，半衰期只有12.5年，就是说一定量的氚经过12.5年就有一半衰变成了其他元素。

在通常条件下，氘、氚都是气体，密度很小，只有在零下253 ℃才成为液体，必须装在笨重的冷藏设备中。美国的第一个氢弹试验装置用的是液态氘，笨重的冷却设备使其成为庞然大物，重65吨，根本不可能当做武器使用。

(二)氘化锂-6

有没有其他更适合的聚变材料呢？科学家在研究轻核反应机理时发现，人类最有希望利用的聚变反应除了第一节里讲的4道反应外，还有下面4道：

$$^{2}_{1}D+^{6}_{3}Li \rightarrow 2^{4}_{2}He + 22.4\ MeV$$
$$^{1}_{1}H+^{7}_{3}Li \rightarrow 2^{4}_{2}He + 17.3\ MeV$$
$$^{1}_{1}H+^{6}_{3}Li \rightarrow ^{4}_{2}He+^{3}_{2}He + 4.02\ MeV$$
$$^{2}_{1}D+^{7}_{3}Li \rightarrow 2^{4}_{2}He+^{1}_{0}n + 14.9\ MeV$$

4个反应道里，最有希望的固态物质只有锂。但这种有锂参与的反应道温度要求是很高的，难于达到。有什么办法利用锂金属呢？核科学家进一步研究发现，用中子撞击锂核，还有下面两道反应：

$$^{1}_{0}n+^{6}_{3}Li \rightarrow ^{3}_{1}T+^{4}_{2}He + 4.8\ MeV$$
$$^{1}_{0}n+^{7}_{3}Li \rightarrow ^{3}_{1}T+^{4}_{2}He+^{1}_{0}n - 2.5\ MeV$$

原子弹爆炸放出的中子很多，根据这两道

反应只要加入锂，就可产生氚，有了氚，氢弹就不成问题。上两式相比，锂-6在中子轰击下产生氚，而且放出的能量也多，是最理想的，因此氢弹里用氘化锂-6。次级火花塞放出的中子与锂-6反应生成氚，氚与氘反应放出中子，这个中子又与锂-6生成氚，于是形成了如下的造氚循环，同时在此两道核反应里放出4.8兆电子伏和17.6兆电子伏的能量：

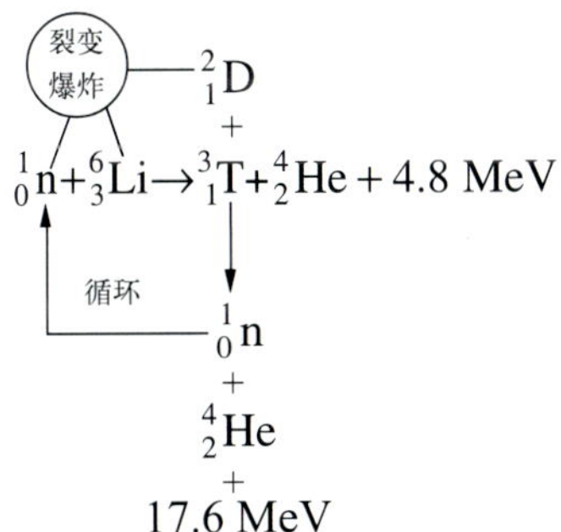

利用裂变中子与锂-6循环造氚，真是极妙的办法。“火花塞”爆炸不但提供了压缩氘和锂-6所需的能量，使氘和锂-6达到更高的温度和密度，而且还提供了大量造氚的中子。在氢弹爆炸过程中，就地取材，即造即用，无需冷藏，也无放射性废物，速度和效率高到了极点，既科学又经济。造出的氚与氘反应，释放出大量的能量，使温度急剧升高。在极高的温度下，锂-6与氘还可直接进行核反应，放出的能量也很可观（前面4道轻核反应中的第1道）。由此，我们看到采用氘化锂-6做热核燃料，真是一举多得，轻而易举地实现了氘氚和氘锂-6两道释放能量最多的核反应，因而可以达到很高的利用率，放出更多的能量。

（三）氘化锂-6的制备

氘化锂-6的成本比氚低得多，它是一种稳定的固体化合物，便于常温保存，无需庞大的冷冻装置。现在的热核武器大多是用氘化锂作热核燃料。图2.26是有关聚变燃料的生产流程关系图。

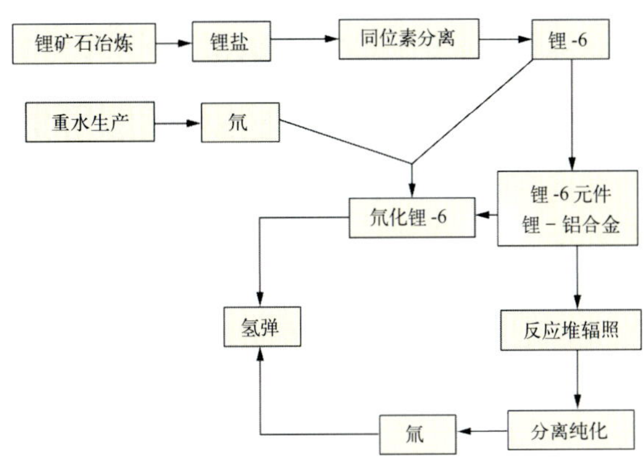

图2.26　核聚变燃料的生产流程图

天然锂中，锂-6占7.5%，锂-7占72.5%。采用同位素分离方法，可把锂-6富集到90%以上的丰度。氘和锂-6可以直接化合成固态化合物，方法是在密封烧罐中对锂金属加热，同时将氘气注入烧罐中，得到氘化锂粉末。图2.27是中国的锂-6分离装置。

图2.27　中国的锂-6分离装置

三、氢弹的小型化

分级辐射内爆原理的氢弹研制成功后，氢弹的发展主要集中在武器化上，特别是小型化。武器化要求氢弹能为多种运载工具所携带。要在重量轻、体积小的前提下实现一定的威力，也就是说比威力（弹头威力与重量之比）越大越好。20世纪50年代，美、苏两国制造的氢弹

比较笨重，威力都很大，一般在几百万乃至上千万吨梯恩梯当量。弹道导弹出现后，由于其有效载荷量有限，迫切要求氢弹小型化。从作战实用性来看，一个威力为（30 ~ 50）万吨梯恩梯当量的氢弹就足以摧毁一个大城市，威力再大也没有意义。一个大威力氢弹不如多弹头分导的几个小威力氢弹摧毁的目标多。

小型化要求各种部件都要尺寸小、重量轻。就核装置而言，聚变助爆裂变设计（原子弹一节已有介绍）很好地解决了“初级”小型化的关键技术。另外，炸药能量密度的提高，可以减少“初级”中的用量，最初的内爆法原子弹要用几百千克炸药，而现在只需要几十千克，体积也大大减小。“次级”小型化主要解决比威力与重量尺寸的权衡问题。“次级”由裂变材料和聚变材料组合而成。是氢弹的重要放能部分。由于裂变材料（铀或钚）与聚变材料（氘化锂）的密度相差悬殊，同体积的铀或钚比氘化锂约重24倍。聚变燃料的完全燃烧放能约为同样重量裂变燃料的3倍。可见要减小体积就只有多用裂变材料（相应地增大了裂变份额的威力）；要减轻重量就少用裂变材料（相应地增大了聚变份额的威力）。因此“次级”小型化设计，要根据弹头的尺寸、重量要求加以权衡，尽可能满足提高比威力的要求。

经过几十年的努力，氢弹小型化幅度已有相当大的提高，重量已减至几十分之一，尺寸缩小至几分之一，比等效百万吨数（第三章第三节中有解释）提高了5 ~ 6倍。例如，美国MK17航空炸弹的重量约（18 000 ~ 19 000）千克，威力为（1 500 ~ 2 000）万吨梯恩梯当量，而“和平卫士”/MX洲际导弹，可以携带10 ~ 12枚W87子弹头，每枚子弹头的重量不到200千克，威力为30万吨梯恩梯当量。按等效百万吨数比较，它代表了当今世界核武器的先进水平（见图2.28）。

氢弹的发展中有一个很重要的部分，就是引入新概念、新材料和新构形，发展新的设计原理，设计特殊军事需求的特殊性能核武器。（第四节将作详细介绍。）

美国MK17氢弹

“和平卫士”/MX弹道导弹弹头

图2.28　美国的先进核武器

第四节 特殊性能核武器

核武器有光辐射、冲击波、早期核辐射（中子、γ，也叫瞬发核辐射）、放射性沾染和核电磁脉冲等五种杀伤破坏因素。它们对人员和物体的杀伤破坏机理不同，效果也不同。特殊性能核武器就是根据不同的作战目标，在设计时选用不同的装料和结构，对这些杀伤破坏因素进行剪裁，增强或者减弱某些杀伤破坏效应，使之成为具有某种特殊性能的氢弹。特殊性能核武器主要是中子弹、减少剩余放射性弹、增强X射线弹和核电磁脉冲弹。其中以中子弹最引人注目。

一、中子弹

20世纪五六十年代，以美国为首的“北大西洋公约组织”（简称北约）和以苏联为首的“华沙条约国”（简称华约）两大军事集团在西德和东德对垒。当时，苏联的常规力量比北约强大，特别是在东德部署了5 000多辆坦克，一旦战争爆发，北约的常规力量将无法抵挡苏联大规模集群坦克的进攻。于是，战术核武器就成为北约首选的武器。1954年，美国陆军的280毫米核大炮部署到北约欧洲国家，这种大炮炮弹为裂变弹，其爆炸时在半径约1.5或2.5千米的范围内会造成人员的严重伤亡和建筑物的大规模破坏。1955年美国在北约进行的一场作战模拟演习中发现，如果在西德爆炸268枚核炮弹阻止苏联集群坦克的进攻，估计会有（50～250）万平民死亡，350万人受伤，西欧的文化遗产也将遭受严重破坏。如果减小核武器威力，军事效能也就相应地削弱。北约国家对使用战术原子弹会造成大量平民伤亡提出了异议，也使美国对在欧洲使用战术核武器感到担忧。在这样的背景下，为了增强对坦克乘员的杀伤，减少冲击波和光辐射造成附带毁伤，于1958年提出中子弹的概念。对于那些热衷核武器战场使用的军方人士来说，中子弹是一种比较理想的武器。它的冲击波和光辐射会大大减少，发出的瞬时核辐射却要大得多。目标区内的军事人员会被核辐射杀死或丧失战斗力，如果再适当提高中子弹的爆炸高度，冲击波和光辐射对平民的伤害和对建筑物的毁坏问题在很大程度上可以避免。

中子弹更恰当的名称应当是增强辐射弹，它是以高能中子为主要杀伤因素，相对减弱冲击波和光辐射效应的一种特殊氢弹。普通核武器爆炸时，冲击波占总爆炸能量的50%，光辐射占35%，放射性占10%，瞬发辐射仅占5%。中子弹爆炸时，瞬发辐射（中子和γ射线）却占核爆炸总能量的30%，其他杀伤破坏因素则相对降低很多。中子弹的能量分配比较见图2.29，杀伤半径比较见表2.1。

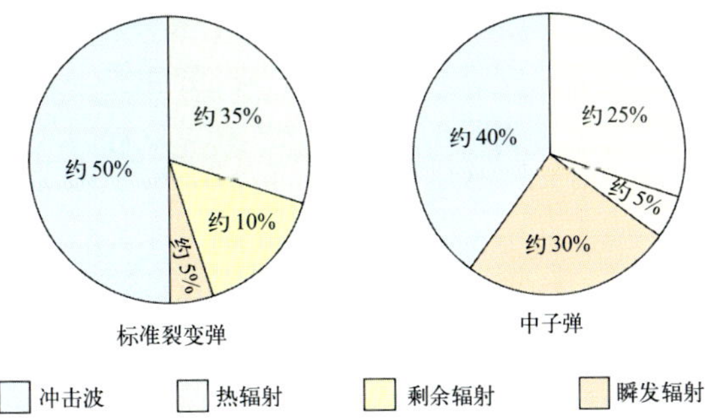

图2.29　中子弹与裂变弹的能量分配比较

表2.1　中子弹与裂变弹的杀伤半径比较
（爆炸高度150 m）

	威　力	中子辐射对坦克内人员的杀伤半径（m）			冲击波对建筑物的破坏半径（m）
		80 Gy	30 Gy	6.5 Gy	
中子弹	1千吨梯恩梯当量	690	914	1 100	550
裂变弹	10千吨梯恩梯当量	690	914	1 100	1 220

中子弹的设计有三个基本要求：一是尽可能减少裂变材料用量，使总威力降低；二是充分利用氘氚聚变反应，增加高能中子的数量；三是外壳要用中子容易穿出去的高强度合金。

从两种弹的能量分配和杀伤半径比较可以知道，用一枚威力为一千吨梯恩梯当量的中子弹来杀伤坦克人员，其军事效能大致相当于一枚威力为一万吨梯恩梯当量的原子弹，而对建筑物的破坏半径还不到它的一半。如果适当提高中子弹的爆炸高度，冲击波对建筑物的破坏会显著减轻，爆炸高度在1 000米左右时，冲击波对建筑物的破坏为零，而中子仍可对人员产生严重伤害。

2

中子弹爆炸时放出大量看不见摸不着的高能中子，具有极强的穿透能力，对生物有很强的杀伤力。它可以轻而易举地穿透一定距离内的坦克装甲、掩体和砖墙等物，杀伤其中的人员，而建筑物、坦克、武器装备等却能完好地保存下来。因此，中子弹是集群坦克的克星。

美国的中子弹设计指标为离爆心800米处，中子剂量要达到80戈瑞。对坦克乘员来说，80戈瑞的剂量可使人在5分钟内丧失能力，直至死亡；30戈瑞的剂量可以使人在5分钟内失去能力，30～45分钟后，部分机能恢复，4～6天内死亡；而6.5戈瑞的剂量就可以使人的活动能力受损，几周内死亡，极少数经过治疗可能幸存。美国中子弹的设计指标是根据30戈瑞以上的剂量才有战场杀伤意义这一点来确定的。也就是说，如果华约的坦克部队受到30戈瑞以上的中子照射后，在人员丧失活动能力之前几乎不可能攻入北约阵地。

中子弹概念一提出来，便引发了长达二十多年的有关政治、道义问题的广泛争论，直到1981年8月，美国才决定生产战场使用的中子弹——W79和W70-3。W79是203毫米核大炮炮弹，W70-3是陆军“长矛”地对地导弹的核弹头，见图2.30和图2.31。

除了对付坦克外，中子弹产生的高能中子和γ辐射还能破坏导弹内的电子设备，使导弹战斗部丧失作战能力，因此也可作低空拦截核导弹的武器。1974年，美国曾生产了70枚由“斯普林特”导弹（见图2.31）携带的W66型反弹道导弹中子弹头，但这种武器已于1985年全部退役。

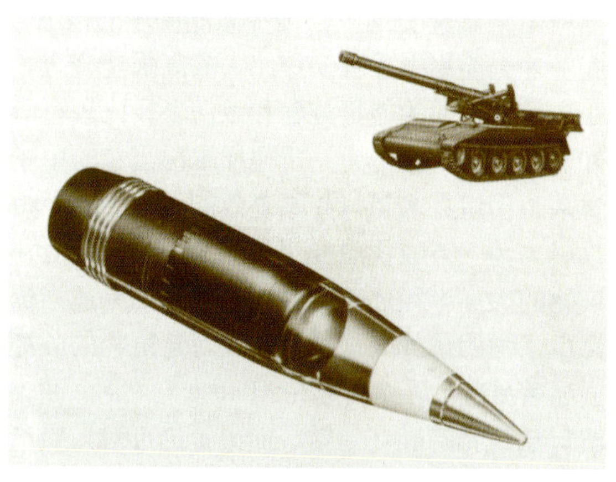
图2.30 美国203毫米口径核大炮的W79中子弹头

长矛导弹

“斯普林特”导弹

图2.31 美国的中子弹

二、减少剩余放射性弹

1954年，美国一次大威力氢弹试验的放射性灰尘使日本渔民受到伤害，引起美国乃至世界人们对核战争产生放射性沉降的极其关切。同时，军方也在考虑对敌方阵地进行核打击后，部队进入该阵地的安全问题。于是，一些科学家开始考虑如何将放射性沉降物降低到最低程度，设计出适合在战场上使用的比较“干净”的核武器。

减少剩余放射性弹，是一种比较“干净”的核武器，其特点是剩余放射性显著降低。它以冲击波效应为主要杀伤破坏因素，因此也称冲击波弹。主要用途是在地面或接近地面爆炸，摧毁敌方坚固的军事目标。而且爆后不久，己方部队便可进入或通过核爆炸地区，以满足战场作战的要求。

核爆炸的剩余放射性来源有：铀、钚等裂变材料在裂变反应后形成的碎片，核爆炸后残留下来的铀、钚等材料粉末，以及核爆炸释放的中子在弹体物质及周围介质中造成的感生放射性物质。

从剩余放射性物质的来源可以看出，设计减少剩余辐射弹的关键技术是降低核爆炸总威力中裂变能量所占的份额，使裂变份额只占总能量的很小一部分，使氢弹装置尽可能“干净”。因此，要尽量降低核装置初级的威力，避免使用放射性和毒性很强的钚；在核装置次级设计中用非裂变材料（如铅）做惰层；不用裂变“火花塞”点火，把“次级”设计成纯聚变或接近纯聚变的，减少感生放射性物质。

1956年，美国就进行了旨在减少放射性沉降物氢弹试验。1980年，美国劳伦斯·利弗莫尔国家实验室宣布研制成功减少剩余辐射弹，并称其放射性沉降比同等威力裂变弹低一个量级，且光辐射效应也显著减小。

现在的设计只能减少剩余放射性，而无法设计纯聚变“初级”。真正干净的核武器至今是不存在的。

三、增强X射线弹

20世纪五六十年代，美苏两国的核军备竞赛异常激烈，弹道导弹飞速发展，双方进攻性战略核武器的作战能力异常强大。为了争夺核优势，美苏两国又发展了反导防御核武器，到60年代，美、苏都部署了“以核反核”的反导弹防御体系。增强X射线弹就是为反导研制的一种核武器，它是以增强X射线毁伤效应为主要特征的一种特殊氢弹。

氢弹爆炸时，占爆炸总威力约70%的能量以X射线形式辐射出来。当氢弹在100千米高空爆炸时，由于空气十分稀薄，各种射线与周围空气的作用很弱，几乎可以自由传播。因此，可以用氢弹爆炸产生的强流X射线摧毁来袭的核弹头。其破坏机制有以下几种：

软X射线（能量在10千电子伏特以下）的能量沉积在弹头壳体表面的薄层中，形成高温高压，既产生烧蚀作用，又产生热击波传入导弹内部。弹头壳体表皮被烧蚀，就等于剥掉了弹头的热屏障层，当弹头高速再入大气层时就会被烧毁。而向内传播的热击波将引起弹头壳体层裂或壳体结构破坏。

硬X射线（能量在10千电子伏特以上）能穿透来袭弹头的外壳，使电子器件的焊点和用重金属制成的导线熔化。X射线进入核装置内部还可以产生辐照效应，导致来袭弹头失效。

X射线与导弹内部各系统相互作用，又产生电磁脉冲，电磁脉冲进入弹头中的电子系统，产生瞬时电流和过电压，引起瞬时干扰或对半导体器件和集成电路造成永久性破坏。

增强X射线弹的设计有三点要求：一是要求它“干净”，因为这是一种防御性武器，一般在本国或盟国领土上使用，产生的放射性沾染要少，因而这类武器的惰层和辐射屏蔽层一般不用天然铀；二是要尽量增大X射线能量所占总威力的比例；三是通过调整设计，将核爆炸时的表面温度提高到亿度量级，使大部分X射线为硬X射线。因为硬X射线在空气中的穿透能力更强，即使在60～70千米高空爆炸，X射线仍然是较主要的破坏因素。

美国为“斯巴坦”反弹道导弹研制的核战

斗部W71，威力约500万吨梯恩梯当量，总威力的80%以X射线的形式在千万分之一秒内释放出来。“斯巴坦”导弹（见图2.32）是1959年“奈基III”防空导弹取消后，采用当时最先进的设备和技术优先发展的一种反弹道导弹系统（即“卫兵/斯巴坦”系统），它的拦截高度达160千米，和“卫兵/斯普林特”低空反弹道导弹系统构成双层导弹防御系统。1974年10月到1975年8月间，大约生产了30枚W71，立即进入非现役储备。1992年9月前全部退役。

图2.32 “斯巴坦”导弹

四、核电磁脉冲弹

核武器产生的强电磁脉冲能够破坏现代化通讯和电子系统。1962年7月，美国在太平洋约翰斯顿岛400千米高空进行了代号为“海盘车”的高空核试验，威力为140万吨梯恩梯当量，结果，1 400千米以外的檀香山地区所有街灯同时熄灭，几百台报警器同时报警，高压线的避雷装置全部被烧毁，这就是核爆炸产生的电磁脉冲造成的。

由于电子器件的发展，抗电磁脉冲的真空管被更脆弱的电子器件所代替，电子装置更易受到核电磁脉冲的破坏。据此，美国军事分析家认为，如果在美国中部400千米高空爆炸一颗威力为100万吨梯恩梯当量的氢弹，那么，美国本土48个州的未加保护的电子网络会立即短路。

大气层核爆炸产生电磁脉冲的机理有三种：一是核爆炸产生的瞬发γ射线，与大气中的原子发生相互作用，形成电流。电子在地球磁场中发生偏转，从而产生强电磁辐射，这是核电磁脉冲产生的主要机制。二是核爆炸产生的初始X射线与周围介质相互作用产生电磁场。三是爆炸点周围膨胀的等离子体火球排斥地球磁场产生电磁场。

核电磁脉冲弹就是设想经过特殊设计，突出增强电磁脉冲效应的一种氢弹。如果电磁脉冲主频率达到10^{10} ~ 10^{11}赫兹，波长在厘米至毫米范围，就能穿入目标的缝隙和天线孔而造成破坏。核电磁脉冲弹的电子干扰和破坏能力很强，是其他电子干扰武器无可比拟的，一旦研制成功，它将成为电子战的顶尖高手。

第三章

核武器装备系统

形成核武器作战能力的必要设备和设施称为核武器装备系统。核武器装备系统通常由三大部分组成:（1）核武器（核弹头、核航弹和核炮弹等）;（2）投射系统（导弹、飞机、火炮等）;（3）指挥、控制、通讯和作战支持系统。由于核武器的毁伤能力巨大，使用权必须由国家最高当局严格控制，战备值班和作战使用过程就相应地复杂得多。因此，核武器指挥、控制以及通讯和作战支持系统都是专用的。核武器装备水平的高低，直接影响到核武器战术、技术性能的发挥，如威力、射程、命中精度和可靠性等。

本章以战略核武器为例介绍核武器装备系统。

第一节 核弹道导弹的核弹头

3

在第二章中，核武器按其结构原理可分为原子弹、氢弹和特殊性能核武器等。但是，从武器装备的角度，更多的是按照投射方式来划分核武器的种类，如核弹道导弹、核航空炸弹、核炮弹等，还有核巡航导弹、核地空导弹、核深水炸弹和核鱼雷等。图 3.1 是俄罗斯实验物理研究院核武器博物馆的一角。图中前排左一和左二呈椭球状的是两枚不同型号的核航空炸弹，弹后部带有尾翼；前排右二呈圆锥形的是一枚核弹道导弹携带的分导式多弹头；前排中体积最小的是战术核地地导弹携带的单弹头。

图 3.1　俄罗斯实验物理研究院核武器博物馆陈列的部分核武器

不同类型核武器的结构和基本组成不尽相同。本节将比较详细地介绍弹道导弹携带的核弹头，以此为例帮助大家认识核

武器的基本组成和结构，特别是核战斗部这一所有类型的核武器都必须具有的核心部件。

一、核弹头的构成

核弹头是弹道导弹起飞后重入大气层的部分，对航天器和导弹来说，也称“再入飞行器”或“再入体”（英文缩写RV或RB）。核弹头通常由核战斗部、姿态控制系统和承载壳体三大系统组成，如图3.2所示。现役战略核武库中，核弹道导弹数量最为庞大。它可以携带一枚或多枚核弹头，攻击几千千米甚至一万千米以外的各种战略目标。

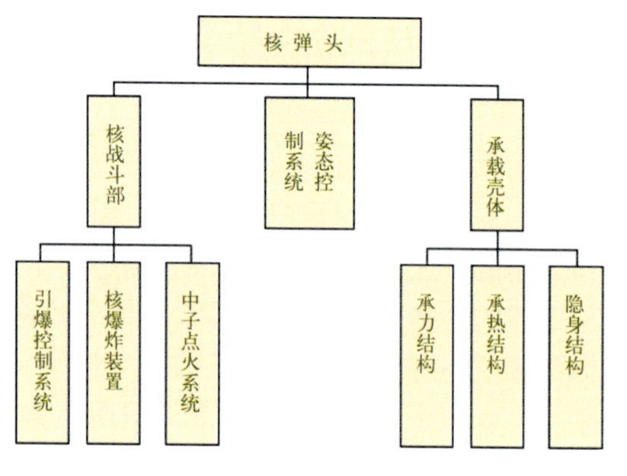

图3.2 核弹头组成系统

二、核战斗部

核战斗部是核武器最核心的系统，它由引爆控制系统、核爆炸装置和中子点火系统三个分系统组成。

（一）引爆控制系统

引爆控制系统是确保核武器在接到特定指令后，能按预定要求发生核爆炸，同时禁止核武器非授权使用和发生意外核爆炸的设备系统。根据作战使用环境和运载工具的不同，引爆控制系统的组成也有所不同，但一般都少不了电源、保险／解保机构、程序控制装置、引信和引爆装置等部件。

引爆控制系统中有一系列的电源，它们在恰当的时刻向程序控制装置、保险机构、引信和引爆装置提供符合要求的能量。

要使核武器不发生意外核爆炸，最容易的办法就是在引爆控制系统中加保险器，把不同工作原理的保险器组合使用，使安全系数更高。通常是根据核弹头的使用要求以及运载工具的特点，将各种保险器如保险开关、保险栓、气压保险器、线加速度保险器等串联，组成引爆控制系统中的保险机构，这样的保险机构工作非常可靠。解除保险的动作过程叫“解保”，它将按照严格的程序逐级进行。一旦保险机构解除保险，下面两个装置就要开始动作了。

首先是引信，它将采用一定方法，最终确定核武器起爆地点或时间，然后向引爆装置发出起爆信号。引信分触地引信和非触地引信两类，攻击导弹发射井等硬目标的核武器一般采用触地引信；在预定高度或预定时刻爆炸的核武器多采用非触地引信。非触地引信种类较多，有激光引信、雷达引信、惯性引信和气压引信等等。各类引信均有各自的优缺点，根据核弹头种类和目标性质，可选用一种或几种不同的引信联合使用。

引信动作的同时，引爆装置也开始工作，处于待命引爆状态，等待引信发来信号。一旦接到起爆信号，引爆装置立即输出多个功率足够大的电脉冲，同步引爆核爆炸装置上的多个雷管。图3.3是俄罗斯公开展示的引控系统零部件。

为了在正常命令下可靠地实现引爆，并防止意外核爆炸，必须在引爆控制系统中设置复杂的程序控制装置。该装置一般由执行继电器、延时机构和微型计算机组成。控制着整个引爆过程的工作程序，并根据目标特性、核装置威力及运载工具飞行轨迹，预先选定核武器的最佳引爆高度或最佳引爆时刻。图3.4简单地概括了

图 3.3　俄罗斯核导弹引控系统零部件

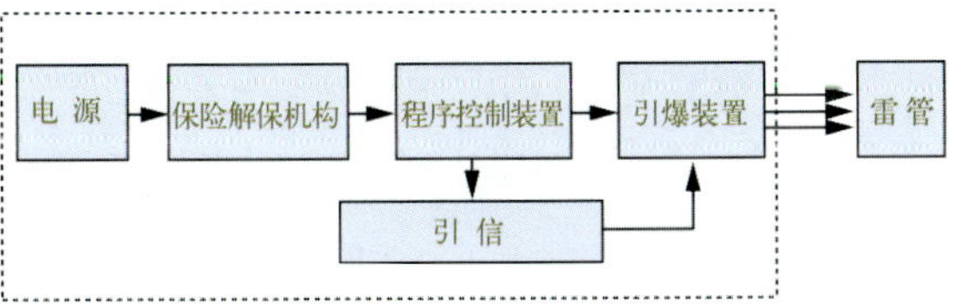

图 3.4　核武器引爆控制过程

核武器引爆控制过程。需说明的是，电源并非在引爆过程启动之前一次性地对整个系统充电。

（二）核爆炸装置

核战斗部的核爆炸装置简称核装置，由炸药系统、核材料系统组成。它是核武器的核心部分，必须满足作战要求，适应武器贮存、运输及使用中遇到的特殊环境。它的设计制造难度，比只用于各种核试验目的的核装置大得多。其功能和动作过程第二章已有详细叙述。

（三）中子点火系统

第二章中已经指出，核装置裂变材料压缩至超临界状态后，需要一定数量的中子去触发链式裂变反应，才能产生预期的核爆炸威力。触发链式裂变反应习惯叫做“点火”，核战斗部中产生这种点火中子的系统叫“中子点火系统”，也称“中子点火器”或“中子源”。中子点火系统一般有两种，一种叫内中子点火器；另一种叫外中子点火器。

内中子点火器放置在弹芯中间，因此，也有人将它视为核装置的一部分，而不是一个单独的系统。内中子点火器的设计原理有两种。技术简单的内中子点火器由两个易碎的钋和铍半球组成，在内爆压缩前是分开放置的，高能炸药爆炸后，在内爆冲击压缩下两个半球机械地混合，其中的钋核衰变，放射出α粒子轰击铍核产生中子，引发周围已被压缩好的裂变材料发生链式裂变反应。这样的内中子点火器俗称“高尔夫球”，通常与核弹头分开贮存。由于钋的放射性半衰期只有138天，必须经常更换，用起来很不方便。

外中子点火系统是将中子点火器放置在核装置外面。常用的外中子源是依靠高压电场加速氘离子，轰击氚靶产生聚变反应释放出的高能中子，这种中子源称为“中子管”。中子从外面穿透各种构件进入已被压缩到超临界状态的核燃料区，从而引发链式裂变反应。中子注入时间可以灵活掌握，根据设计要求，由引爆控制系统的程序指令进行管理。

三、承载壳体

承载壳体是弹头的外壳，它在发射和飞行过程中具有承热、承力和隐身的能力，以保护核装置处于正常工作状态。承载壳体分内外两层，外层由耐高温、耐烧蚀的轻质碳基或硅基等材料制成，内层是高强度铝合金。

核弹头在发射的主动段和再入段都要与空气摩擦，导致气动加热，尤其是再入段的气动加热最为严重。例如洲际核弹道导弹携带的核弹头，其再入段头部的局部高温可达8 000开左右。因此，承热结构主要是承受空气摩擦产生的热量，确保核战斗部及其他系统在全部飞行过程中运行正常。另外，若因天气恶劣，核弹头可能碰上冰晶、雪花和雨滴等粒子云，弹头表面将被侵蚀，从而影响飞行稳定性，甚至引起弹头破坏，尤其是端头部分将因被强烈烧蚀而剥落。因此，设计承载壳体必须考虑能承受这些粒子云的侵蚀。

承载壳体的力学环境非常恶劣，在飞行中要承受巨大的气动压力、头体分离的冲击力和核战斗部作用于壳体的过载力等等。洲际弹道导弹的核弹头在再入过程中承受的横向过载可达数十个 g（g是重力加速度），轴向过载可达上百个g，也就是说在再入过程中，弹头内的核战斗部将向承载壳体施加比重力大几十倍的横向过载力和大一百多倍的轴向过载力。因此，在设计中要认真对待承载壳体承力结构的可靠性，并经过冲击振动等环境实验的考核，确保承载壳体能承受上述力学作用。

弹头壳体的隐身作用是为了突防，让对方无法发现或尽量滞后发现来袭的核弹头。在未来的核武器攻防战中，突防问题越来越重要。隐身是突防的重要手段，通过减小雷达反射截面和红外辐射等措施可达到隐身的目的。减小雷达反射截面的方法有两种，一是通过改进承载壳体外形设计，减少雷达反射截面；二是在承载壳体表面涂覆吸波材料，减少核弹头在外层空间的红外辐射，使对方不易发现，达到隐身目的。

四、姿态控制系统

姿态控制系统由多台小型火箭发动机、陀螺仪和若干敏感器件组成。它按预定程序和要求对核弹头实施俯仰、偏航以及滚动控制。俯仰、偏航和滚动控制的目的是防止核弹头产生共振，以保证核弹头按预定弹道正常飞行，以小攻角再入大气层。

图 3.5 是美国弹道导弹“和平卫士 /MX”携带的 MK21 核弹头外形（MK 是 mark 的缩写，表示型号）。从中可了解核弹头的构成。

MK21 核弹头底直径 55.37 厘米，鼻锥半

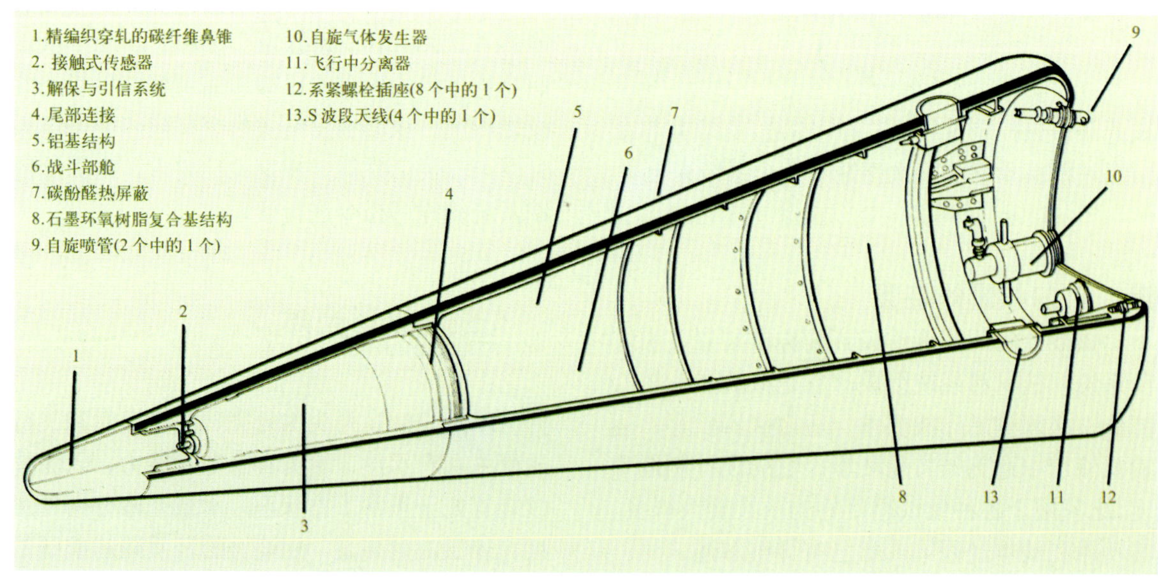

图 3.5　美 MK21 核弹头示意图

图 3.6　B-2 轰炸机

径3.55厘米，全长175厘米，半锥角8.2°。弹头中部空间是战斗部舱，放置W87战斗部（W是战斗部warhead的缩写）。战斗部舱的前面（3）是引爆控制系统。弹壳的内层是承力结构，为铝合金框架（5）；外层是承热结构，为碳酚醛热烧蚀层（7），可防止气动加热向壳体内传播。后部露出的（9～13）是姿态控制系统，（9）是自旋喷管，可喷射气体使弹体围绕弹的对称轴缓慢旋转，保证弹头稳定飞行。

第二节 战略核武器的投射系统

投掷发射系统，简称投射系统，负责将核武器投送到被攻击的目标。为了实现核武器的所有预定目标，投射系统及其投射的核武器在结构设计上必须相互适应，这种结构十分复杂，必须针对不同情况精心设计。飞机、弹道导弹、火箭和火炮等等都可以作为核武器的投射系统，这些投射系统与核武器在结构上是可以分离的。也就是说，在攻击目标前，二者要分离，最终命中目标的是投射系统“携带”的核武器。也有些核武器和它们的投射系统在结构上不可分割，二者作为一个整体命中目标，如核巡航导弹和核鱼雷。还有个别核武器不需要专门的投射系统，如核地雷。战略核武器的投射系统有战略轰炸飞机、弹道导弹和巡航导弹。本节我们只介绍战略核武器的投射系统，战术核武器的投射系统在第四节简单介绍。

一、战略轰炸机

二战期间，美国在研制原子弹的同时，也在考虑军事上如何使用它。当时准备投入实战的两颗原子弹体积大，重量重，储存在太平洋上的提尼安岛，远离要攻击的日本目标。因此，军方很自然地想到应当将原子弹做成航空炸弹，用经过特殊改装的B-29远程重型轰炸机投射。所以，从历史角度看，携带核航空炸弹的战略轰炸机是第一种核武器投射系统，这是在当时技术条件下的必然选择。

图 3.7　图-160 战略轰炸机

美俄两个核大国为什么始终将战略轰炸机作为战略核武器的投射工具呢？首先，在弹道导弹出现之前，轰炸机是惟一可以将核武器投送到作战目标的工具，那时的核武器全部是航空炸弹。其次，美苏两个超级大国在海外均有军事基地，可以很容易地用轰炸机进行战略核打击。第三，与陆基洲际弹道导弹相比，飞机的机动性与灵活性强，载弹量大，具有较强的生存能力和打击机动目标的能力。既可攻击机动的战略目标，还可以发现并攻击战场上新出现的固定目标或移动目标。另外，轰炸机既可以携带核武器执行战略轰炸任务，也可以携带常规武器执行一般轰炸任务。例如，在越南战争期间，美国就使用B-52D战略轰炸机将成千上万枚常规炸弹投掷在战场上，支援地面作战。由于战略轰炸机的这些优点，它已成为“三位一体”战略核力量的重要组成部分。

图 3.6 是美国现役最先进的 B-2 战略轰炸机，有效武器载荷为22.68 吨，可携带20颗B61 和 B83 核航空炸弹；在不进行空中加油的情况下，航程为1.11 万千米，一次空中加油后可达1.85 万千米，它的雷达反射截面小，突防高度低。

俄罗斯现役的图-160重型超声速战略轰炸机（见图 3.7），携带标准有效载荷9吨时的航程为1.32 万千米，能在不受气象、时间和地域限制的情况下，以各种速度和飞行高度完成各种战斗任务。它的武器装在机身内的两个弹舱内，包括射程为 2 500 千米的 X-55 亚声速空射核巡航导弹和 1.5 吨重的制导炸弹。

战略轰炸机投射的核武器有两种——核航空炸弹和空射核巡航导弹。核航空炸弹的结构和本章第一节介绍的弹道导弹携带的核弹头区别较大。它大致可分为前段、中段、后体和尾部四个部分。前段和后体内主要安装解除保险开关、闭锁器、引信传感器、点火装置、电源、电接插件等电子装置；中段内是核爆炸装置；

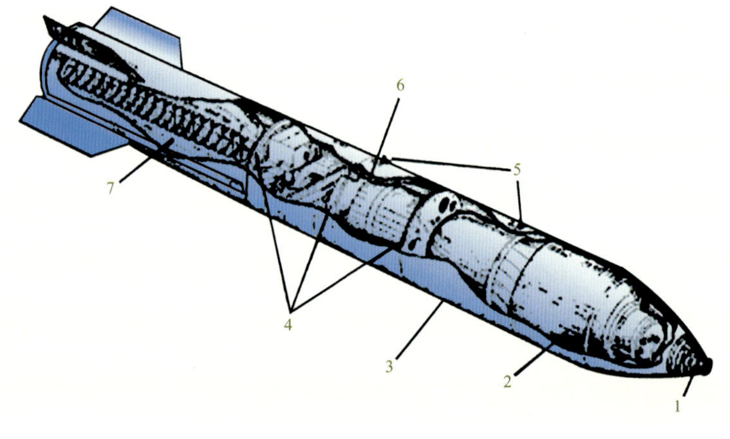

图 3.8　B83 战略航空炸弹

1.减震头锥；2.W-83 战斗部；3.前壳体；4.内部隔板；5.吊耳（间距为 30 英寸，1 英寸 = 2.54 厘米）；6.增强玻璃纤维酚醛蜂窝体；7.降落伞包（三个直径 4 英尺导伞，一个直径 46 英尺主伞，1 英尺 = 30.48 厘米）

图 3.9　中国的战略弹道导弹

尾段一般为圆锥状或后体部分的延伸，安装不同形状、尺寸和横截面的尾翼以及各种类型的减速机构或降落伞。投放核航空炸弹时，飞机的飞行高度、速度有多种选择，既可高空投放，也可低空投放，还可以在超声速飞行时投放。核航空炸弹脱离飞机后，降落方式可以是自由落体，也可以用降落伞、减速机构等减速。爆炸方式有空爆、地面爆炸和地面延时爆炸等。所有这一切都根据实战需要来确定。

核航空炸弹的许多结构设计都与使用目的和投射方式密切相关。例如，图 3.8 是美国 B83 战略核航空炸弹，威力为1～2百万吨梯恩梯当量，专用于“超低空”投弹，打击坚硬的不规则目标。因此，它的前段头锥（1）设计很特殊，具有减震功能，以利于在攻击铁路枢纽、钢筋混凝土掩体和洲际弹道导弹发射井等目标时减震。此外，它的弹壳以及内部支撑构件设计也要充分考虑吸收震动能量，既要非常坚固，防止部件纵向位移；同时又不能太硬，以免部件横向碰撞穿破壳体。

二、核弹道导弹

二战结束后的十多年里，战略轰炸机是惟一的战略核武器投射系统。直到 1955 年前后，美国和苏联才分别研制成功了弹道导弹。弹道导弹具有很强的远程打击能力，因此很快就用做一种重要的核武器投射系统。今天，弹道导弹已经成为数量最多的一类战略核武器投射系统，主要用于攻击几千千米外敌方的政治经济中心、军事和工业基地、核武器阵地和储存库以及交通枢纽等战略目标。图 3.9 是中国的战略弹道导弹。

弹道导弹通常为多级，主要由弹体、推进系统、制导系统和弹头四部分组成。弹道导弹的类型可以按多种指标进行划分，如按发射点与目标位置可将弹道导弹分为陆基弹道导弹和潜基弹道导弹；按射程可分为近程、中程、远程和洲际弹道导弹。近程导弹的射程一般为几百千米，洲际弹道导弹的射程在 8 000 千米以上。按使用的推进剂可分为液体推进剂和固体推进剂弹道导弹。战略弹道导弹一般是中程以上的陆基或潜基核弹道导弹。

弹道导弹发射时，先有一小段有动力的制导飞行，然后大部分时候都沿着只受地球重力作用的椭圆弹道飞行。整个弹道一般分为三段：助推段、中段和再入段。首先是有动力助推和有制导控制的主动飞行段——“助推段”。助推段结束后，运载核弹头的母舱和弹道导弹进行头体分离，其后是弹头、诱饵的姿态调整与空域部署过程。此过程结束后，核弹头、诱饵和分离开来的弹体碎片开始进入依靠惯性的“中段”飞行。最后是再入段，核弹头再入大气层攻击目标，在高空、低空或地面爆炸。图 3.10 是核弹道导弹投射核弹头的过程示意图。

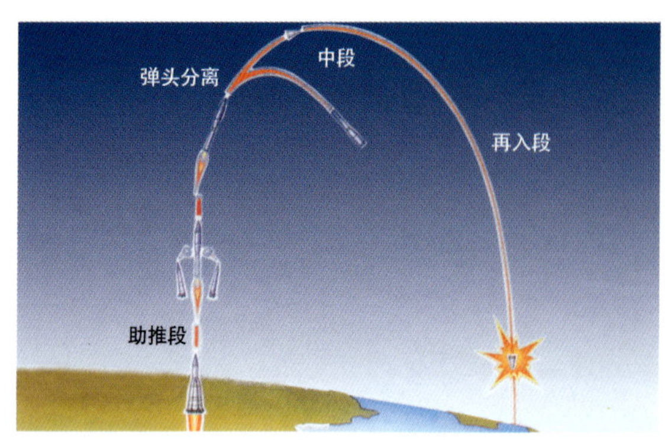

图 3.10　弹道导弹弹道示意图

早期的弹道导弹由于制导技术限制，命中精度很低。当氢弹研制成功后，核弹头的威力从万吨梯恩梯当量级提高到百万、千万吨梯恩梯当量级，威力增大可以弥补命中精度差给毁伤效果造成的影响。不过，当时的核弹头体积质量都很大，弹道导弹只能携带一颗，打击目标是“面目标”，如城市等分布广的区域。例如，美国早期的陆基洲际弹道导弹“宇宙神”的圆公算偏差（衡量弹着点散布或密集度的一个指标，值越小，命中精度越好）接近2千米，它所携带的MK-3或MK-4核弹头质量高达2吨，威力为500万吨梯恩梯当量。

上世纪60年代后，核武器的发展开始强调小型化。核弹头的质量、尺寸大幅度降低，多弹头技术上取得突破。于是美国率先提出了集束式多弹头的概念。集束式多弹头由母舱和子弹头等构成，无需制导系统和推进系统，一个释放机构就将子弹头同时推离母舱，并使其在空间保持一定的飞行间距。集束式多弹头用来攻击同一个面目标，但由于子弹头散落在一个幅员较大的目标区域内，因此，多个小威力子弹头可以达到与一个大威力的单弹头一样甚至更好的毁伤效果。最早的集束式多弹头出现在1963年，由潜基核弹道导弹“北极星 A-3”携带，共有3颗子弹头，每颗重约160千克，核战斗部为 W58，威力为20万吨梯恩梯当量。

为了提高多弹头的命中精度，美国和苏联等核国家后来又先后发展了分导式多弹头。分导式多弹头也由母舱和子弹头构成，但母舱除释放机构外，还有末助推控制系统，该系统可以使母舱按预定程序机动飞行并逐次释放子弹头，最终准确地导向不同目标。因此，分导式多弹头一般用于打击坚固的、分布区域狭小的“硬目标”，如地下发射井等。美国、苏联和法国分别于上世纪70年代初期、中期和1985年装备了分导式多弹头。图3.11 是俄罗斯分导式多弹头3 枚子弹头投射过程示意图。

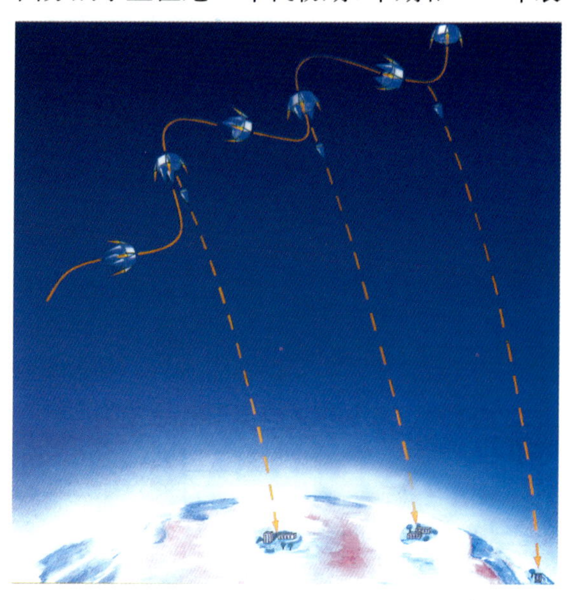

图 3.11　分导式多弹头分导过程示意图

如何突破弹道导弹的防御，是核弹道导弹发展研究的重要课题。集束式多弹头和分导式多弹头都有一定的突防效果，但后来出现的机动式弹头效果更佳。原因在于拦截核弹头时，防御方必须花费一定时间探测和计算来袭核弹头的弹道。如果在飞行过程的某个时刻，核弹头突然脱离原先预估的飞行弹道，那么，防御方预先积累的该核弹头弹道数据就失去了意义，必须重新测量并预估弹道，因而加重了防御系统的负荷，提高了突防概率。机动式弹头就是基于这种思想设计的。它一般在弹道末段利用制导系统和小型火箭发动机，按预定的程序改变飞行弹道，而且末制导系统还有助于提高命中精度。上世纪70年代中期，美国就开始研究

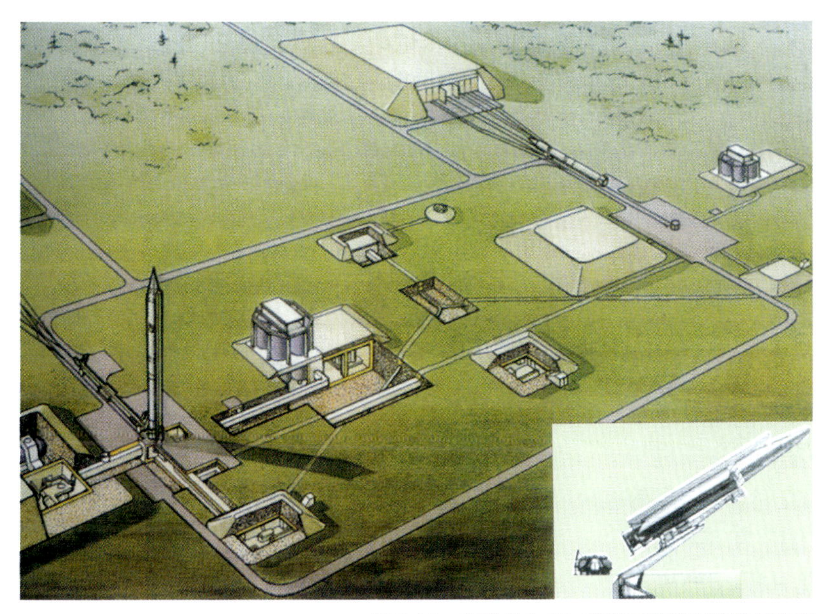

图 3.12 苏联的 P-9A 弹道导弹发射阵地示意图

带末制导系统的机动式弹头，并于80年代初配备在“潘兴”II中程核地地弹道导弹上。俄罗斯现役的“白杨”陆基机动洲际弹道导弹（西方国家称为SS-25-M）也配备了这种核弹头。

人们一般按发射方式把战略核弹道导弹分为陆基和潜基两种，加上携带核武器的战略轰炸机，构成了“三位一体”的核威慑力量。如果说核弹头的发展演化和核武器的打击效果密切相关，那么，弹道导弹的发射方式则和核武器的生存、战备反应时间等密切相关。长期以来，核弹道导弹的生存能力一直是人们关注的重点。因此，在提高生存能力的需求牵引下，弹道导弹的发射方式由地面发射变为地下井发射、水下发射和机动发射。

早期的中程陆基弹道导弹由竖立在地面的固定发射台或发射架发射，图 3.12 是苏联的“峡谷”地面发射装置，发射的核弹道导弹型号是P-9A（SS-8），1965年服役，目前已退役。

随着弹道导弹发射阵地被列为核打击目标，地面固定发射开始转变为地下井固定发射。由于有各种地质环境作掩护，并且采取了各种加固措施，如坚固的钢筋混凝土井壁，厚重耐压的井盖，使地下发射井中的弹道导弹生存能力得到加强（见图 3.13 和图 3.14）。苏联／俄罗斯的PC-20（SS-18）就是一种地下井发射的重型陆基洲际弹道导弹。它分两级，采用液体推进剂，射程在1万千米以上。图 3.13 上图是它的地下发射井井盖，下图是井盖开启后的井口，可见井盖对发射井的保护加固作用。PC-20有多种型号，其中A型可以携带威力为2 400万吨梯恩梯当量的单弹头（1978 年服役），也携带分导式多弹头（1975 年服役）。B 型只携带分导式多弹头（1988 年服役），共有 10 枚威力为 55 ~ 75 万吨梯恩梯当量的子弹头，分两层排列在战

图 3.13 俄罗斯的 PC-20 核弹道导弹的地下发射井

3

图 3.14　美国民兵 III 的发射阵地图

斗设备舱内。B型的制导系统采用了高速弹载数字计算机、不间断工作的指挥仪表系统和末段导引头，可以自主进行自动瞄准和发射导弹，尽管射程高达1.5万千米，但圆公算偏差在500米以下，适合于打击地下发射井等硬目标。

3

随着核弹道导弹命中精度提高，地下发射井生存能力相对减弱，而进一步加固的成本越来越高。即便进一步加固地下发射井，弹道导弹仍然可能在对方的首次攻击中被摧毁或失去反击的能力。因此，核弹道导弹要经受住对方的第一次核打击，并进行反击（即所谓的“第二次打击”），除了不断加固地下发射井外，更好的方法是让发射阵地可以“机动”转移。随着固体燃料的采用、制导技术的进步以及发射设备小型化，陆地机动发射成为可能。可在运动中或某预备发射点通过快速定位对导弹实施发射。

图 3.15　PC-12M 陆基机动核弹道导弹

例如俄罗斯的PC-12M（SS-25）就是一种公路机动/越野机动发射的陆基洲际弹道导弹（图 3.15）。它是三级固体弹道导弹，安装在7轴MA3越野车上，自主发射装置由悬臂、发射筒和发射筒竖起系统等组成，此外还有指挥/控制/通信系统、导航系统、瞄准系统、电源系统以及温度/湿度控制系统等辅助设备。机动时，运输车可以沿等级公路和非等级公路行驶，也可以不沿道路而按事先勘测好的地形行驶 发射时，自主发射装置用千斤顶顶起发射筒并进行水平调整，再打开筒盖发射导弹。PC-12M 弹道导弹于1988年开始服役。

核潜艇出现在上世纪50年代。由于核潜艇可以长期潜航在大洋深处，活动水域广阔，它的诞生为核弹道导弹提供了一个生存能力更强的发射平台。弹道导弹核潜艇运载潜基核弹道导弹，发射方式为水下机动发射。发射时，潜艇在海面下一定深度低速行驶。发射系统利用压缩空气、燃气—蒸汽、固体燃料助推器等外力作动力，将导弹推出专用的发射筒后，发动机点火；或将导弹推出水面后，导弹发动机再点火。和陆基核弹道导弹一样，潜基核弹道导弹也是一种重要的战略核力量。目前，英国就只保留了这种形式的核力量。图3.16是苏联的PC-29（SS-N-8）型潜射核弹道导弹水下发射情景。

以现役美国潜射核弹道导弹“三叉戟 II ”（D-5）（图 3.17）为例。该导弹分三级，采用固体推进剂，射程大于7 400千米。“三叉戟II”（D-5）采用星光/惯性制导，在第三级发动机四周，共配置了8枚MK5分导式多弹头。其核战斗部为W88，威力为47.5万吨梯恩梯当量，

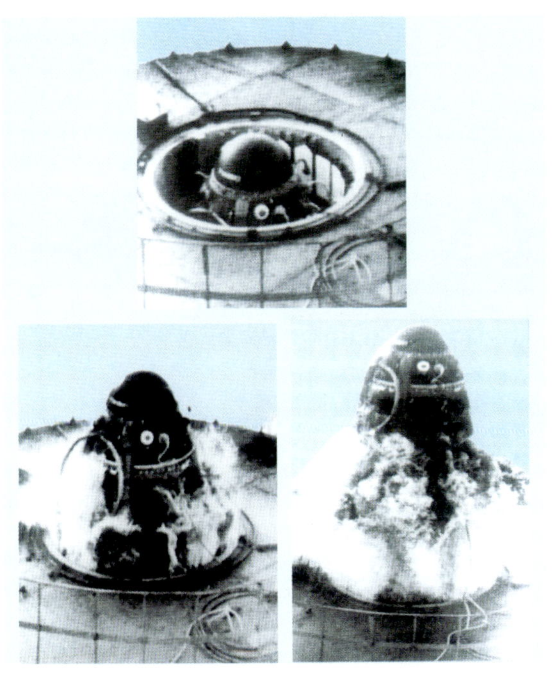

图 3.16 潜基弹道导弹水下发射

圆公算偏差在130 ~ 180米之间，可以攻击地下井和地下指挥控制中心等硬目标。“三叉戟II ”(D-5) 由“俄亥俄”级核潜艇携带，1988 年 12 月服役。

图 3.17 “三叉戟 II” 导弹冲出水面

三、核巡航导弹

在战略轰炸机和弹道导弹之后，还出现了一种战略核武器投射系统——巡航导弹。巡航导弹依靠喷气发动机的推力和弹翼的气动升力，以巡航状态在稠密的大气层内飞行，又称飞航式导弹。核巡航导弹主要由弹体、推进系统、制导系统和核战斗部组成（见图 3.18）。

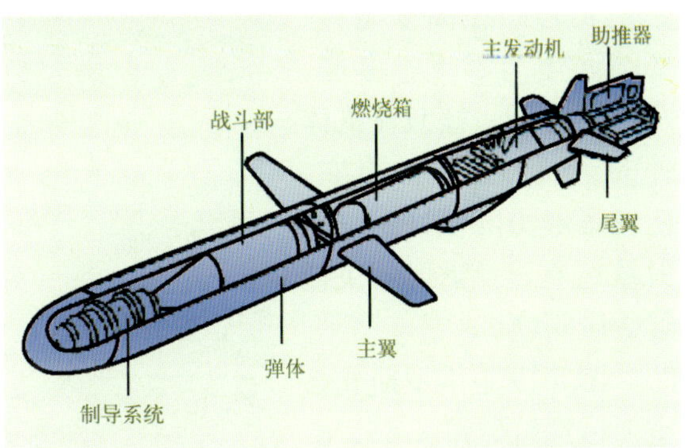

图 3.18 巡航导弹弹体示意图

核巡航导弹的弹体外形像飞机，除壳体外，还有弹翼等附属结构。推进系统由主发动机（巡航发动机）和助推器组成，导弹首先由助推器（液体或固体发动机）推动起飞，随后助推器脱落，主发动机开始启动；主发动机通常为涡轮喷气发动机、小型涡轮风扇发动机或冲压喷气发动机，和喷气飞机的发动机相似。如果攻击固定目标，则核巡航导弹多采用惯性加地形匹配制导；如果攻击活动目标，则采用惯性加寻的制导。核战斗部一般安装在导弹的前段或中段，和弹道导弹不同的是，核战斗部与弹体始终不分离。

战略核巡航导弹的主要用途是摧毁敌方远距离的战略目标。核巡航导弹的飞行路线通常由起飞爬升段、巡航段和俯冲段组成，在制导系统控制下，能够按预先设定的飞行路线像飞机一样机动飞行。它的巡航高度低，不容易被敌方发现，并且由于制导方式先进，命中精度很高。但是，核巡航导弹飞行速度慢（一般为

亚声速），飞行时间长，一旦被对方雷达锁定，也容易被击落。

按发射平台的不同，核巡航导弹可分车载、机载和舰（潜）载巡航导弹。战略核巡航导弹多为机载空射巡航导弹，战略轰炸机是其主要的发射平台。它们长时间在高空飞行，环境温度为零下十多度。几个小时后，挂载在机体外的巡航导弹就被冷冻，使核爆威力降低，所以空射核巡航导弹需要解决低温效应问题。

图 3.19　X-55 空射巡航导弹

图 3.20　AGM -86B 巡航导弹

3

图 3.19 是俄罗斯战略空射核巡航导弹 X-55，由图 -160 飞机发射，最大射程 2 500 千米，巡航高度 40 ~ 110米，巡航速度为亚声速（马赫数为 0.48 ~ 0.80），核战斗部威力为 20 ~ 25 万吨梯恩梯当量。

图3.20是美国战略空射巡航导弹AGM-86B，可以由超声速战略轰炸机B-2发射，最大有效射程 2 500 千米，巡航高度 7.62 ~ 152.4 米，巡航速度为亚声速（马赫数为 0.60 ~ 0.72），命中精度 30 米以内，核战斗部 W80-1，重 122.5 千克，威力 20 万吨梯恩梯当量。

第三节 指挥控制通信和作战支持系统

1991 年 12 月 25 日，新闻媒体播出的镜头中，苏联总统戈尔巴乔夫在宣布苏联解体后，将一个长 50 厘米，宽 35 厘米，厚 20 厘米，重 1.5 千克的黑色公文包转交给俄罗斯第一任总统叶利钦，从而完成了这一历史性的政权交接仪式。这个看起来很不起眼的黑色公文包就是人们常说的“核按钮”或“黑匣子”。“黑匣子”涉及到核武器装备系统的另一个重要组成部分——指挥、控制、通信和作战支持系统。本节主要介绍战略核武器的指挥、控制、通信和作战支持系统。

战略核武器指挥、控制、通信和作战支持系统的最大特点是：决策权高度集中于国家元首。美国国防部文件对核武器的指挥和控制明确定义为：“保障总统作为总司令对军队的核武器作战进行指挥和指导；保障总统作为最高行政首长对支援核作战的所有政府机构行使职权和指导；保障总统作为国家元首对支援核作战所需要的多国行动行使职权和指导。"各核国家对此也都有相应的明文规定。

一、战略核武器的指挥

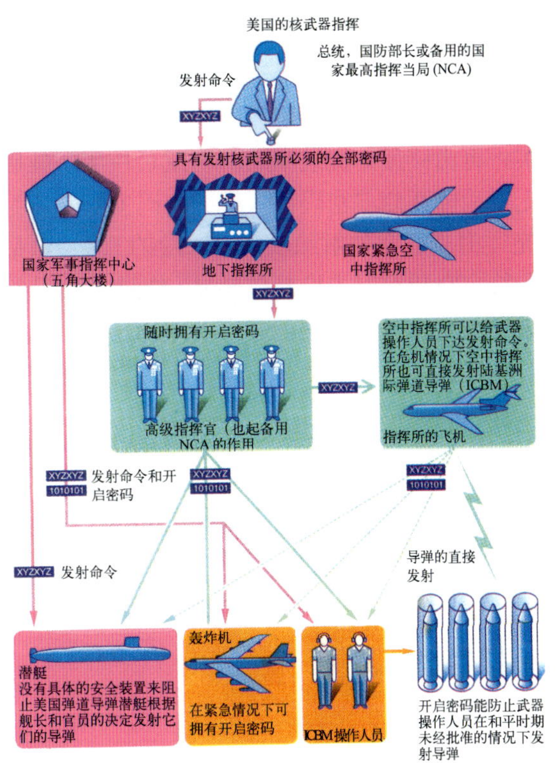

图 3.21　美国的战略核武器指挥示意图

战略核武器的有效指挥依赖于庞大的指挥系统。指挥系统首要的问题是制定核作战计划，确定要打击哪些目标，使用什么样的核武器，以及采用什么样的打击方案。美国的“统一联合作战计划(SIOP)”就是具有代表性的核作战计划。该计划诞生于上世纪60年代初，由“战略目标联合计划参谋部”负责拟定，充分反应了美国对核战争的观点和企图，是美国核战略中最核心、最秘密的部分。指挥系统还必须有一套严密的、可靠的指挥体系，这个体系的顶层是国家级指挥中心，如美国的五角大楼或国家备用指挥中心等；底层是核部队的指挥所，如某个陆基弹道导弹发射阵地的地下指挥所。这套指挥体系在专门的通信系统和作战支持系统的保障下，既能确保核武器使用决策权的高度集中，又能确保核作战计划的顺利执行。

下面详细地描述一下指挥体系的指挥链路。核战争的命令总是从国家元首开始的，其后通过一个复杂的流程下达到一线的核作战部队。1991年，美国布鲁金斯研究所的高级研究员B.G. 布莱尔和麻省理工学院诺贝尔物理奖获得者H.W. 坎多尔在《科学美国人》上发表了“意外的核战争”一文，文中描述了美国使用核武器的指挥程序，如图3.21 。

美国总统一旦做出使用核武器的决定后，就通过随身携带的“黑匣子”(亦名“橄榄球”)向国防部长下达使用核武器的命令。该命令是一种紧急行动电报，包含有发射核武器所必须的发射命令和开启密码。然后，国防部长将命令传送给参谋长联席会议，由后者加密为“核控制命令”，并通过国家军事指挥中心或国家预备军事指挥中心发给各联合司令部和特种司令部。“核控制命令”也是一种紧急行动电报，用于授权或指使核武器的移交、使用、终止使用、销毁或使之失效，它具有特别的加密格式，规定了核部队必须遵循的行动方案。参谋长联席会议还规定，“核控制命令”下传的每一级都必须用“密封核实程序”进行核实，然后才能转发，每一级在加密和解密时如果发现“核控制命令”不符合加密要求和格式要求，即认为该文电无效并中止行动。

陆基发射控制中心在收到“核控制命令”后，就按“双人制”实施其后的发射程序（下一小节将介绍）。有两点需要说明：一是任意一个双人制小组可发射自己控制的导弹和其他小组控制的导弹，也可被其他小组否决，任意两个小组可发射一个基地的所有导弹而不能被否决；二是如果起用机载发射系统，一架指挥飞机可以发射所有的导弹（见图3.24 下半部分）。空中使用核武器时，战略轰炸机起飞并抵达航线上远离敌方领土的某个盘旋空域，除非接到

3

国家最高指挥当局命令它飞向目标的“继续前进暗语”，否则就返回基地。“继续前进暗语”是一种鉴别话音指示，要先由多级司令部进行核实，再由核轰炸机组中的两名成员核实，准确无误后即开启“密码锁”或“密码安全开关系统”，并进行其他解除核武器保险的工作，最后在特定空域发射或投掷核导弹（炸弹），对计算机中预储攻击目标进行核打击。弹道导弹核潜艇在接到“核控制命令”后，其后的过程按四人制执行。

苏联核武器指挥过程贯穿了“双重核按钮制度”的精神，如图 3.22 。

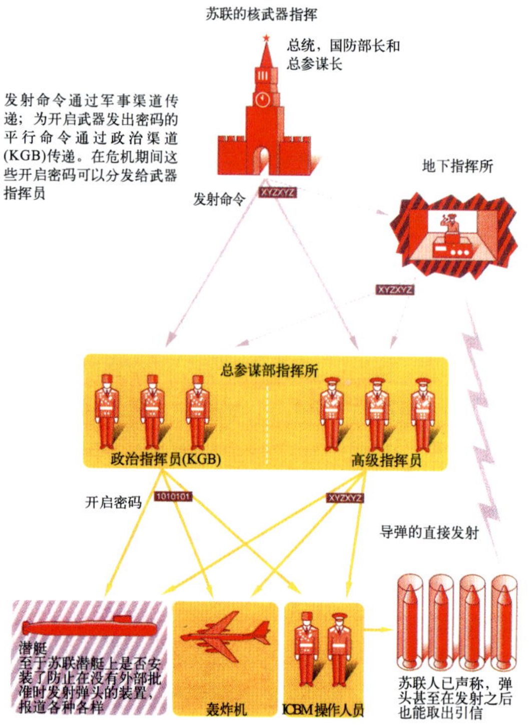

图 3.22　苏联的战略核武器指挥示意图

二、战略核武器的安全控制

战略核武器的控制包含两个对立的方面：首先是对核武器实施有效的“正控制”——在正式授权时能够使用核武器，即便是在一些非常情况如核战争环境下；其次是对核武器实施有效的“负控制”——禁止核武器的非授权使用。非授权使用核武器的后果严重，例如，苏联一个指挥官实施一次非授权战略核武器攻击，最低限度可能涉及一个发射营的 6 ~ 10 枚弹道导弹，按每枚导弹携带 10 颗子弹头计算，将产生 60 ~ 100 次核爆炸。这肯定会遭到对方大规模报复，由此引发一场意外的核战争。但是，任何一种加强非授权发射控制的措施，反过来肯定都会降低执行合法发射命令的有效性。例如核武器上的安全保护机构很好地限制了核武器的非授权使用，但如果这些装置出现了故障，武器的保险就没法解除，合法的发射命令将得不到执行。这是战略核武器控制面临的一对矛盾。尽管如此，加强对非授权使用的控制仍十分必要。因为核武器处于不安全境地的可能性是存在的：恐怖份子可能盗窃一枚核武器，某个指挥官可能失去理智或产生错误判断。如果对核武器使用限制很少，上述情况的危险性就会大大增加；反之，如果有一系列负控制措施使核武器的使用变得很复杂，危险系数就会大大降低。

限制非授权使用的关键是全面分析核武器使用的各有关环节，从而采取一系列周密的安全保障措施，这些措施通常有三种：一是使用特殊的安全控制装置；二是采取一些特殊的安全控制制度 三是确保执行命令人员的可靠性。

（二）特殊的安全控制装置

在核武器使用的某些环节上，如果设计一些非授权人员无法侵入的特殊控制装置，显然可以降低非授权使用的危险性。这些特殊装置包括紧随最高决策人的“黑匣子”，以及一些安装或联接于核武器的安全保护装置。

“黑匣子”是一个装有核武器开启密码和发射命令的公文包。在美国，“黑匣子”又叫“橄榄球”（图 3.23 左图），由紧随总统身边的白宫军事办公室总统军事助理随身携带（图3.23右图）。由于“黑匣子”受美国总统的控制，保证了战略核武器使用权的高度集中。当总统决定使用核武器后，通过“黑匣子”将核武器开启密码和发射命令发送给国家级指挥中心，由后者加密成具有特殊格式的“核控制命令”向下发送。俄罗斯的“黑匣子”和美国的相似，区别在于总统的“黑匣子”没有控制全部的密码，国防部长的手中还控制有一套密码，二者拼合在一起才有效。

图3.23　美国的“橄榄球”紧随美国总统

核武器的安全保护装置有几种，比较典型的是美国的“密码锁”。它的功能是防止核武器意外解除保险或发射。密码锁由激活核武器系统元件的设备、与核武器系统相连接的外部电缆等组成。要打开密码锁，必须有两人同时在场，输入正确的数码。如果任何一人不按允许的规程操作，另一人就能检查出来。如果反复输入错误的数码，密码锁和核弹头的某些关键部件就会自动失灵，于是弹头就只能送回装配厂进行修理。上世纪60年代初，密码锁最先安装在美国海外基地的战术核武器上。到70年代末，战略空军控制的部分陆基弹道导弹和机载核武器上也装了这种装置。据B.G.布莱尔等美国科学家估计，俄罗斯的陆基弹道导弹和战略轰炸机也装有类似装置，但是美俄的战略核潜艇却没有使用这一装置。

“密码开关系统”是一种和密码锁类似的系统，主要在美国空军战略轰炸机上使用。美国空军的核指挥控制通信文件对该装置的描述是：“安装在飞机或导弹上，与地面设备相连接，在从外部输入预定的离散码之前，保持核武器处于非战斗状态。”用于启动或允许密码开关系统工作的密码称为“密码开关系统指令”。

在核武器被投射系统发射之前，密码锁和密码开关系统都可以防止保险系统意外地解除保险或发射。还有一种“弹头自毁装置”。它在导弹发射后仍然能对核弹头实施安全控制。导弹发射后，因为故障而偏离预定弹道，无法执行预定任务，弹头自毁装置将使核弹头在再入大气层之前自毁(并不发生核爆)。它既可以保证己方的安全，又可以避免完整的弹头落入对方而造成技术泄密。弹头自毁系统还可以在核武器被盗窃后，接受无线电指令毁坏弹头。按弹头自毁装置的作用原理，可以分为定时自毁、环境识别自毁和指令自毁等类型。

还有一个比较特殊的“增强核爆安全系统”。它把核武器引爆控制系统的关键部件隔离在一个禁区内，用结构壳体和绝缘壁使该区域和各种意外能源隔绝，如果再加上密码锁，意外（事故性）的或非法（人为）的起爆信号将很难进入引爆控制系统，从而防止核武器过早解保。因此，从这个意义上讲，增强核爆安全系统既是一种安全措施，又是一种保安措施。

(二)特殊的安全控制制度

美国授权使用核武器的“核控制命令”，都有特殊、严格的加密要求和格式要求。在向下传送的每一个环节中，执行人员一旦发现“核控制命令”不符合加密要求或格式要求，就要终止执行命令。除了这一传送环节上的控制制度外，美国还在执行命令的人员中实行“双人制”或“四人制”（如图3.24）。

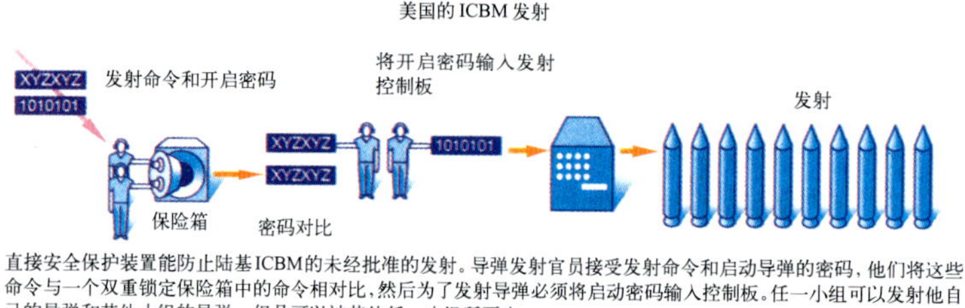

直接安全保护装置能防止陆基ICBM的未经批准的发射。导弹发射官员接受发射命令和启动导弹的密码，他们将这些命令与一个双重锁定保险箱中的命令相对比，然后为了发射导弹必须将启动密码输入控制板。任一小组可以发射他自己的导弹和其他小组的导弹，但是可以被其他任一小组所否决

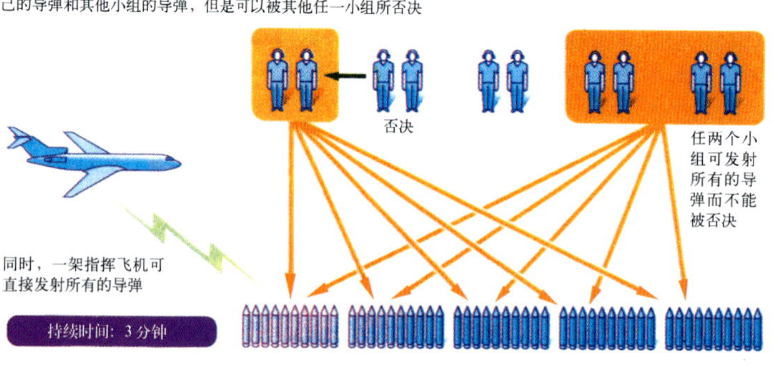

图 3.24 “双人制”和美国陆基弹道导弹发射

双人制是美国战略空军采用的一种安全控制制度，即需要2人配合才能核实发射命令和执行发射。双人制广泛应用于陆基弹道导弹的发射控制中心以及战略轰炸机上（见图3.24上半部分）。当发射控制中心接到包含发射命令和开启密码的“核控制命令”后，两名军官抄写电文并各自译码，然后，二人用自己平时分开保管的两把不同的钥匙（实际上是两组不同的密码）共同打开发射控制中心的“红色保险匣”，取出“密封核实程序”文件和两把“发射钥匙”（图中第一个箭头后所指示的内容）。紧接着，两名军官用“密封核实程序”核实接收到的“核控制命令”（图中第二个箭头后所示内容）。核实通过后，发射控制中心开始按“紧急作战命令程序清单”工作：接通解除导弹保险的电路和点火电路；根据“核控制命令”确定目标发射命令；确定“待命发射”程序，使导弹可在“核控制命令”规定的适当时间接受“实施发射”指令，或确定“自动发射”程序，将“待命发射”和“实施发射”指令合成单一行动，以便随时发射。上述程序完成后，开启密码输入发射控制板，打开密码锁或密码开关系统（图中第三个箭头之前所示内容）。最后，如果两名军官都认为可以进行发射，就同时使用自己掌管的“发射钥匙”发射导弹。整个过程大约持续3分钟。

四人制是美国海军实行的一种核武器安全控制制度，即由舰长、两名执行军官和一名导弹发射军官共同完成“核控制命令”核实和执行发射的任务。潜基弹道导弹上没有安装密码锁或密码开关系统之类的安全设施，它收到的“核控制命令”中只有发射命令，没有开启密码。当战略核潜艇收到“核控制命令”后，两名海军执行军官像空军的双人制军官那样，译码并协作打开艇上由他们掌控的一个密码箱，取出里面的“核控制命令”副本，核实收到的“核控制命令”的真伪。同时，舰长打开他掌控的另一个密码箱，从中取出开启导弹保险的钥匙，交给导弹操作人员，输入导弹发射程序并解除导弹保险。如果“核控制命令”被核实通过，两名执行军官将解除对导弹发射军官掌控的密码箱的控制，让导弹发射军官打开第三个密码箱，从中取出导弹发射钥匙发射已经解除保险的导弹。整个过程持续15分钟。由此可见，美国的潜基弹道导弹依靠一系列密码箱来降低非授权发射的风险，密码箱相互制约，密码分开控制。

苏联的“双重核按扭制度”可能更为严格。如果说美国战略空军“双人制”的特点是，在启动发射程序的每一个环节中，必须由两名军官同时执行内容相同的任务才能确保发射，那么，苏联控制制度的特点则是在上述过程中，必须由两种不同性质的军官同时执行内容不同的任务。具体而言，苏联发射密码一分为二，一部分是开启密码，由政治指挥员控制；一部分是发射程序，由军事指挥员控制。前者的最高控制者是苏共中央总书记，后者的最高控制者是国防部长，两种密码沿并行但不交叉的线路——军事和政治——往下传送。最终，政治

指挥员将开启密码输入核弹道导弹的发射控制板，解除保险；然后再由军事指挥员输入他掌控的密码，执行发射程序。这种控制制度称为“双重核按钮制度”。图 3.25 和图 3.26 就是苏联潜基和陆基弹道导弹发射过程示意图。

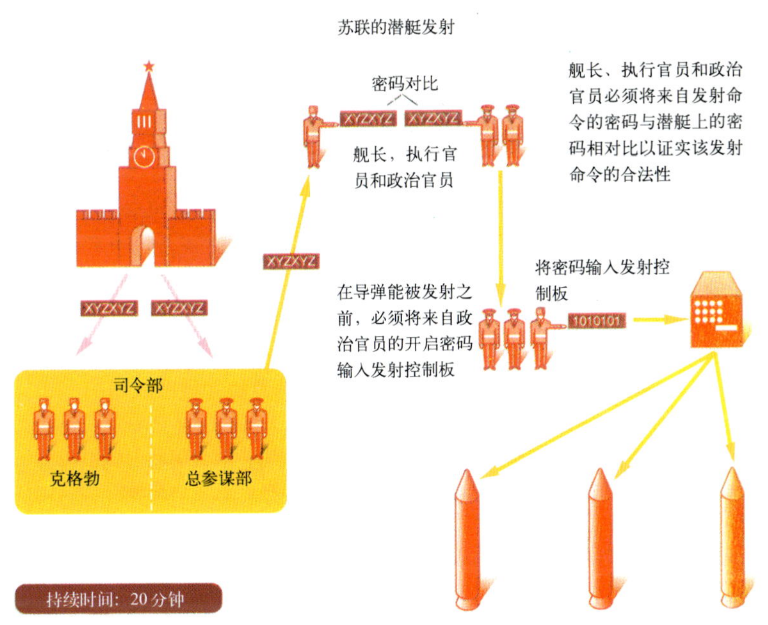

图 3.25　苏联潜基弹道导弹发射过程示意图

(三) 确保执行人员的可靠性

在核武器控制环节中，执行人员也是一个重要因素。1989 年，美国在大约7.5 万名与核武器有关部门打交道的军事人员中，有将近 2 400 人因吸毒、酗酒和有犯罪行为被撤岗。使用这些人员对核武器控制是危险的，为此，美国专门建立了“人员可靠性计划”。这是一个为所有涉及执行各种与核武器控制、操作、接触核武器有关任务的人员的挑选、甄别和持续监督计划，确保在计划管辖范围内人员在思想上、情绪上保持稳定和可靠。酗酒、吸毒、粗枝大叶、有犯罪行为、身心不健康、工作态度不好以及缺乏主动精神等，都是不可靠的标准。苏联／俄罗斯也有类似的计划。

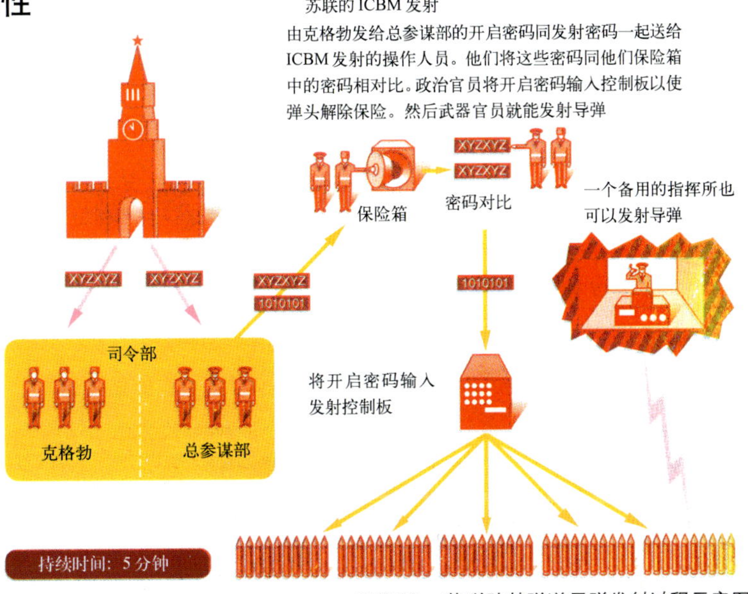

图 3.26　苏联陆基弹道导弹发射过程示意图

三、战略核武器的通信

上面已经提到，要确保战略核武器的正常使用，还必须有一套高效、可靠的通信系统。战略核武器拥有专门的通信网络，它通过多种频率的通信联络，使国家最高指挥当局与核部队保持紧密联系。它必须向核部队迅速准确地发送使用核武器的命令，上报部队情况，并在进攻伊始为核部队和指挥系统的调动提供支援。这种通信联络必须灵活、保密、生存力强，可以支援各种态势下核部队的作战行动。例如，在核爆环境下，核电磁脉冲将使

3

一般的通信系统中断，如果采用超低频地波通信，则可以降低核电磁脉冲影响，完成远距离的对陆通信。

美国的战略通信网络 1970年,美国建立了一个名叫“最低限度基本应急通信网”。作为参谋长联系会议的特殊指挥网络，由陆基、卫星和机载通信网组成。预期能在核袭击中生存，继续指挥战略核部队作战。这个通信网络包含专门设计的、在核袭击中能够使用的各种通信系统，可在各个战斗阶段发送使用核武器的命令和终止使用的命令。如“塔卡莫”通信中继飞机就是一个典型的“最低限度基本应急通信网”子系统。它是海军的无武装甚低频/低频无线电中继飞机，其功能是保障最高指挥当局和弹道导弹核潜艇之间的单向通信，在核攻击中能够生存11个小时，可以把“核控制命令”发送给核潜艇；它可以接受从地面、空中和卫星上发射的电文，然后以大功率甚低频/低频发射机将电文发送给其作战地域内的核潜艇。此种飞机的拖拽天线长达5英里[①]，机身下垂，飞机急转弯时，天线就成螺旋形。接受电文的潜艇拖拽一根浮在海面上的或接近海面的天线，因为甚低频/低频无线电信号只能进入水中几英尺[②]。为了进一步解决核潜艇的水下通信问题，美、俄等国还先后研制出了超低频通信技术，这种30～300赫兹的电磁波能够确保几十甚至一百米以下的水下通信。

紧急火箭通信系统是该应急通信网的另一个子系统，由部署在密苏里州怀特曼空军基地的“民兵II”导弹组成。该种导弹携带的不是核弹头，而是超高频无线电发射机，它作为最后和备用手段的紧急通信，以确保战略轰炸机和弹道导弹核潜艇收到空中指挥所发送的电文。紧急火箭通信系统起用条件和过程是,万一所有其他通信手段都失灵或遭到破坏，空中指挥所即可利用预先录制在无线电设备内的指令将该系统发射出去，导弹被射入亚轨道，用2个特高频信道发出持续30分钟的电文，战略轰炸机、“塔卡莫”中继飞机和视线内的其他系统皆可收到。

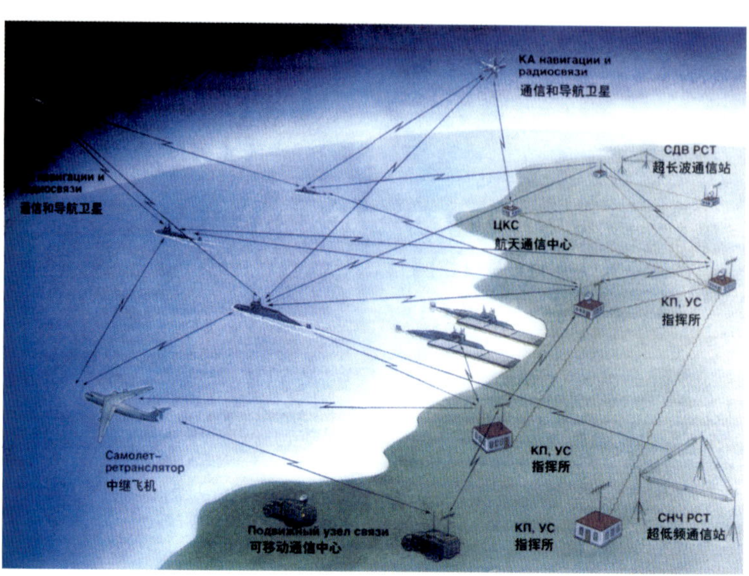

图3.27　俄罗斯弹道导弹核潜艇和其他系统的通信网络示意图

俄罗斯的战略通信网 它由各种固定和可移动的通信系统、航天通信中心、通信卫星和中继飞机等组成，使用了各种频段的无线电信道，在个别情况下还采用水下声音通信信道。为了提高通信的可靠性，俄罗斯还在全国范围内建立了高频发射接收中心网络，在指挥中心和各舰队装配了备用移动通信系统。图3.27是俄罗斯弹道导弹核潜艇通信联络示意图。

四、战略核武器的作战支持系统

要顺利实施核作战，除了需要专门的指挥体系和通信网外，战略预警、打击效果评估、各种地面保障设施也是必不可少的，这些都是作

① 1英里＝1 609.344米。

② 1英尺＝0.304 8米。

战支持系统承担的任务。

战略预警是作战支持系统的一项主要任务。内容包括提供敌方攻击警报和评估敌方行动等，一般由全天24小时工作的地面弹道导弹预警雷达系统和空间弹道导弹预警卫星系统担任。地面弹道导弹预警雷达，也称早期预警雷达，一般为网络式分布，其主要任务是发现来袭弹道导弹，测定其瞬间坐标和速度等相关参数，从而提供一定的预警时间。

美国20世纪80年代建立的潜射弹道导弹预警雷达网（如图3.28），由分别部署在马萨诸塞州和加利福尼亚州的两部AN/FPS-115大型相控阵雷达，以及部署在佛罗里达州的一部AN/FSS-7雷达和一部AN/FPS-85大型相控阵雷达构成。该预警网络可监视从太平洋和大西洋发射的潜射弹道导弹对北美大陆的攻击，探测距离一般为几千千米，预警时间几分钟到十几分钟。

图3.29上图是美国早期预警雷达。空间弹道导弹预警卫星利用卫星上的光学传感器，大范围地扫描地球表面，捕捉弹道导弹发射时尾焰发出紫外线和红外线，从而实现预警。预警卫星多为地球同步轨道卫星，能比地面雷达更早发现导弹，但有时会因一些大气现象发出虚假警报。预警卫星系统一般成星座式分布。如美国的国防支援卫星系统（DSP），一共有4颗，分布在赤道上空，可监视整个地球表面。图3.29下图就是美国的DSP卫星。

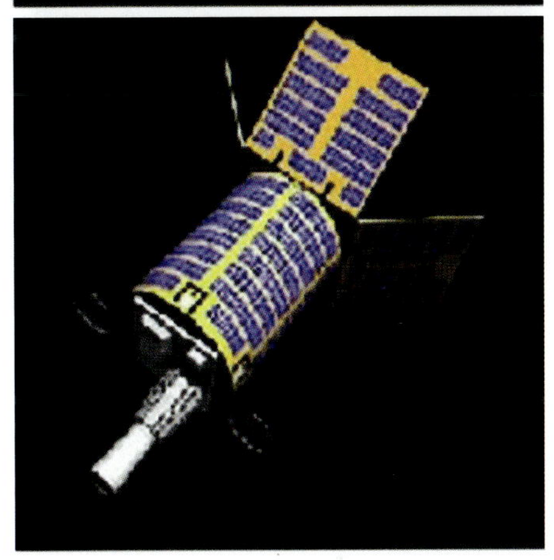

图3.29　美国的早期预警雷达和国防支援计划卫星

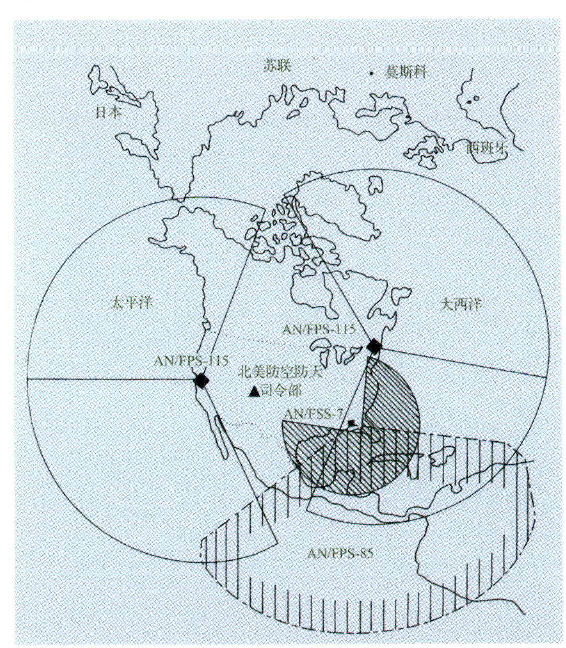

图3.28　美国潜射弹道导弹预警网覆盖区域示意图

核打击毁伤效果评估是作战支持系统的另一项重要任务,以核爆炸探测为基础（详见第五章第五节）。核爆炸时会产生强烈的冲击波、光辐射、早期核辐射、放射性沾染和核电磁脉冲，同时还伴随次声波、地震波、地磁扰动等物理现象。通过对这些现象进行探测并综合分析，就可确定核爆炸发生的时间、地点、爆炸方式，估算出爆炸威力，从而评估毁伤效果，确定下一步作战计划。

此外，作战支持系统还包括其他一些地面设备，如贮存核弹道导弹的场所、设备、装

置等共同组成的贮存设施；由各种维护和修理设备共同构成的维修技术设施；检测飞行弹道的地面遥测设备等等。

第四节 战术核武器

“战略核武器”和“战术核武器”的区分没有严格界限。战术核武器用于陆军、海军或空军攻击战役和战术纵深内的目标，以支援完成有限范围内的作战任务。美国的战术核武器还分为“战场”使用的核武器和“战区”使用的核武器。战场核武器用于与敌部队直接作战，在视距内使用；战区核武器要达到敌后方地域，在视距外使用。俄罗斯也把战术核武器分为“战术”和“战役”两种。战术核武器通常采用威力较低的核弹头，投射工具的射程较短。战术核武器的种类繁多，有近程地地核弹道导弹、舰对舰和舰对空核导弹、反潜核火箭、核航空炸弹、核炮弹、核地雷、核鱼雷、核深水炸弹和核钻地炸弹等等。下面介绍几种常见的战术核武器。

一、战术核航弹

美国和苏联在原子弹实验成功后，首先发展的就是核航空炸弹，它是最早成型的一种战术核武器。第二节中已经介绍了核航空炸弹的基本结构，它的威力一般在几千至几万吨梯恩梯当量之间，投射系统是战术攻击飞机，可以在目标上空以多种投射方式投放。其命中精度主要依靠弹壳外形的空气动力学性能、弹上的空气动力学减速系统以及飞机投弹点的控制。最后通过不同的引信实施空中爆炸、地面爆炸或地表下爆炸，从而达到打击各种不同目标的目的。由于核爆威力大，必须使投弹飞机有足够时间飞离危险区域，因此通常在核航空炸弹投掷时使用降落伞，或采用延时引信。

图 3.30 是美国的 B-61 核炸弹，爆炸威力可调，最大威力为几十万吨梯恩梯当量，最小威力不到 1 千吨梯恩梯当量。上世纪 60 年代开始研制，已经生产了 3 000 多枚，共有 12 个型号，其中 0、1、2、5、6、8、9 型已经退役。目前在役的有 5 种：其中 B61-3、B61-4 和 B61-10 为战术型，共计 600 多枚。B61 战术核航空

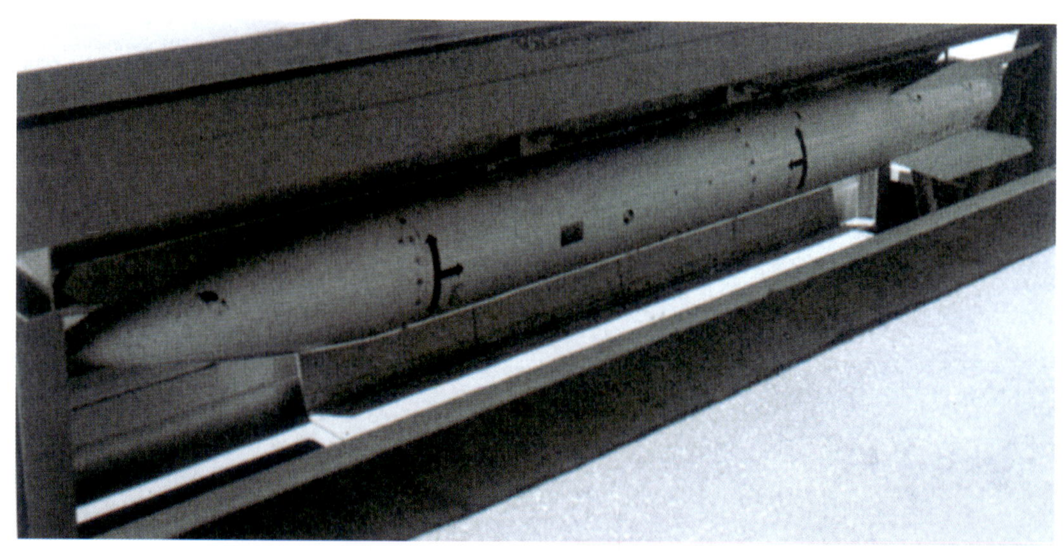

图 3.30　B-61 核航空炸弹

炸弹的投射系统可以是F-16或F-111战术飞机。当飞行员确定攻击目标后，只需要转动一下刻度盘，就可以对引爆方式和爆炸威力做出选择。B-61战术型核航空炸弹采用时间延迟引信，可以在超声速飞行状态下投放，也可以实施低空减速投放，有自由下落、触地爆炸、降落伞延迟引爆三种起爆方案可供选择，可以在空中或地面爆炸。

二、核炮弹

如果有一种战术核武器，它能够以比核航空炸弹更高的命中精度来攻击敌方机场、桥梁、部队集结地和坦克集群等目标，并且不受或尽量少受恶劣天气的影响，那将大受军方的欢迎。核炮弹就具有这个特点，最早出现于1953年，在美国和苏联的核武库中，它是部署较广、数量较多的一种核武器。不过，核炮弹的核爆可靠性要求非常高，以免不能起爆时落入敌人之手。图3.31是俄罗斯研制的152毫米核炮弹。

常见的核炮弹的核战斗部有裂变型（原子炮弹）和增强辐射型（中子弹）两种。原子炮弹的威力通常可以调节，一般在几十至几千吨梯恩梯当量之间。中子炮弹威力在1 000～2 000吨梯恩梯当量之间，主要是利用中子杀伤部队集结地和集群坦克中的人员。核炮弹的投射工具为火炮。美国发射核炮弹的火炮最小口径为155毫米，最大口径为406毫米。1953年，美国首次为200毫米加农炮装备MK9型核炮弹，并在欧洲进行部署，到80年代末，已经有9种型号（其中2种是中子炮弹）共5 000枚核炮弹，有3 500多门能够发射核炮弹的火炮。苏联发射核炮弹的火炮口径从152毫米到240毫米，它也是从上世纪50年代开始研制核大炮，1970年以后开始大量部署，在80年代末共有2 000多枚核炮弹，6 700门可以发射核炮弹的火炮。不过，苏联对核炮弹的兴趣一直比西方小，更愿用火

图3.31 俄罗斯的152毫米核炮弹

箭来投射大规模杀伤武器。

美国的M753型核炮弹，质量只有98千克，长1 090毫米，直径203毫米。核战斗部的型号为W79，威力可调，从不到1千至24千吨梯恩梯当量，装在带有一级火箭助推器的炮弹壳内。发射前，向上抬起炮弹弹体就可以插入引信，任何203毫米口径的火炮都可以发射，射程大约29千米。M-785型是一种中子炮弹，质量不到50千克，直径155毫米，弹长860毫米左右，核战斗部W82，威力不到2千吨梯恩梯当量。

三、战术地地核导弹

核炮弹是一种视距内的核武器，如果要攻击视距外敌方战役战术纵深内有重要军事价值的目标，这一任务就应当交给战术地地核导弹。在历史上，战术地地核导弹是另一类部署较多的战术核武器，射程通常小于1 000千米，携带的弹头除裂变弹和热核弹外，还包括中子弹。战术地地核导弹除了能有效地执行战场和战区支援任务外，还能完成攻击部分战略目标的任务。

“长矛”MGM-52是美国陆军第二代战术地地核导弹，共有A、B、C三种型号，作为师级和军团级战术火力支援武器，打击指挥所、军队集结地、后勤设施、导弹部队、前沿机场和固定防空要塞等目标，爆炸方式以空爆为主，触地爆炸为辅。“长矛”导弹射程50千米以下，

图 3.32 “飞毛腿”正在竖起中

3

命中精度高，圆公算偏差为150米，采取地面机动发射，发射准备时间15分钟。“长矛”导弹可携带常规或核战斗部，核战斗部型号为W-70，质量211千克左右，威力在0.1～10万吨梯恩梯当量之间。W-70共研制过5种型号，其中的W-70-1和2都是裂变型；W-70-3是中子弹，威力有1 000吨梯恩梯当量以下和1 000吨梯恩梯当量以上两种；W-70-4型具有双重能力，可作标准裂变弹，在插入储氚器后又成为中子弹。

有必要介绍一下战术地地核导弹家族中的一位明星——“飞毛腿”，如图3.32，它因为海湾战争而闻名于世。“飞毛腿”是北约给苏联的P-11M（北约代号SS-1B）战术地地导弹及其改进型号起的绰号，采用的是上世纪50年代末60年代初的设计技术，它共有A、B两种型号。“飞毛腿B”射程50～300千米，命中精度300米，从预测阵地到发射需要45分钟时间，它既可以携带常规弹头，也可携带威力0.1～10万吨梯恩梯当量的核弹头。

四、战术核巡航导弹

战术核巡航导弹的发射平台有水面舰只、潜艇、陆地机动车辆和飞机等。许多核巡航导弹都可以受领战略或战术两种攻击任务。战术核巡航导弹和战略巡航导弹的区别在于任务不同，前者执行的是战术核攻击任务，射程比后者小得多。一般核巡航导弹采用喷气发动机作为动力装置，飞行速度不超过声速，但是部分战术核巡航导弹采用固体推进剂火箭作为动力装置，飞行速度超过2倍声速。

俄罗斯的“日炙”（SS-N-22）海射超音速近程反舰巡航导弹除了携带常规弹头外，也携带威力为20万吨梯恩梯当量的核弹头。“日炙”导弹采用固体推进剂火箭，射程为110～220千米，采用中段制导修正加主动雷达或红外末寻的制导，飞行速度高达2.5马赫，发射平台

图 3.33 “日炙”反舰巡航导弹和“现代”级驱逐舰

是“现代”级驱逐舰，可携带8枚“日炎”巡航导弹，专门对付美国的航空母舰战斗机群。图3.33上图是俄罗斯的“现代”级驱逐舰，下图为舰上安装的四联装“日炎”导弹发射筒。

美国“战斧”巡航导弹家族的BGM-109G（图3.34）是由陆地机动车辆发射，携带一枚小型威力可调核战斗部W84，威力为1～5万吨梯恩梯当量。BGM-109的运载车辆上是一个四联装的发射架，一个发射小分队共有四个发射车和一辆指挥车，隐蔽在加固的防核攻击掩体内。每个目标的射击参数均事先编成专门的目标数据程序，储存于射击系统的控制计算机中。发射时，将发射架竖起至规定的发射仰角，射击指挥系统向导弹输入目标数据后就可以点火发射。

图3.34　BGM-109G的运输—竖起—发射车

五、核鱼雷和核深水炸弹

核鱼雷可以从潜艇或水面舰艇上发射；核深水炸弹可以从水面舰艇上用反潜火箭发射，也可以由飞机从空中投放；核水雷易布难扫，500～2 000吨梯恩梯当量的小威力核水雷更便于运载和布放，对舰艇的破坏效果甚佳。这三种战术核武器能够有力地攻击敌方潜艇和水面舰艇。但是，这些战术核武器也有缺点：核爆威力过大将危及己方安全；水下核爆产生的巨大水下涡流导致声纳突然消失，致使一切水下传感器致盲，时间持续几分钟到几个小时；水下核爆产生的带放射性的“基浪”，给己方也会带来许多麻烦。

图3.35　T-5核鱼雷

T-5鱼雷（图3.35）是俄罗斯研制的一种核鱼雷，可承担反舰和反潜任务，核战斗部放在鱼雷头部壳体内，形成单独的核弹药舱。在研制该系列核鱼雷时，着重解决鱼雷运动状态下自动装置的工作问题，以及长期服役状态下运载平台的温度／湿度对核鱼雷的影响，发射时核战斗部工作的软件系统。图3.36是T-5鱼雷作战示意图。

美国的“阿斯罗克”反潜火箭是一种具备常规和核双重能力的反潜火箭，它无制导、射程短、由水面舰艇发射，可携带1枚核战斗部W44、威力为1 000吨梯恩梯当量的核深水炸弹。发射后，火箭与其发动机在预定时刻脱开，同时一个小的传爆管将连接火箭壳体和深水炸弹的钢带断开，使深水炸弹落入水中，在深水压力引信的控制下，在预定水深爆炸，产生强

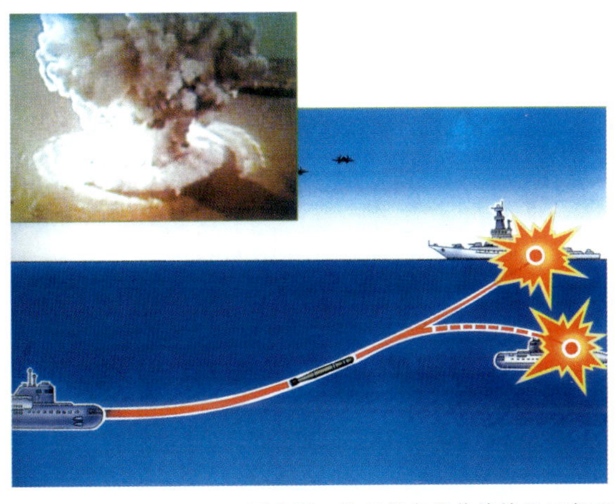
图3.36　T-5核鱼雷作战使用示意图

3

图 3.37　发射架"阿斯罗克"反潜火箭和 W44 深水炸弹

大冲击波压毁潜艇外壳。1961 年开始部署在大型水面舰只上，到 1988 年共储存了 500 枚火箭发射的 W44 深水炸弹，曾经对苏联的潜艇造成很大的威胁。1988 年 8 月后，"阿斯罗克"核反潜火箭退役。图 3.37 上图是发射架上的"阿斯罗克"反潜火箭，下图是该反潜火箭携带的深水炸弹。

六、核地雷

核地雷，也称原子爆破装置。在地面或地下爆炸，以直接杀伤敌人，或阻碍、迟缓、迫使敌人改道。它可埋设在地下建筑物内、桥梁上、隧道内或水坝上，利用定时器或遥控指令引爆。此外，核地雷还可用来破坏敌方机场、指挥所、运输站、通讯站、工业基地和油料供应系统等关键设施。可单个使用，也可以成组或密集使用。核地雷由一定威力的核装置、起爆系统、保险装置、动作系统和电源组成。根据质量和大小，可整体或分开包装运输，小威力特种爆破核地雷还可随身携带。

美国曾经研制了两种核地雷战斗部，一种是 W45，用于 M167、M172 和 M175 等中型核地雷，爆炸威力为 1 000 吨梯恩梯当量至 1.5 万吨梯恩梯当量，质量不到 200 千克；另一种是 W54，用于 M129 和 M159 等特种核地雷，爆炸威力为10吨梯恩梯当量至1 000吨梯恩梯当量，质量约为 70 千克。图 3.38 展示的是美国的中型核地雷。

图 3.38　美国的中型核地雷

七、核钻地弹

核钻地弹是一种能钻入地下一定深度后爆炸的核炸弹。核爆炸的大部分能量耦合在地下，产生强烈的地震冲击波和成坑作用，从而破坏敌人的地下加固军事目标。核钻地弹对地下目标的破坏取决于核爆威力、钻地深度、目标周围的地质条件等。核钻地弹依靠动能钻地，钻地深度和弹重、长径比、头部形状、撞击速度、攻击角度等因素有关。核钻地弹穿过岩石或混凝土时，过载高达几千个重力加速度，弹体将承受巨大的冲击力，可能发生破裂，内部的电子设备、特别是核装药很容易损坏。因此，核钻地弹的弹壳非常坚固，呈整体设计，少有焊

图 3.39 美国的核钻地弹 B61–11

接缝，而且弹体内有填塞物以减少内部装置震动。此外，内部装置的布放要保证弹的质量中心在一个恰当的位置，才能确保钻地过程中弹道的稳定。

美国的B61–11是一种核钻地弹（图3.39），1995年在B61–7基础上改造成为战略、战术两用钻地核炸弹，1997年进入现役。核弹质量315 ~ 325千克，弹体长3 320毫米，弹径340毫米。战斗部和电子设备都用一个坚固的钢壳包起来，尾部进行了重新设计，用114千克的压舱物取代了过去的降落伞。B61–11能钻入地下2 ~ 15米，采用延时引信，威力为3 000吨梯恩梯当量至34万吨梯恩梯当量。

第五节 核武器的战术技术性能

核武器在作战使用中的特性和能力用核武器的战术技术性能来表示，它是通过核武器装备系统而实现的。装备核武器系统必须按照核武器战术技术性能的要求，配备足够的仪器设备和技术保障设施。实现核武器在作战使用中的战术技术性能成为核武器装备系统的评价指标。

核武器的战术性能包括：威力、射程与命中精度；战备反应时间；生存性能与机动能力；突防能力等等。技术性能包括：质量与尺寸；可靠性与安全性；抗辐射加固程度；寿命和维修性等等。由于使用目的和使用环境不同，不同类型核武器的性能不完全相同，例如，命中精度对核弹道导弹而言是一个重要的战术指标，但它对核地雷则没有意义。本节仅就战略核武器涉及的一些主要战术技术性能加以叙述。

一、威力、射程与命中精度

前面章节已经反复提到“威力”这个术语。核武器的威力是指爆炸能量的硬杀伤破坏部分（如冲击波、光辐射和瞬发辐射），大约占90%，还有约10%的能量是由缓发辐射粒子带走了，它不形成威力。能量的国际单位是焦耳，但是核武器爆炸威力巨大，用焦耳来度量它就好比用米来度量星系之间的距离，所以改用“吨梯恩梯当量”（记为吨梯恩梯当量）来计量。这样也便于与普通炸弹的威力相比较，1千克梯恩梯释放的能量约4 200千焦耳。

威力最小的核武器是美国的一种特种核地雷，威力仅10吨梯恩梯当量；而苏联的P–36（SS–9）以及后来取代它的PC–20（SS–18）陆基洲际弹道导弹，都曾经携带过威力高达2 000 ~ 2 500万吨梯恩梯当量的核弹头。

核武器的射程就是核武器可以被投射多远。射程主要取决于投射系统和核武器小型化的水平，此外和适应飞行环境的能力也有一定关系。弹道导弹的射程还和飞行弹道的选择有关。

命中精度又称射击精度，通常以圆公算偏差表示。它与投射系统自身的系统偏差以及投射过程中一些随机因素有关。对于弹道导弹而言，提高命中精度最好的方法是选择先进的制导方案和采用高精度的惯性器件，也可以增加中段制导和末制导。例如，美国的“潘兴II”中程弹道导弹除了在主动段进行制导外，还采用了末制导，它的圆公算偏差只有40米左右。

威力、射程和命中精度密切相关。对于同一个军事目标，如果投射系统的命中精度高就

可以使用较小威力的核武器；而在增加射程时，往往会降低命中精度，这就要求采用更大威力的核武器。一般情况下，核武器威力大，其质量、体积也大，不利于增加射程。因此，最好是在增加射程的同时，努力提高命中精度，使核战斗部向中、小威力发展。现在核武器命中精度已经大大提高，如美国的“民兵III”弹道导弹的命中精度可达100米左右，“战斧”巡航导弹的命中精度可达十几米。有了这样高的命中精度，一枚威力仅几十万吨梯恩梯当量的核弹头，就足以摧毁上世纪五六十年代百万吨梯恩梯当量级以上核弹头才能摧毁的目标。

二、质量和尺寸

如何在保持威力不变的情况下，把核武器做得小而轻，也就是“小型化”，是原子弹、氢弹原理突破后相当长时期内的一个研究重点。

小型化的好处不言而喻。弹道导弹要增加射程，要用多弹头代替单弹头，要携带投射命中精度更高、突防能力更强的分导式多弹头或带末制导的机动式弹头，除增加火箭推力外，核弹头也必须小型化，以腾出质量和空间，增加弹头数量或放置其他设备。例如，美国“民兵”弹道导弹携带的核弹头质量每减少1千克，射程就要增加17.7千米。小型化对战略轰炸机也有意义。例如，当年的B-29轰炸机只能投射一枚威力约1.5万吨梯恩梯当量的“小男孩”原子弹；而今的B-2轰炸机如果按携带20颗B83热核炸弹计算，总威力将高达2 000～4 000万吨梯恩梯当量。这其中既有飞机运载能力加强的因素，又有核武器小型化的功劳。总之，能否小型化是衡量核武器研制水平的一个重要指标。

在核弹道导弹出现的早期，由于导弹有效载荷小，命中精度低，只有质量小、威力大的武器才有合理的摧毁指定目标的概率。因此，减小核武器的质量而同时提高威力就显得特别重要。当时人们认为，对于威力大致相当、类型基本相同的核武器而言，质量越小表明设计得越好，于是，特地引进了“比威力”这一概念来衡量核武器的设计水平。比威力就是指平均每千克的核武器质量所“释放”出的威力，即：

$$\text{比威力} = \frac{\text{威力（吨梯恩梯当量）}}{\text{核武器总质量（千克）}}$$

一般而言，比威力大，核武器设计得好。“小男孩”的比威力为3.7吨梯恩梯当量／千克，而美国现役的B61核航空炸弹（上世纪60年代中期研制）的比威力为1 100吨梯恩梯当量／千克，为“小男孩”的300多倍。

用比威力衡量威力大致相当、类型基本相同的核武器的设计水平，基本上是合理的。但是在比较大威力单弹头与小威力多弹头的子弹头时就不太合理了，因为后者的设计要难得多。而且，从核爆炸冲击波对面目标的破坏效果的统计规律看，破坏效果和威力的三分之二次方（而非一次方）成正比。因此，美国科学家J.B.华尔希引入了“比等效百万吨数”来取代比威力，以更合理地衡量核武器设计水平，即：

$$\text{比等效百万吨数} = \frac{[\text{威力（以百万吨梯恩梯当量计）}]^{2/3}}{\text{核武器总质量（以千克计）}}$$

表3.1反映了美国核武器小型化的进程，MK17是上世纪50年代的核航空炸弹；W53核弹头是上世纪60年代早期的产品，但质量已经减小不少；B61是小型化后的核航空炸弹；而W87是美国已经部署的最新式的核弹头之一。如果只比较比威力，我们看不到B61和W87的先进性，但比较“比等效百万吨数”，B61比W53要好，而W87更是明显好于W53。

表 3.1 不同时期美国核武器的比威力和比等效百万吨数

核战斗部 / 核弹头	生产时间（年，月）	质量 t	直径 cm	威力 kt TNT	比威力 (kt TNT/kg)	比等效百万吨数
MK17（美国空军第一个可投掷的氢弹）	1954.5	18.8 ~ 19	156	15 000 ~ 20 000	0. 797 ~ 1.05	$(2.96 \sim 3.88) \times 10^{-4}$
W53/MK6（大力神Ⅱ弹道导弹的弹头）	1962.12	2.95 ~ 3.18	92.7	9 000	2.83 ~ 3.05	1.44×10^{-3}
B61（战术 / 战略两用热核炸弹）	1966.10	0.315 ~ 0.325	34	4 档可调最大 340	1.08	1.55×10^{-3}
W87/MK21（和平卫士 /MX 弹道导弹的子弹头）	1986.4	0.194	弹头底部直径 55.4，腰部直径约 30	标准 350，可增至 475	1.35 ~ 2.45	$(2.31 \sim 3.144) \times 10^{-3}$

注：W ×× 是战斗部编号，MK ×× 是再入飞行器（RV）的编号。

三、可靠性和安全性

可靠性与安全性是核武器系统的两项重要战术技术指标 可靠性要求核武器不管经历多少苛刻环境，在作战时都必须“灵”；相反，安全性却要求核武器在平时绝对不能发生意外爆炸，即便是核武器在遭遇火烧、撞击和跌落等事故的情况下，也不要发生爆炸。安全性和可靠性的关系如同一个硬币的两个面。

(一)可靠性

可靠性是核武器设计最重要的技术指标之一。因为核武器是一个复杂的系统，各种零部件加工过程精度要求很高；另一方面，设计精密的核武器是要实战使用的，它必须适应所经历的各种气候环境、力学环境和电磁环境。例如，在核弹道导弹的助推段和再入段，核弹头会承受巨大的加速度，导致部分部件产生相对位移，改变装配精度，进而影响爆炸的有效性。因此，这种相对位移应控制在一定范围之内。这就是人们强调提高核武器设计可靠性的原因。

借助结构力学与环境试验的帮助，是提高设计可靠性的一个重要手段。这些实验主要有冲击试验、振动试验、离心试验、湿度试验、盐雾试验、低气压试验、抗辐照试验等等。通过各种试验，人们就可以分析设计上存在的问题，确定环境条件要求指标，提出保护和安全措施。图 3.40 是中国用于离心实验的大型离心机，它是目前亚洲最大的离心机，可以模拟研究核武器在巨大加速度条件下材料的结构强度和部件的相对位移等。图 3.41 是美国的科研人员正在对 B61 核航空炸弹做冲击试验。

提高设计可靠性的另一个手段是在薄弱环节上采取多个部件相互补充的方法，或在某些

图 3.40 中国的大型离心设备

3

图 3.41　美国B61核航弹冲击试验

环节的设计上留有余地。例如，雷达引信测量精度高，几乎不受气象条件影响，但容易受到敌方的电磁干扰；激光引信测量精度也高，而且不受敌方电磁干扰，但是容易受天气条件的影响；惯性弹道引信工作可靠，不易被干扰，但受弹道影响大，测量精度较差。因此，在设计引信时，通常装备多种不同机理的引信以提高实现核爆的概率，这就是多个部件互为冗余。又如，我们将核武器某些部件忍受温度的极限提高到它实际可能遇到的温度之上，这就是在设计上留有余地。

当然，核武器除设计可靠性外还包括库存可靠性。核武器并不是一成不变的东西，在长期贮存过程中，其中的核材料、炸药、焊接点等会随着时间的推移而发生变化，如放射性衰变、脆化、腐蚀等，也就是库存核武器的“老化”问题，从而影响核武器的正常使用(第六章对库存老化问题有比较详细的描述)。

(二)安全性

核武器的安全性具有重要的意义，任何意外核爆的后果都不堪设想。即便不发生意外核爆，但在核武器的运输（图 3.42)、贮存、训练过程中也可能会发生其他一些事故（如炸药爆炸、核材料的散落污染等)，它们的危害同样不小。据美国公布，1950—1980年间，美国共发

图 3.42　核弹头的安全运输

生过32起核武器事故，其中引起钚散落污染的占三分之一。例如，1958年2月，在英国纽约里附近的格林汉姆科曼空军基地，一架美国空军的B-47重型轰炸机起飞后不久发动机熄火，不得不将两个装有1 700加仑[①]航空燃油的副油箱从8 000英尺高空抛下，但两个油箱没有脱离安全区，而是在机场上一架装有核武器的B-47轰炸机旁65英尺处爆炸。结果，这架地面的B-47轰炸机被毁，大火燃烧了16小时，至少引爆了一枚核武器的高能炸药，并造成大面积放射性污染。由此可见，核武器的安全性也是核武器最为重要、最为严格的技术性能之一。

提高安全性最简单的方法是在一般情况下不把核部件插入核弹内。从上世纪50年代许多事故中可以看到，当时美国空军许多核航空炸弹的核部件和弹体是分开放置的，但分开放置对战备不利。因此，从设计上去提高核武器的安全性更有意义。

目前，人们将核武器安全性概括为“核爆安全”和“化爆安全”两个方面，并采取相应的安全措施。首先是“核爆安全”，即最大限度地降低发生意外核爆炸的可能性。美国军用标准规定的核爆安全标准可以用四个字概括——“一点安全”，即核武器在异常环境下（如坠落、火烧、撞击、雷击和枪击等)，炸药中任何一点

① 1美加仑＝3.785 41升。

起爆所产生的核爆威力在1.8千克梯恩梯当量以上的概率小于百万分之一。这个标准对核武器的设计要求非常高。第二项是“化爆安全”，即降低化爆可能性以及它造成的后果。常见的措施包括采用“高能钝感炸药”和“耐火弹芯”。核武器早期采用爆速高、能量大的炸药，这些炸药在撞击、跌落、火烧或枪击等情况下相对容易发生爆炸，或者说“敏感度高”，不利于达到化爆安全。而钝感高能炸药在上述情况下不会爆炸，除非有更高的冲击能量。所以，核武器采用钝感高能炸药（如TATB）是一种趋势。采用“耐火弹芯”可防止钚散落污染。核武器中的钚材料不仅是一种强放射性和剧毒的物质，而且它的熔点只有641℃，在化爆、火烧等情况下很容易以气溶胶的方式大范围地散落，严重破坏环境，威胁生命安全。“耐火弹芯”的基本设计思想就是用一层相对耐高温、抗钚腐蚀的材料把钚弹芯包起来，并能够承受1 000 ℃以下的燃烧，在几个小时内不会受到破坏。

四、保障性和可维修性

核武器十分昂贵，在设计时必须认真考虑所用材料（特别是核材料）贮存的稳定性、材料间的相容性、材料和部件在贮存环境中的适应性。由于事故或其他原因，核武器某些部件的功能可能会受到影响，必须对其进行修复，因此还要考虑易损部件的可维修性。另外，核武器中的某些部件（如含氚部件、储氚器等）的寿命比较短，必须定期更换（如图3.43），以延长核武器的寿命。

图3.43 B61核航弹有限寿命部件的更换

五、机动性和生存能力

在战争中，敌方可能对核武器发射平台进行袭击，也可能对来袭核弹头进行拦截。因此，如何使核武器在这些条件下保持完好，将直接影响到核武器在战争中的有效性。将战略核弹道导弹装载在核潜艇和机动车辆上以提高其机动能力，以及采用各种突防措施（诱饵、多弹头、抗核加固等），都是提高核武器生存能力的重要手段。

3

第六节 国外现役核力量

世界上公认的五个核武器国家是美国、俄罗斯、英国、法国和中国（按首次核试验成功次序排列）。在五个核武器国家中，美、俄拥有庞大的核武库，至1996年底两国仍有38 000件核武器，占世界核武器总量95%以上。英、法核武器与美、俄相比，数量要少得多，但也各具特色。

一、美国的现役核力量

截止到2001年7月，美国拥有由陆基洲际弹道导弹、潜基弹道导弹和重型战略轰炸机组成的“三位一体”的战略核力量。核弹头总数为7 013枚（参见表3.2），其中陆基洲际弹道导弹核弹头为2 079枚，潜基弹道导弹核弹头为3 616枚，轰炸机核弹头为1 318枚。此外，美国还保留了大量的战术核武器。

表 3.2　美国的现役战略核力量

	发射装置数		弹头数	
时间（年，月）	1990.9	2001.7	1990.9	2001.7
洲际弹道导弹				
和平卫士 / MX	50	50	500	500
民兵 III	500	526	1 500	1 578
民兵 II	450	1	450	1
小　计	1 000	577	2 450	2 079
潜艇发射弹道导弹				
海神 (C-3)	192	16	1 920	160
三叉戟 I (C- 4)	384	192	3 072	1 536
三叉戟 II (D-5)	96	240	768	1 920
小　计	672	448	5 760	3 616
轰炸机				
B-52 (ACLM)	189	116	1 968	1 160
B-52 (NON-ALCM)	290	47	290	47
B-1	95	91	95	91
B-2	-	20	-	20
小　计	574	274	2 353	1 318
总　计	2 246	1 299	10 563	7 013

3

(一)陆基弹道导弹

到2001年6月止，美国的陆基洲际弹道导弹包括526枚“民兵III”、50枚“和平卫士/MX”和1枚“民兵II”。

526枚“民兵III”陆基洲际弹道导弹分别部署在马姆斯罗姆空军基地(第341太空联队)、迈诺特空军基地(第91太空联队)、沃伦空军基地(第90太空联队)。“民兵III” 是美国在20世纪60年代中期研制，70年代初开始部署的第一种携带分导式多弹头的三级、固体推进剂的陆基洲际弹道导弹。“民兵III”最大射程1.3万千米，能够携带3颗MK12子弹头，由地下发射井发射，圆公算偏差（命中精度）120米（见图3.44)。MK12可配备两种型号的核战斗部，其中1970年开始部署的MK12的核战斗部型号为W62，威力为17万吨梯恩梯当量；1979年部署的改进型MK12A的核战斗部W78，威力为33.5～35万吨梯恩梯当量。

50枚“和平卫士/MX”洲际弹道导弹部署在范登堡空军基地（第90太空联队)。“和平卫士/MX”在1971年由美国空军提出研制，经过长达十多年的预研、论证和全面工程研制后，

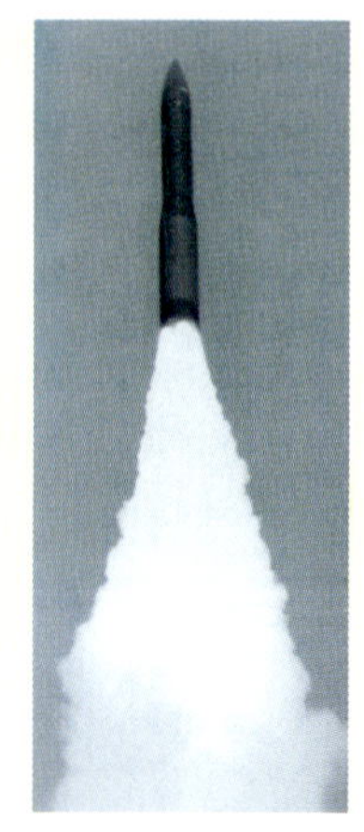

图 3.44　美国的“民兵 III”弹道导弹和 MK12 核弹头

1986年部署。和“民兵III”一样，“和平卫士/MX”也是三级、固体推进剂的洲际弹道导弹，射程接近1万千米，能够携带含10个MK21子弹头的分导式多弹头（见图3.45)，由经过改进的前“民兵III”的地下井发射，圆公算偏差（命中精度）90米。MK21核战斗部W87,威力为30～47.5万吨梯恩梯当量。

图 3.45　“和平卫士”和它的 10 个 MK21 核弹头

此外，在美国的陆基洲际弹道导弹中还保留了一枚“民兵II”，部署在怀特曼空军基地，它就是我们前面介绍的紧急火箭通信系统。

(二)潜基（射）弹道导弹

美国共有18艘俄亥俄级核动力弹道导弹潜艇和1艘“拉菲特”级弹道导弹核潜艇。“拉菲特”

级弹道导弹核潜艇装备16枚“海神”（C-3）潜基弹道导弹（见图3.46）。C-3射程4 600千米，可以携带含6～10颗MK3子弹头的分导式多弹头，圆公算偏差为518米。MK3质量91千克，核战斗部为W68，威力为5万吨梯恩梯当量。

共有8艘俄亥俄级弹道导弹核潜艇装备了192枚“三叉戟I”C-4导弹（见图3.47，每艘核潜艇拥有24个发射筒）。C-4射程7 400千米，圆公算偏差450米，能够携带含8个MK4子弹头的分导式多弹头。MK4核战斗部为10万吨梯恩梯当量的W76。其余10艘俄亥俄级弹道导弹核潜艇装备240枚“三叉戟II”D-5导弹。D-5潜基弹道导弹前面已经介绍过。海军通过研究已使“三叉戟”导弹的服役期延长到42年。

图3.46 “海神”C-3和“拉菲特”级核潜艇

美国海军的每艘弹道导弹核潜艇每112天为一个工作周期，其中有77天执行巡逻任务，然后有35天整修期。在任何时候，美国海军都有一半弹道导弹核潜艇处于巡逻状态。而处在巡逻状态的核潜艇中，又有一半处在“硬”警戒状态，即处在能有效攻击目标的区域之内，其余巡逻核潜艇能在几个小时或几天内进入硬警戒区域。

图3.47 “三叉戟”C-4和俄亥俄级核潜艇

（三）战略轰炸机

美国战略轰炸机携带的核武器为空射巡航导弹（SLCM）以及核航空炸弹B61-7/11和B83，前面都有所介绍。战略轰炸机力量由163架B-52（见图3.48）、91架B-1（见图3.49）和20架B-2轰炸机构成。可携带SLCM的B-52轰炸机共116架，根据“美苏第一阶段削减战略武器条约”（START-I），每架按10枚ALCM计算。不携带ALCM的47架B-52和B-1、B-2携带的核弹头都按一枚计算。

图3.48 美国的B-52战略轰炸机

图3.49 美国的B-1战略轰炸机

（四）战术核力量

到2001年7月为止，美国的非战略核力量主要是320枚“战斧”潜射核巡航导弹，核战斗部为W80-0，当量为0.5～15万吨梯恩梯当量。据推测，约有一半“战斧”核巡航导弹于

1998年从圣迭哥的北岛海军航空兵站转移到华盛顿州的班戈海军潜艇基地储存，另一半则转移到弗吉尼亚州约杰镇的海军武库中。

美国还有大量B-61战术核炸弹储存在内华达州和新墨西哥州的空军基地。这些核炸弹可以装备美国的F-16A/B/C/D型战斗机、F-15E型攻击机、F-117A轰炸机以及北约盟国的F-16战斗机和“飓风”式战斗轰炸机。

表 3.3　2001 俄罗斯的战略核力量

	发射装置数		弹头数	
时间（年，月）	1990.9	2001.7	1990.9	2001.7
洲际弹道导弹				
PC-20（SS-18）	308	166	3 080	1 660
PC-18（SS-19）	300	150	1 800	900
PC-22A（SS-24，发射井）	56	6	560	60
PC-22B（SS-24，铁路机动）	33	36	330	360
PC-12M（SS-25，公路机动）	288	360	288	360
PC-12M2（SS-27，发射井）		24		24
小　计	1 398	742	6 612	3 364
潜艇发射弹道导弹				
P-29（SS-N-8）	280	36	280	36
P-29P（SS-N-18）	224	128	672	384
P-39（SS-N-20）	120	100	1 200	1 000
P-29PM（SS-N-23）	112	112	448	448
小　计	940	376	2 804	1 868
轰炸机				
熊(SLCM)	84	63	672	504
熊(非 SLCM)	6	32	6	32
海盗旗	15	15	120	120
小　计	162	80	855	626
总　　计	2 500	1 198	10 271	5 858

二、俄罗斯的现役核力量

俄罗斯的现役核力量也是由陆基弹道导弹、潜基弹道导弹和轰炸机构成的“三位一体”的战略核力量，核弹头总数 5 858 枚（参见表 3.3），其中，陆基弹道导弹核弹头为 3 364 枚，潜基弹道导弹核弹头为 1 868 枚，轰炸机的核弹头为 626 枚。

（一）陆基弹道导弹

俄罗斯的现役核武库和美国类似。不过，在它的“三位一体”战略核力量中，陆基弹道导弹携带的核弹头数量最多，部署在俄罗斯广大的内陆地区，机动能力很强。

俄罗斯现有PC-20（SS-18）、PC-18（SS-19）、PC-22（SS-24）、PC-12M（SS-25）和PC-12M2（SS-27）等五种型号的 742 枚现役洲际弹道导弹，共可携带3 364枚核弹头，部署在 19 个作战基地。

其中 PC-20（SS-18）导弹有 166 枚，它能够携带 10 颗分导式子弹头，前面已经有介绍。PC-18（SS-19）（见图 3.50）导弹有 150 枚，它是两级液体推进剂弹道导弹，射程 9 000 千米，地下井发射，圆公算偏差350米。PC-18（SS-19）也能够携带有 6 颗分导式子弹头，子弹头威力为 75 万吨梯恩梯当量。

PC-22（SS-24）导弹有 42 枚，其中 36 枚 PC-22B 型（见图 3.51）为铁路机动方式部署，6枚PC-22A部署在地下井中。PC-22（SS-24）是三级固体推进剂弹道导弹，射程1万千米以上，能够携带含 10 颗分导式子弹头，子弹头威力为 55 万吨梯恩梯当量。不管采用何种发射方式，PC-22（SS-24）的最大圆公算偏差

图 3.50　俄罗斯 PC-18（SS-19）陆基洲际弹道导弹

图 3.51　俄罗斯铁路机动的 PC-22B（SS-24）

为500米。

“白杨”导弹——即PC-12M（SS-25）有360枚，以公路机动方式部署。PC-12M2（SS-27）是PC-12M（SS-25）的改进型，又名“白杨-M”，可以井基发射和公路机动发射。到2001年7月11日为止共生产24枚，全部部署在发射井中。较之过去的弹道导弹，PC-12M2（SS-27）（见图3.52）助推段飞行时间大大缩短，采用了机动式（单）弹头，提高了核弹头抗核加固能力，因此，PC-12M2（SS-27）具有很强的突防能力。

图3.52 俄罗斯PC-12M2（SS-27）陆基洲际弹道导弹

（二）弹道导弹核潜艇

俄罗斯有将近三分之二的弹道导弹舰队已处于退役状态。目前还有3艘“德尔塔I”级、8艘“德尔塔III”级、7艘“德尔塔IV”级和5艘“台风”级，共计23艘核动力弹道导弹潜艇供作战使用。

每艘“德尔塔I”级核潜艇配备12枚P-29（SS-N-8）潜基弹道导弹（见图3.53）。该型导弹1974年服役，为两级液体火箭，射程9 000多千米，圆公算偏差900米。P-29的单弹头威力为80万吨梯恩梯当量。

“德尔塔III”级核潜艇共有16具发射筒，配备P-29P（SS-N-18）潜基弹道导弹（见图3.54）。该型导弹为两级液体火箭，射程6 500千米，能够携带3颗分导式子弹头，圆公算偏差900米。子弹头威力为50万吨梯恩梯当量。

“台风”级核潜艇（见图3.55）是目前世界

图3.53 俄罗斯“德尔塔I”级核潜艇和P-29（SS-N-8）潜基弹道导弹

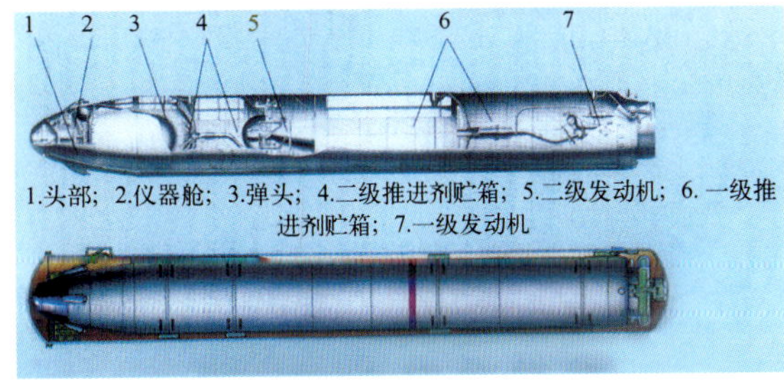

图3.54 俄罗斯P-29P（SS-N-18）潜基弹道导弹

上最大的潜艇，可配备20枚P-39（S-N-20）三级固体潜基弹道导弹。该导弹射程8 300千米，能够携带6～9颗分导式子弹头，圆公算偏差500米，子弹头威力为10万吨梯恩梯当量。

“德尔塔IV”级潜艇配备16枚P-29PM（SS-N-23）潜基弹道导弹（见图3.56）。P-29PM采用三级液体火箭，射程8 300千米，圆公算偏差500米，能够携带4颗分导式子弹头，子弹头威力为10万吨梯恩梯当量。

（三）核战略轰炸机

俄罗斯现有65架图-95MC（“熊式”）战略

图 3.55　俄罗斯“台风”级核潜艇

图 3.56　俄罗斯“德尔塔 IV”级核潜艇和 P-29PM（SS-N-23）潜基弹道导弹

图 3.57　俄罗斯图 -95MC 战略轰炸机

轰炸机（见图 3.57），其中 63 架携带 X-55 型空射巡航导弹（弹舱内 6 枚，外挂 2 枚，共 8 枚），另有2架不携带空射巡航导弹而是核航空炸弹。

此外，俄罗斯还拥有 15 架图 -160（“海盗旗”）战略轰炸机，它的弹舱内有 2 个多位旋转发射架，目前共携带 10 枚 X-55。

（四）战术核武器

俄罗斯现有战略防御核武器 1 200 件，战术核武器 3 200 件，（见图 3.58）。许多战术核武器已从舰艇、潜艇和飞机中拆除，储备在中央贮存地或等待拆卸。

图 3.58　俄罗斯的战术核地地导弹

三、英国的现役核力量

英国的现役核力量比美、俄两国小得多。由于国土面积小，英国没有部署过陆基弹道导弹，它的核力量过去是由潜基弹道导弹和核轰炸机构成。1998 年之前，英国仍保留了核轰炸机部队，主要执行战术核攻击任务，由 8 个具有常规和核攻击双重能力的“旋风”GR-1/1A 攻击机中队组成，但在 1998 年 3 月底以后已不再装备核炸弹。

英国现役的核力量只有 48 枚“三叉戟”II

表 3.4　英国核力量（2001 年）(《原子能科学家公报》)

运载器	数量	部署时间(年)	射程 km	可携带弹头数	弹头威力 kt TNT	库存弹头总数
三叉戟 II(D-5) 潜射弹道导弹	48	1994	7 400	1 ~ 3	100	185

D-5潜射弹道导弹，可携带的核弹头数不超过144枚，而库存的核弹头为185枚（见表3.4）。1998年7月，英国工党政府宣布了几条决定：在任何指定的时间将只有一艘英国潜艇进行巡逻，该潜艇携带48枚核弹头；该潜艇在巡逻时将降低警戒水平，其导弹将处于非瞄准状态；英国可供作战使用的核弹头数目将保持在200枚以下；英国总共只购买58枚“三叉戟”II (D-5) 导弹。

四、法国的核力量

法国的核力量曾经也是由三位一体的战略核力量和战术核武器构成。和英国一样，冷战结束后，法国的核战略做了较大调整。1991年9月，法国的核武库中将不再有核炸弹；1993年，战术地地导弹也退出了舞台；1996年，法国决定放弃陆基弹道导弹，关闭发射井，三位一体的战略核力量结束，只保留战略核潜艇部队和核轰炸机部队，储存的核弹头总数为350枚（见表3.5）。

法国的战略核潜艇部队主要由2艘“凯旋”级（见图3.59）和2艘“不屈”级弹道导弹核潜艇构成，每艘可以装备16枚潜射弹道导弹。潜射弹道导弹包括15枚M4A/B和32枚

表3.5 法国核力量（2001年）
（《原子能科学家公报》）

投射工具	数量	部署时间（年）	射程 km	可携带弹头数	弹头威力 kt TNT	弹头型号	储存总弹头数
“幻影”2000轰炸机/ASMP	60	1988	2 750	1	1 300	TN81	50
潜射弹道导弹M4A/B	15	1985	6 000	6	150	TN70/71	95
潜射弹道导弹M45	32	1996	6 000	6	100	TN75	192
舰载飞机“超级军旗”/ASMP	24	1978	650	1	300	TN81	10
总　数							350

注：ASMP（法文缩写）：空对地中程导弹。

图3.59　法国的“凯旋”级核潜艇

M45。M4为三级固体火箭，M4A射程为4 000千米，M4B为5 000千米，能够携带分导式多弹头（6个子弹头），子弹头为TN-70或TN-71型，威力15万吨梯恩梯当量，圆公算偏差500米左右。M45同样为三级固体火箭，射程6 000千米，能够携带6颗TN75型分导式子弹头，TN75的威力在10万吨梯恩梯当量左右。此外，60架“幻影”2 000N战斗轰炸机（见图3.60）将保留50枚空对地中程导弹（ASMP）核巡航导弹，10架“超级军旗”飞机将保留10枚空对地中程导弹（ASMP）核巡航导弹，该核巡航导弹携带1颗TN81核弹头，威力为30万吨梯恩梯当量。

图3.60　法国的“幻影”战斗轰炸机

3

第四章

核试验

——发展核武器最直接有效的手段

1949年8月，苏联成功地爆炸了第一个原子弹装置，打破了美国对核武器技术的垄断，也揭开了两个超级大国之间军备竞赛的帷幕。为了争夺核优势，它们竞相完善其核武器技术，发展种类繁多的核武器，并为此频频地进行核试验。本章第一节将介绍核试验发展史，而第二节将对下述问题给出答案。为什么人们说，核试验是发展核武器最直接有效的手段呢？核武器试验与其它武器的试验相比，究竟有什么特殊性？核试验到底可以达到什么目的？第三节将介绍核试验的方式和它们的技术特点。为了达到核试验的目的，需要进行准确的测量，并据此诊断装置中核反应的过程。那么，诊断又是怎么进行的？对此我们将在第四节中做简要的介绍。第五节将介绍核试验控制的目的和措施以及为确保核试验安全需要注意的一些问题。第六节将简要介绍各国核试验场的情况。最后在第七节中还将简要介绍，一旦核武器被使用或有的国家进行核试验，怎样对它们进行监测。

第一节 核试验的历史演变

根据美国自然资源保护委员会的统计(见表4.1)，1945—1998年间，美、苏、英、法、中五个核国家以及印度、巴基斯坦、南非等国家，共进行了2 051次核试验。试验方式从大气层、400千米高空到地下、水下，可谓形形色色。其中，美国核试验共1 030次，苏联为715次（苏解体后未进行过核试验)，两国的核试验占全球核试验总数的85%。

起初，核试验都是在地面、塔上、空中进行，后来又发展到水面、水下，这主要是为了满足各种不同的试验目的。例如，试验核航弹、核深水炸弹等不同种类的核武器，研究不同爆炸方式下的爆炸现象学和效应等，就需要采取不同的试验方式。这样，有关的试验技术也就随之发展起来。通常把以上这些方式(除水下外)的试验，统称为大气层试验。但是大气层核试验会向大气和公海释放出大量放射性物质，从而对全球环境造成沾染和损害。因此，随着核试验次数的增加，它就理所当然地遭到国际舆论的广泛批评和反对。特别是1954年3月，美国在太平洋比基尼岛上进行的一次名为“强盗”的氢弹试验，由于威力超过设计值1.5倍，加上爆后风向意外地由南风变为西风，使放射性物质沉降到试验区及其以东的有人活动的地区，致使当时正好在试验区附近作业的日本渔船“富隆丸”上的23名渔民受到严重沾染，其中1人死亡。这一严重事件引发世界范围内对大气层核试验的抗议浪潮，也促使印度总理尼赫鲁首次在联大提出签订一项停止核试验协定的倡议。

面对强大的国际压力，美国总统曾表示，尽管新的热核武器威力巨大，但在许多方面不如世界要求停止核试验的舆论压力大。当时进行核试验的美、英、苏三国开始就停止核试验问题进行会谈，并提出了各种建议。美、苏还分别宣布暂时停止核试验一段时间(约3年左右)。另一方面，美、苏两国开始研究所谓的“干净”核武器，即增加氢弹威力中的聚变份额以减少核爆炸产生的放射性沾染。后来的事实说明，所谓“干净”是相对而言的，“干净”核武器不能完全解决大气层核试验造成的全球环境影响。因此，在美国带动下，两国又加紧研究将核试验“从大气层转入地下”的有关技术。

1963年，经过艰苦谈判，美、英、苏三国达成了《禁止在大气层、外层空间和水下进行核武器试验条约》(又称《部分禁止核试验条约》)。在条约达成前，美、苏两国为了不影响各自的核武器发展计划，分别在很短时间内完成了43次和136次大气层核试验。这些试验，有的是只能在大气层、外层空间和水下进行的，如为获取高空核爆炸电磁脉冲数据以研究洲际导弹、早期预警雷达和指挥控制系统对抗措施的高空核试验、反潜核武器试验和特大威力的试验(如苏联进行的世界上最大的核武器试验，威力为5 800万吨梯恩梯当量)等；还有一些则被认为在大气层中进行更为方便，如一些急于要完成的设计验证和库存检验试验。

上世纪60年代中期，正是美、苏核军备竞赛越演越烈的时期。因此，尽管核试验转入地下，但试验次数反而迅速增加。从1963年到1974年十二年期间，美、苏分别进行了454次和195次地下核试验，占各自试验总次数的44.1%和27.4%。

随着核武器向小型化发展，以及美、苏掌握了用较低当量试验推断核武器全当量的技术(称减当量技术)，两国开始谈判限制地下核试验当量问题，并于1974年签署了《关于限制地下核试验当量条约》(简称限当量条约)，将地下核试验的威力限制在15万吨梯恩梯当量以下。1976年，两国又签订了《关于和平目的地下核爆炸条约》，将上述威力限制推广应用于和平利用核爆炸。但由于双方在核查条款上迟迟达不成一致，直到1990年12月，上述两条约才由双方正式批准生效。

上世纪80年代中以来，随着国际战略形势趋于缓和，美、苏核军备竞赛的重点开始由数量转向质量，核试验次数也逐步减少。1996年8月，经过世界各国的努力，《全面禁止核试验条约》谈判成功，9月24日经联合国大会通过后开放签署。至2002年7月，已有165个国家签署，93个国家批准该条约。我国是第一批签署该条约的国家。但条约生效的前景不容乐观。1998年5月，印度、巴基斯坦先后宣布进行了5次和6次地下核爆炸，而按照条约规定这两个国家参加条约是该条约生效的必要条件。2002年，美国政府不仅公然宣称在本届政府任期内不会把该条约提交国会批准，而且还指示其能源部，做好一旦需要能在一年之内恢复核试验的充分准备。出现上述情况是不足为怪的，因为时至今日，核武器仍然是核国家安全的基石，也是一些地区大国谋求地区霸权，提高国际地位的重要手段。此外，从目前的技术发展水平看，即便是美、俄这样的核国家要继续发展核武器技术，完全不依赖核试验，还是有不少困难的。

从以上对核试验发展历史的简要回顾中可以看出，核试验发展是与核武器装备的发展密切相关的。虽然它也受到国际军备控制形势的深刻影响，但在禁止核试验方面取得的任何进展，都只不过是美、苏/俄等主要核国家在基本不影响其自身核武器发展的条件下做出的一些妥协。前面谈到的这些条约并没有阻止美、苏/俄两国发展核武器技术和开展核军备竞赛。相反地，它们是企图利用这些条约约束和限制其他国家发展核武器技术。例如1963年的部分

禁试条约和1974年的限当量条约，从达成的时机和限制的内容上看，都表现出想要限制当时尚未很好掌握地下核试验技术和减当量试验技术的国家发展核武器技术的意图。

第二节 核试验的独特作用

每一种武器装备，特别是现代化武器装备，在它被用于战场之前，一般都要进行验证试验。常规武器的设计原理相对来说比较成熟，因此武器试验的目的是要在尽可能接近实战的条件下对武器样机的战术技术性能指标、总体设计的合理性、分系统的协调性和匹配性等进行综合检验，从而为完善设计、定型生产、交付部队使用提供科学依据。所以，在常规武器的发展过程中，研制和试验是两个既相互联系，又相对独立的环节。核武器装备的发展当然也需要进行试验。但与常规武器试验相比，核试验在核武器研制、发展中却更有其独特的作用。

一、核试验的特殊性

核试验区别于常规武器试验的主要特点是，它与核武器研制过程浑为一体，并作为其有机组成部分发挥着重要作用。

如前面几章所述，核武器的动作过程是由一系列反应过程按照一定程序衔接而成的一条动作链。核武器能否达到预定性能，取决于上述动作链能否按照设计的要求自持地进行。这就要求核武器设计人员能对每一个反应过程正常进行的条件（如温度、压力、密度以及核材料在这样条件下的性能等）、每一个反应过程能为下一步反应过程的进行创造什么条件、外界因素会对这些条件产生什么影响等核武器内在规律，有深入的认识和了解。但由于这些过程十分复杂，迄今即使是美、俄等技术先进的国家，对上述规律的认识和掌握也还是远远不够的。核武器的设计至今仍强烈依赖于设计人员的经验。因此核试验除了要发挥前述常规武器试验的功能外，还必须担负起检验核装置的设计原理，研究其中物理规律的重任。据统计，美国研制和定型一种核武器新型号，至少要经过6~7次核试验，其中包括多次原理性和设计检验性试验。这样，核试验就成了核武器研制过程的一个重要环节。

图4.1 给出了核武器研制流程示意图。世界各核国家的核武器研制大体都是这样做的。从图中不难看出核试验在核武器研制过程中的地位和作用。

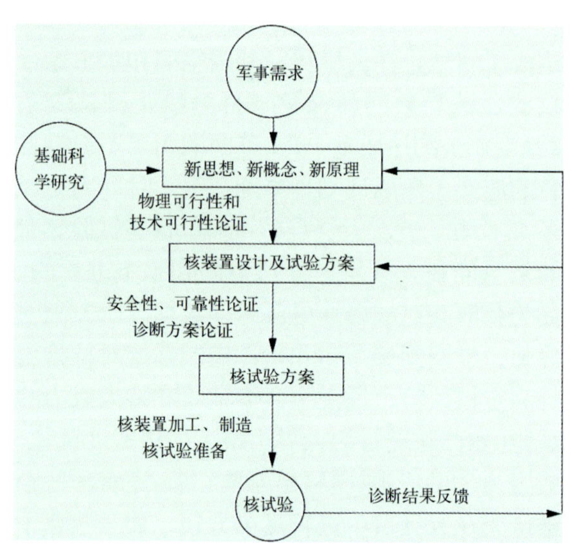

图 4.1　核武器研制流程示意图

核武器的发展必须不断有新的物理思想、新的武器总体概念和新的原理来支撑。这些新思想、新概念、新原理首先是军事需求的产物。例如氢弹的设计源于军方对更大威力核武器的追求，中子弹则来自军方对提高核武器辐射杀伤能力并尽量减少附加毁伤的要求。但对于像核武器那样的高技术武器，新思想、新概念和新原理不会轻易地从天而降，它往往是在科研人员充分利用相关学科领域已有研究成果的基础上，针对具体需求进行艰苦科研攻关的过程中逐步形成的。

有了新思想、新概念、新原理，还需要通过理论研究、数值模拟、非核实验以及必要的工程技术研究和试验，解决一系列实际问题，确认其物理上和工程上的可行性后，才能形成核装置的物理设计和工程设计。

核装置设计方案提出后，还要有针对性地做更多、更细的非核实验，并在此基础上，再进行核爆炸全过程的数值模拟，以检验方案的可靠性和安全性。同时，根据每次试验的目的提出对诊断工作的要求和方案。

在上述工作的基础上，最终形成核试验方案。根据试验方案，进行核装置加工、制造和核试验的各项准备工作。

核试验实施后，要对测试数据进行处理、分析，并将诊断结果反馈给设计部门。核试验结果与理论预期完全符合的情况是很少见的。诊断结果的反馈将为完善设计思想、概念和原理，修改核装置的设计，改进非核实验和数值模拟的方法和技术，提供可靠的依据，同时也为形成下一次试验的方案提供方向。

由上可见，核武器的研制过程，实际上是一个实践—认识—再实践—再认识，多次反复，逐步使理论设计更符合客观实际的过程。在这一过程中，理论研究和数值模拟、非核实验（也称实验模拟）和核试验是三种主要的互为补充的研究手段。在理论研究基础上进行的数值模拟，原则上可以对核武器爆炸过程做出全面的描述。但是这种描述是否反映客观实际取决于我们对核武器物理过程的认识是否正确，模拟中使用的方法和参数是否合理，简化计算的条件是否恰当。这样，数值模拟的结果最终需要实验来检验。非核实验（如爆轰实验等）对于检验数值模拟的结果和方法有重要的作用，而且它可以在实验室或爆轰场地方便地进行。但这些实验往往只能在近似条件下模拟核爆炸的一个或几个环节的局部情况；且为了防止核材料的沾染，在多数情况下还只能用性能相近的材料代替核材料来进行实验。核试验则可以在尽量接近实战使用的条件下，通过对核装置爆炸过程的诊断对其设计进行综合性的实验检验。因而，相对于前两种手段，它更为直接、有效。特别是目前对核武器物理规律还远未充分认识的情况下，它的作用更是难以替代的。

核试验与常规武器试验另一个重要差别在于，它还担负着研究核爆炸现象和杀伤破坏效应的任务。核爆炸由于在极短时间内向周围介质（如大气、土壤、水面等）释放巨大的能量，产生了许多在通常条件下很难出现的特有的现象。这些现象与爆炸方式、威力密切相关。研究这些现象产生和变化规律的科学叫核爆炸现象学。在现象学研究的基础上进一步研究核爆炸的各种杀伤破坏效应，将为在战争中正确地运用核火力，有效地采取防护措施提供重要依据。核爆炸现象学也是核爆监测技术的物理基础。

二、核试验的分类

按照试验目的的不同，核试验大体可分为四类。

第一类以武器研制为目的，包括为研究核武器新原理、检验设计参数、改进核武器性能和核武器定型等而进行的核试验。例如，美国在1952年11月进行的代号为“迈克”的试验

图4.2 美国“迈克”试验景象

（见图 4.2）就是为了验证著名的“特勒—乌拉姆原理”，而 1954 年 3 月进行的代号为“强盗”的试验则是为了将经过验证的原理设计转变为可实战的武器。中国 1964 年 10 月 16 日第一颗原子弹试验、1966 年 12 月 28 日的氢弹原理试验和翌年 6 月 17 日的空投氢弹试验也都属于这一类。据统计，美国的这类试验占其总核试验次数的 80% 以上。

第二类是以研究核爆炸现象学和核武器杀伤破坏效应规律为目的的试验。这类试验能为研究核武器作战使用和防护规律提供实际依据，因而具有十分重要的意义。例如，在大气层核爆炸中，约 85% 的总爆炸能量是以冲击波和光辐射的形式释放的，它们在大气中传播时强度衰减较快，因而作用范围受限；而在高空核爆炸时，X 射线的能量占总爆炸能量的 70% 以上，它在高空中能传播很远的距离，成为最重要的毁伤因素。这些复杂的现象和变化，只有通过各种环境下的核试验，如高空核试验、水下核试验等，才能加以研究和了解。1963 年以前，前苏联的 221 次核试验中，用于研究武器效应的有 17 次，用于研究核爆炸现象学的有 11 次，合计 28 次，占总试验次数的 12.7% 。图 4.3 给出的苏联第一次核试验的布局图中，就有很多效应试验项目。

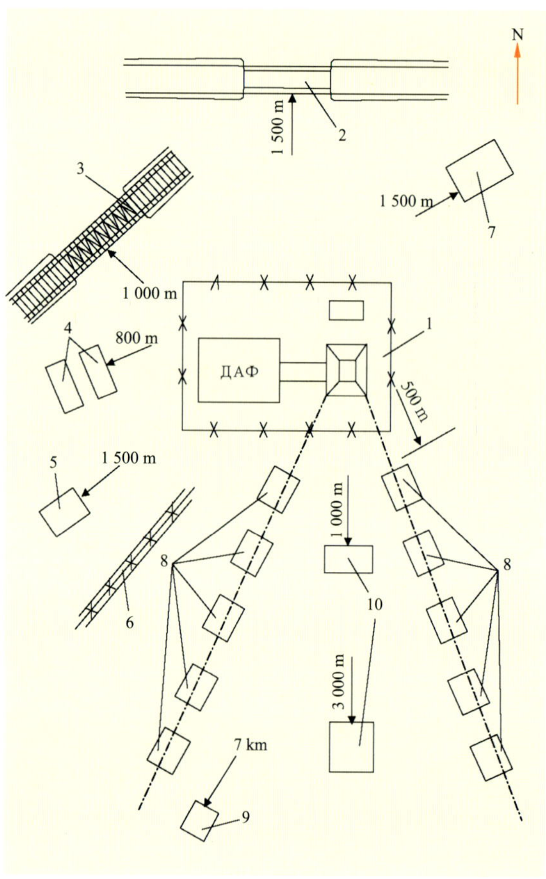

图 4.3　苏联第一次核试验布局图

1.安放核装置的金属塔（第一次试验塔高 37.5 m）；
2.带钢筋混凝土桥的公路段；3.带金属桥的铁路段；
4.两座双层楼房；5.电站建筑；6.电力线；
7.带桥式起重设备的混凝土结构建筑；
8.用于安放测量仪器的地下建筑；9.预防爆炸的地窖；
10.物理测量部分；ДАФ—爆炸装置装配间

第三类试验以保障核武器安全可靠使用为目的，包括研究核武器的失效模式、检验意外情况下的安全性以及所采取安全技术措施的有效性、库存核武器可靠性、安全性抽样检验、研究关键部件老化规律等。这类试验由于军事背景比较强，其详细情况很少公布。从近几年报道的资料看，完全以此为目的进行的试验并不多，多数是与前面两类试验结合进行的。据俄官方最近公布的数据，前苏联共进行此类试验 42 次，约占总试验次数的 5.9% ，其中 17 次是与其他目的试验结合进行的。这些试验绝大多数威力都很低。

第四类是为研究和平利用核爆炸的有关技术和相应的核装置而进行的核试验。1957 年 6 月，美国率先开展了著名的“犁头计划”，以研究、开发在工业与工程中利用核爆炸的技术。至 1973 年，共进行了 27 次这类核爆炸试验。前苏联则实行了一个更为庞大的和平利用核爆炸计划。至 1988 年，他们共进行了 156 次核试验，爆炸了 173 个核装置。美、苏两国研究过的和平利用核爆炸技术有：深层地震探测（利用地下核爆炸作为震源，通过探测地震波的反射信号，研究几百千米范围内的深层地质结构，并探明矿藏）；刺激石油和天然气生产；建造地下储藏库；扑灭油气井井喷；开采其它方法难以开采、或成本过高的矿藏（如通过核爆炸破碎地下矿石，利用浸取技术提取矿物等）；销毁危险工业废物和放射性废物；驱动煤矿瓦斯涌出以保证井巷安全以及大规模土石方工程（如水库、运河的开挖和拦河坝的建造）等。科学家还利用核爆炸产生的强中子源进行中子物理实验（如测量极短寿命放射性核素的中子截面），产生人造重元素（如原子序数高达100的镄-257）；利用地下核爆炸产生的高温、高压条件制造人造金刚石。图4.4 是苏联利用核爆炸建成的人工湖。1988年后，由于在技术、效费比、环境和社会政治等方面还存在着一系列问题，和平利用核爆炸已经暂停。

图 4.4　苏联利用核爆炸建成的恰岗人工湖

第三节 核试验的主要方式

在全球已进行的2 000多次核试验中，试验方式可归纳为大气层核试验、地下核试验、水下核试验和高空核试验等四大类（见表4.1 和表4.2）；其中大气层核试验和地下核试验是主要的试验方式，两者的试验次数占核试验总次数的97%以上。我国在试验经费有限、实验设备和计算手段相对落后的情况下，依靠科研人员的创造能力和智慧，经过十多年的努力和很少次数核试验的实践，就掌握了大气层和地下核试验技术，包括近地面爆炸、塔爆、空爆、地下平洞（图4.5）和地下竖井等多种方式核试验的工程、诊断、控制、安全等配套的试验技术，可以较自由地用这两种试验方式对不同威力的核装置进行各种目的的试验。

图 4.5　中国平洞地下核试验景象

一、大气层核试验

说起大气层核试验，令人马上想到地平线上冉冉升腾的蘑菇云，那是典型的大气层核试验中地面核爆炸的景观。由于地面和空中核试验均在大气层中进行，因而统称其为大气层核试验，爆炸高度在30千米以下。其中，核试验火球接触地面的称地面核试验，其余的称空中核试验。

（一）地面核试验

地面核试验是大气层核试验的一种，它有近地面试验和塔爆试验两种方式。

近地面核试验时，试验装置被安放在地面的支架上，核装置离地面很近，一般从几十厘米到几米。各种探测器、记录设备和效应试验物一般都布置在相对爆心不同距离和方位的地面、工事或地堡内。试验时，采用远距离控制（有线、无线或两者结合）方法控制引爆核装置，并同步启动各种测量仪器设备。试验后回收测量记录和可回收的效应试验物，进行分析处理后对试验结果作出评价。

塔爆核试验是将试验装置放置在专门建造的试验塔顶的工作间内，试验塔高度一般为数十到上百米。由于试验装置离地面的高度比近地面试验高许多，爆炸时形成的弹坑较小或不形成弹坑，爆心及其及下风方向地区的放射性沾染也比近地面爆炸试验要轻。各种探测器和记录设备的布放与近地面试验一样，但因塔顶上放置试验装置的工作间不可能很大，难以在核装置附近布置较多的探测器，不利于精确测量核装置的反应过程。同样，也可以在爆心周围的较大范围内布放效应试验物和测量仪器，进行杀伤破坏效应的测量和研究。

与其他核试验方式相比，地面核试验实施方便，费用较省，技术难度较低，工程量较小，对核装置没有很严格的环境适应性要求，试验爆炸控制较易实现，测试项目的布置及其要求较易满足，也便于进行各种杀伤破坏因素及其效应的测量和研究。特别是近地面爆炸试验时，可以在试验装置附近布置较多的物理测量探测器，从而实现对核装置反应过程的精确测量。因此，地面核试验方式是各有核国家早期采用得比较多的一种试验方式。美国、苏联、法国和中国的首次核试验都采用了塔爆方式。我国首次核试验用铁塔高 102 米，采用自立式无缝钢管和圆钢组合塔柱、空间桁架结构，塔顶设有安放试验装置的工作间，人员和设备用电动吊篮运输。图 4.6 是爆后的铁塔残骸。

除了上述把核装置放在地面架子上和铁塔上的地面核试验外，还有把核装置放在船上的水面试验。英国首次核试验是在澳大利亚蒙蒂贝洛群岛附近进行的。试验装置（代号“飓风”）吊挂在一艘旧军舰（见图 4.7）的下面约 27 米处，效应物安放在邻近的船上，测试仪器和有关人员则在离核装置更远的船只上。

（二）空中核试验

空中核试验是另一种方式的大气层核试验。试验时，核装置可以由飞机、导弹或气球来运

图 4.6　中国首次核试验爆后的铁塔残骸

图 4.7　英国首次核试验用的军舰

载，采用最多的是飞机运载。将试验核装置及其引爆控制系统等安装在专用的航弹壳体内做成核炸弹，由飞机运抵试验场区靶心上空投掷。投下后，弹上的引爆控制系统和遥测系统开始工作，自动测量航弹离地面的高度，在到达预定爆炸高度时给出起爆信号引爆试验装置。空中核试验的爆炸高度一般是根据试验装置威力确定的，原则是爆炸气浪掀起的尘柱不与爆炸烟云相接，以减少爆心附近地区的放射性沾染。当然，其它试验要求（如测量和效应试验等的需要）也是确定爆炸高度的因素。例如，为了研究低空核爆炸的杀伤效应就需要将试验的爆高降低。

空中核试验中，用于测试的探测器、记录仪器以及效应试验物，绝大部分仍布放在地面上。根据测试需要，有些探测器还可以在爆前由飞机投放或由气球系留于空中。由于无法在试验装置周围布放较多的探测器，且爆心位置在爆前难以准确确定，给核装置反应过程的精确测量带来较大困难。试验时，各种测试仪器设备由地面主控站进行指令控制，而主控站发出指令的时间则由弹上无线电遥控系统发出的遥控指令控制，以保证测试仪器动作与试验装置起爆在时间上同步。在飞机投掷航弹的空中核试验中，航弹一般都配有降落伞，以使投弹飞机在核爆炸前有足够长的逃脱时间，保证飞机和飞行员安全。

与地面核试验相比，空中核试验的实施要复杂一些。除需要有满足要求的运载工具外；还需要设计生产满足一定弹道和环境条件（温度、湿度、震动、冲击）要求的航弹和满足空中核试验要求的引爆控制系统和遥测、遥控系统。但空中试验方式周期短、费用相对比较低廉、组织方便、能适用于各种核爆炸威力（最大威力可达千万吨级梯恩梯当量）。因此，它是各有核国家早期试验中采用最多的一种试验方式。英国代号为“格斗”的首次氢弹试验就采用飞机投掷的空中试验方式。中国的首次氢弹试验也采用空爆方式，飞机空投的核炸弹由降落伞携带，在罗布泊核试验场距离地面3千米的空中爆炸。图4.8是我国首次氢弹试验时核炸弹下落的情况。而法国代号为“卡那博斯”的首次氢弹试验则将核装置悬挂在600米高的气球上进行。

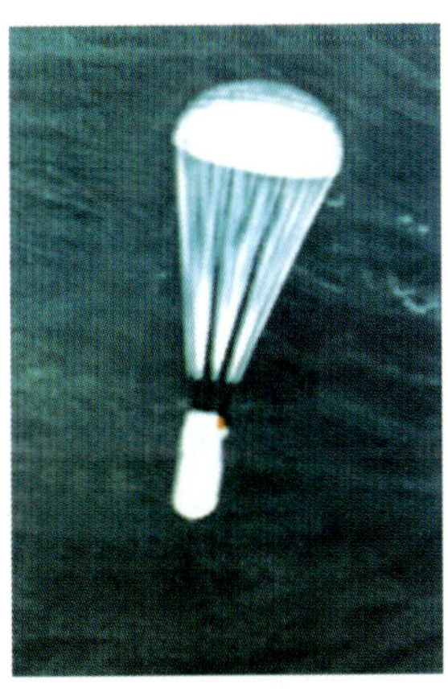

图 4.8　中国首次氢弹空爆试验的核炸弹正在下落

大气层核试验的工程建设比较简单，主要有：满足不同抗压（核爆炸冲击波压力）要求的测试工号，满足效应试验研究需要的效应试验设施和建筑物，塔爆试验用的铁塔及相应的配套设施等。

二、地下核试验

顾名思义，地下核试验就是把核装置埋放在地表下面的的核试验。按核爆炸装置的不同埋深，地下核试验分成浅层地下核试验和封闭式地下核试验。

浅层地下核试验时，核装置上方覆盖的岩层和核装置残骸会喷出地面，形成弹坑，并造成严重的放射性沾染。图4.9是美国1962年7月

4

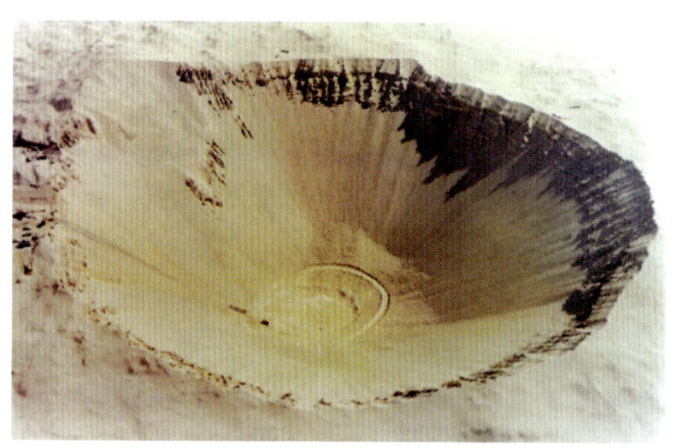

图 4.9　美国 10 万吨梯恩梯当量浅层地下核试验形成的弹坑

6日进行的代号为"轿车"的地下核试验的大弹坑，试验威力约为10万吨梯恩梯当量。

深层地下核试验，一般不会有大量放射性污染物逸出，所以也称封闭式地下核试验。特别是多年来，各有核国家一直在探索防止放射性产物泄出的各种措施，已可将封闭式地下试验的放射性泄漏量控制在很低的水平。例如，1988年美、苏在塞米巴拉金斯克试验场进行核爆炸威力核查方法联合实验时，在威力为15万吨梯恩梯当量的地下核爆炸45分钟后，实验人员和记者就可以安全地进入爆心地区。因此，封闭式地下核试验虽有工程比较复杂、工程量大、周期长等缺点，但也有一般不污染环境、对气象条件要求低、利于安全、保密等优点。更重要的是这种试验方式有利于在近距离上对试验装置进行核反应过程的精确测量和诊断。因此，各国的地下核试验大多是封闭式的。封闭式地下核试验有平洞和竖井两种方式。

（一）平洞核试验

平洞核试验一般在专门挖掘的坑道中进行。试验装置、引爆控制系统等放置在坑道末端的爆室里，运输轨道、电缆槽、通风管网则沿着坑道设置（如图4.10 所示）。根据测试的需要，爆室周围设有若干条向外辐射的测试廊道，廊道内设置一些管道（其中有些管道与爆心通视），在管道不同位置布置各种近区物理测试、力学测量、环境监测和效应试验项目的探测器。测到的信号通过很长的电缆传输到坑道外面的测试工号或测试车的记录仪器上。试验装置和各种探测系统安装调试好后，将坑道回填封闭，最后由主控站发出指令控制引爆试验装置，并同步控制启动各探测系统和记录仪器。爆炸后，回收测试结果并进行处理、分析和评价。为了进行放射化学分析，爆后一定时间内还要通过钻探等手段，取出爆炸时在爆心附近生成的玻璃体样品和泄漏的放射性气体样品。

图 4.10　中国平洞地下核试验用的坑道

图4.11 给出了一种核试验平洞平面布置的示意图。坑道末端与爆室连接处设计了一个鱼钩状的弯坑道，是为了抢在爆室内高温高压的爆炸产物从坑道中冲出（俗称"放枪"）前利用核爆炸产生的冲击波将坑道压实封闭。这种封闭机制称为自封。一般将距爆心最近的一段（或几段）坑道选为自封点。爆炸冲击波将首先到达该点，并向两侧扩展。当冲击波压力达到几千个大气压（核爆炸时这样的压力很容易达到）时，坑道将被压实，成为封闭段。为增加自封的可靠性，在坑道封闭设计中，还在爆室附近设置一

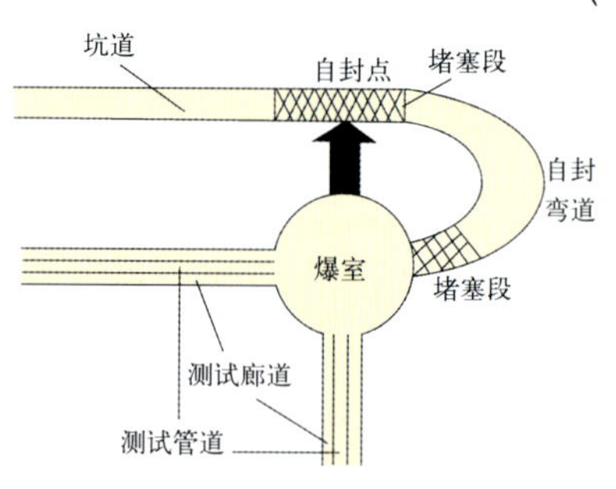

图 4.11　核试验平洞平面布置示意图

些堵塞段以降低爆炸物冲出时的压力，在自封点附近增设堵塞段以提高自封的有效性。“鱼钩形”坑道的好处是，自封把握大，试验安全有保证。因此，早期的平洞核试验都采取这种安全封闭方式，如美国1957年9月代号“瑞尼尔”的试验和我国1969年9月第一次平洞试验。后来的实践证明，由于核爆炸冲击波在坑道周围岩石中的速度总是高于空气中的速度，对于直通爆室的坑道，只要合理地设置若干堵塞段和空段，也完全可以实现自封。

平洞核试验的主要工程及技术包括：按照试验装置、测试项目及试验安全等要求，设计、开挖坑道；为保证试验安全，实现自封，防止放射性物质泄漏，在特定的位置构筑堵塞段、抗高压冲击的防护墙和防止有害气体泄漏的密闭门；为减少测试中的电磁干扰，设置电缆槽、接地坑等电磁屏蔽措施；为在爆炸后安全回收试验部件，设置爆炸后能迅速将管道封闭的爆炸阀门；爆后为取得有代表性的放射性样品进行钻探取样等。

平洞试验的优点是可以容纳更多的测试项目，甚至可以为辐照效应试验设计专门的廊道；而且施工方便，不需要特殊的设备，在安放核装置和布放电缆、探头时工作人员可以直接进入坑道进行操作。但由于平洞试验一般是在山体中开挖坑道，需要选择合适的山体，以满足核爆炸安全埋深的要求。这就使平洞试验的威力受到较大限制。一般认为，平洞方式更适合于进行万吨梯恩梯当量以下的小威力试验和辐照效应试验。

图4.12 新地岛某次平洞地下核试验后的情景

图4.12是苏联在新地岛进行的一次平洞地下核试验后的情景。图中可见爆炸掀起土壤形成的烟尘，最后一架直升飞机在核爆炸发生几分钟后飞离现场指挥所。

（二）竖井核试验

竖井核试验是在大口径竖井中进行的。与平洞方式相比，竖井对地形要求低，因此只要地质条件合适，在一个较小的地区内就可以进行许多次试验。例如，美国在内华达试验场的一个长9千米，宽3千米的地区内，就先后进行了12次竖井核试验。从图4.13 可以看到，该试验场育卡坪地区试验井位的密度是很大的。此外，竖井方式还可以进行大威力的试验。1971年11月，美国在阿姆奇特卡岛试验场进行的代号为“小罐”的试验，威力就高达500万吨。但由于竖井核试验涉及的工程技术和装备比较复杂，井筒（直径一般为1～3米）给测试项目提供的空间十分有限，加以一般情况井筒内都是有地下水的，竖井核试验技术的发展经历了一个较长的探索和实践的过程。各有核国家的地下核试验都是先从平洞方式开始。随着技术的

图4.13 内华达试验场育卡坪地区竖井核试验井位图

图 4.14　中国自行设计制造的地下核试验竖井大钻机图

不断成熟，竖井方式才逐渐成为各国地下核试验的主要方式。

竖井核试验首先要有一口大口径的井，其深度要满足试验安全的要求。根据地下核试验安全封闭的要求，在小威力试验时，井深最小不得小于180米；在大威力试验时，井深（以米计）应大于120 $W^{1/3}$（W是以千吨梯恩梯当量为单位的核爆炸威力），例如对于威力为1百万吨梯恩梯当量的试验，井深应大于1 200米。要钻出这样深度的大口径竖井，显然需要有专门设计的钻机、钻具、井底岩粉清理系统以及相应的钻进工艺。图4.14 是我国自行设计制造的竖井钻机，它具有钻千米深井的能力。此外，将尺寸和重量都很大的试验装置、测试系统和相应的电缆整体吊装到井底，也需要特殊的吊装设备和技术。美国内华达试验场一般采用多台起吊能力高达300 吨的大型起重设备来完成这一工序的。图4.15 显示起重机正在将测试刚架吊起以准备与试验装置对接。我国核试验场则是利用钻机塔架或专用的吊装塔架来完成这项工作的。总之，竖井试验对工程技术提出了很高的要求。

图 4.15　起重机正将测试钢架吊起准备与核装置对接

在竖井核试验中，试验装置、引爆控制系统和装置监测系统都装在专用的产品罐里。为充分利用井筒提供的有限空间，一般将大多数物理测试管道集中布放在一个刚性的支架（称测试刚架）内。图 4.16 是美国竖井核试验使用的测试刚架。根据测试要求，探测器布放在距装置不同的距离上。为使测试管道准确对准装置的特定部位，测试刚架要与产品罐精确地对接。为避免测试项目之间的辐射干扰，管道内、管道之间和探测器周围设置了准直器和屏蔽物质。探测器信号由电缆传送到地面的记录仪器上。试验时，将产品罐、测试刚架和电缆整体吊装下放到井底，再将井筒回填封闭好，最后由地面控

图 4.16　美国竖井核试验使用的测试刚架

制站控制引爆核装置，并同步启动记录仪器和设备。图4.17 是美国进行竖井地下核试验工程准备的情景。爆炸后，回收测试数据进行处理、分析并对试验结果作出评价。此外，还要进行取样和放射化学分析。

竖井试验可分为干井试验和湿井试验两类。

图 4.17　竖井地下核试验准备的情景

干井是指井筒内没有水的井，因而进行核试验时比较方便。它可以是在没有地下水或地下水很深的地区打出的井，如美国内华达核试验场（其地下水位一般都在500米以下）的试验用竖井大都是这样的干井；也可以是通过特殊的建井技术将井筒与地下水隔离而成的干井。在各国已经采用的建干井的技术中，在井筒内加钢套管的方法比较简便、有效。湿井是指井筒内有水的井；按对水的处理程度，又可分为全水位和浅水位两种。全水位试验时井内的水不作任何处理，保持自然高度。浅水位井则在试验前持续用水泵不断抽水，以保持井内水位尽可能低。在湿井试验中，试验装置和测试刚架都将装入一个耐压（全水位试验时，井下设备承受的水压可达几十至一百多个大气压）的密封容器中，以形成局部的干燥环境。图4.18 给出

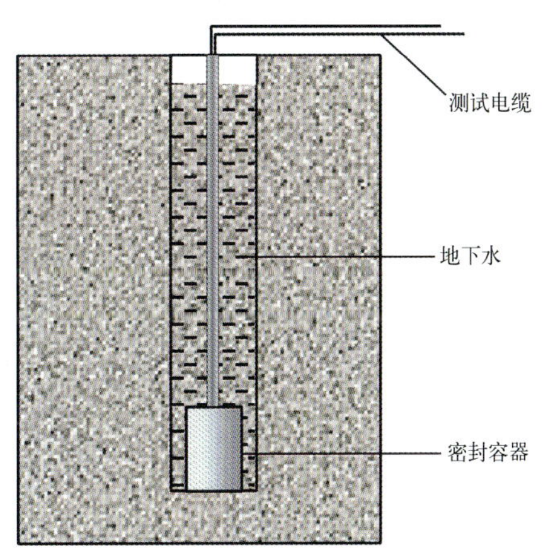

图 4.18　地下核试验全水位竖井示意图

了全水位竖井的示意图。此时，从容器中引出的各种电缆需要采用特殊的密封防水转接技术，以确保井水不会从转接处渗入密封容器。此外，电缆是浸泡在水中的，它本身也要做防渗水处理。由此可见，湿井试验对工程技术有较高的要求。但从经济上看，它与钢套管建干井相比，可以节省不少资金。因此，法国在南太平洋核试验场进行的竖井试验，大多数都采用全水位方式。

4

竖井的回填堵塞对于确保试验安全，防止核爆炸产生的放射性物质喷发、泄漏，十分重要。这是因为竖井的井筒，类似于平洞试验中的坑道。虽然也可以利用爆炸冲击波在井筒上方的某个部位实现自封，但由于核爆炸形成的空腔在爆后一定时刻会倒塌形成“烟囱”，而竖井试验中“烟囱”是沿着井筒向上发展的，因而位于空腔上方的自封段的堵塞物及其周围的岩石也将坍塌并落入空腔，起不到永久封闭的作用。因此，竖井核试验的安全只能靠全井筒的回填堵塞来保证。

图4.19 给出了典型的竖井核试验回填堵塞示意图。由图可见，大部分井段是用砂和碎石的混合散料回填的。砂、石的粒径和比例都有明确的要求，以保证回填的密实性。为阻止堵塞物在核爆炸产物的推动下发生运动并减少放射性泄漏，井筒内至少要设置两个长度约为几十米的水泥塞（美国竖井核试验采用煤焦油环氧树脂塞）。下面一个水泥塞要设在烟囱上方，使之能起到控制烟囱高度，支撑上方回填物，从而保持井筒处于封闭状态的作用。上面的水泥塞则设在距地面20 ~ 30米处，以使其在爆炸冲击波作用下不会损坏。水泥一般选用速凝、低水化热和微膨胀性的，以提高塞子与井壁面的磨擦力，并使电缆不会过分受热。在井筒回填的同时，还要对电缆保护管、用于吊放密封容器和电缆的安放管（一般采用口径较大的石油套管）进行回填，以减少放射性泄漏的通道。

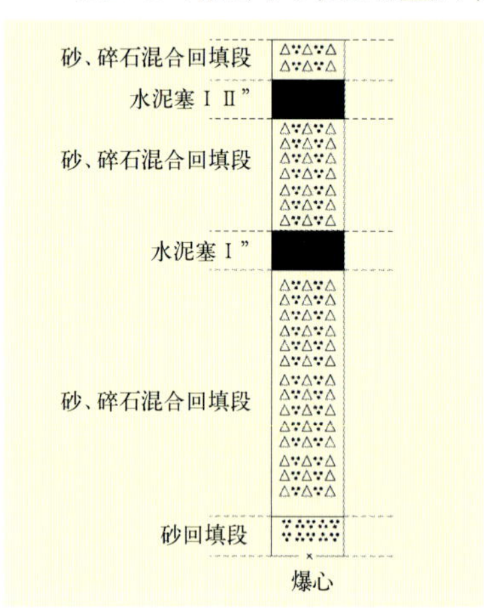

图 4.19　竖井核试验回填堵塞示意图

除了大气层核试验和地下核试验外，美、苏两国都还进行过多次水下核试验和高空核试验。

图 4.20　美国水下核试验景象

水下核试验时，装有试验装置的密封容器安放在水面以下，通过电缆引爆，并由布放在容器内的核辐射探测器和布放在爆心投影点周围的水声和地震探测器进行诊断、监测。图4.20 是美国1955 年5 月在太平洋进行的代号Wigman 的水下试验景象。这是一次深水炸弹试验，核装置安放在水下约600 米处，爆炸威力为3 万吨梯恩梯当量，测试数据由几艘潜艇收集。图中由核爆炸掀起的巨大水浪是水下核

图 4.21　美国高空核试验景观

试验的标志性景观。

在高空核试验中，试验装置由火箭发射至30千米以外的高空进行爆炸。图4.21 是美国1962年7月进行的代号为“海盘车I”的高空核试验景象。这次试验的核装置由“雷神”火箭运载到约400千米高空实施爆炸，威力为140万吨梯恩梯当量。试验目的是研究高空核爆炸对周围广大地区的无线电通讯和雷达产生的效应。试验结果表明，爆炸对通讯的影响不像预想的那么严重。但爆炸产生的电磁脉冲，却使距爆心约1 300千米的檀香山地区的电力网受到了强电流的干扰。爆后，在太平洋中部地区见到了大范围的极光，有些地方持续达15分钟。

第四节 核试验诊断与测量

去医院找大夫看过病的人都知道，大夫往往要根据病人的自诉，通过把脉、听诊、查血、查尿、以及X光透视、CT扫描等必要的手段获取有关病情的充分信息，然后才能对病情作出判断和结论。这就是所谓诊断。核试验诊断的过程与此十分相似，只是对象不是病人而是核装置。核试验诊断就是要通过多种测量手段获取必要而充分的数据和信息，以判断试验装置的各个阶段动作是否正常，其核反应过程是否符合预期设想，性能参数是否达到设计要求。本章第二节已经讲过，这些诊断结果的反馈，对于检验设计思想、概念和原理，完善核装置设计具有重要意义。因此，从某种意义上说，诊断和监测是否取得可靠的结果是核试验成功的重要标志。

核试验诊断的项目和内容取决于核试验的目的。按技术手段的不同，核试验诊断分为核物理诊断和放射化学诊断两类。

一、核物理诊断

核物理诊断是指通过直接测量核爆炸过程中产生的中子、γ射线、X射线或观测核反应区射线源图像，获取试验装置物理性能参数的过程，因而又称核爆炸射线物理诊断。地下核试验时，测量可在核装置附近进行，所以也称核爆炸近区物理测试。核物理诊断能提供的核装置物理性能参数，主要有：核反应过程中子增殖系数随时间变化的规律、裂变和聚变威力、聚变反应区的温度和核反应区的射线图像等。

测量核反应过程中子增殖系数随时间的变化，可以判断核反应的各个阶段是否正常进行，因此它是每次试验都要进行的重要诊断项目。在实际测量中，中子增殖系数随时间的变化曲线只能从装置中泄漏出来的中子或γ射线强度的变化来推算。由于整个核反应过程仅持续百万分之几秒，而在此时间内中子或γ射线强度的变化却可能达到十几个数量级，因此在每次试验中往往要安排一系列量程不同的探测器来覆盖上述射线强度变化范围。

测量聚变反应产生的能量为14兆电子伏的高能中子，可以获得核装置的许多重要信息。例如，测定从试验装置中穿透出来的高能中子总数，可以推算装置的聚变威力，而测量高能中子的能谱宽度则可以推算聚变反应区的温度。

此外，利用光学小孔成像原理可以得到核反应区的中子或γ射线的图像，从而判断核爆炸时装置内核材料的形状变化。

核物理诊断测量设备，一般包括探测器系统、传输系统和记录系统三大部分。探测器系统是用来捕捉核爆炸放出的射线并将它转换成光电信号的系统。许多常见的射线探测器（如闪烁探测器、半导体探测器等）都可以用于核试验测试。但由于核装置爆炸时，在极短（百万分之几秒）时间内，会产生很强的由中子、γ射线和X射线组成的混合脉冲射线束，需要采

取一些特殊的探测手段和方法来鉴别或选择射线的种类，分辨信号和噪音、确定其能量，测定其束流强度。传输电缆和记录系统则需要有极快的时间响应能力，使信号不变形失真以满足束流强度快速变化时的测量要求。图4.22是

图4.22　安放在车上的测试仪器

布放在测试车中的快速示波器。为了获得被测参数随时间的变化或测量射线的能谱，往往在一个诊断项目中就需要使用多台，有时甚至多达几十台记录仪。由于试验时测试点无人值守，记录系统都带有受控装置，其启动过程由主控站进行远距离程序控制。图4.23是竖井核试验的测试车群。

图4.23　竖井核试验的测试车群

二、放射化学诊断

在核爆炸过程中，试验装置中的核材料会由于核反应而发生变化，还会产生出一些新的放射性核素。利用化学分析方法测定上述变化，可以推断装置中核反应完成的情况。因为分析的对象都有放射性，所以这一分析测定过程被称为放射化学诊断。

爆炸威力是核试验的主要诊断量之一。放射化学分析可以精确地测定出核爆炸后装置残留的铀-235、钚-239、锂-6、氚等核材料量。由于装置中核材料的原始装入量是准确已知的，就很容易计算出核材料的利用率（又称燃耗）和释放的能量（威力）。裂变反应过程中会生成许多裂变产物核素，每一次裂变生成的某一裂变产物核素的数量（称为产额）是已知的。这样，通过放射化学方法测定核试验中某一裂变产物核素的总生成量，就可以推算出总裂变次数和裂变威力。此外，在核爆炸过程中核材料在不同能量中子的作用下还会发生多种核反应，生成一些新的核素。只要能够测出这些核素的生成量，也可以推算出核装置的裂变威力、聚变威力和总威力。

如果在试验装置的适当位置上放置一些中子反应截面较大的核素（称为中子活化指示剂），在试验后测定这些核素在核爆炸中子作用下生成的放射性核素（称为活化产物）的数量，可以推算出指示剂所在区域的中子流强度，从而推断此处的核反应深度。

由于放射化学诊断是从一些样品的分析结果推断整个试验装置核反应情况的，因此这项诊断工作的前提是及时获取能够代表爆炸产物整体成分的放射性样品（称为有代表性样品）。通常把这项工作称为取样，这是一项技术复杂、要求很高的工作。不同方式的核试验，采用的取样技术差别很大。空中核试验的爆炸产物以微尘形式飘悬于蘑菇状烟云中，一般用飞机（有人或无人驾驶）或火箭携带取样器在合适的时机穿过烟云收集样品。特殊设计的取样器装有过滤材料，能在高速气流中以很高过滤效率获取放射性微尘。在大气层试验初期，一般都采用有人驾驶飞机取样。此时，飞行员要在爆

图 4.24 中国空爆核试验无人驾驶取样飞机

后很短时间内穿越蘑菇云，取得样品，而尽量减少放射性烟云的照射，这既需要训练有素，又要有很强的奉献精神。图4.24是中国空爆试验的无人驾驶取样飞机。地面核试验时放射性微尘的粒径比空中核试验时要大得多。因此，除上述飞机、火箭取样方式外，还采用集样盘收集沉降到地面的样品。图4.25是参试人员进入沾染区回收样品的情景。地下核试验的取样主要是在爆心地区进行钻探，获取爆炸中形成的有代表性的玻璃体样品。由于技术比较复杂，一次取样一般要花上几周甚至几个月时间（取决于岩层的性质和试验的埋深）。为满足气体放射化学分析的需要，地下试验有时还要进行放射性气体取样。在竖井试验时，通常采用钢丝绳取样方式，即利用预先投放到爆心附近的特殊设计的取样钢丝绳将气体从爆炸形成的空腔内引到地面，并通过自动控制系统将其导入取样钢瓶中。

由于分析样品中待测放射性核素的含量很低，为达到诊断的目的，样品分析必须使用特殊的微量分析方法和高精度的测量技术。图4.26是测试人员正在对样品进行同位素质谱分析。

图 4.26 测试人员对样品进行质谱分析

综上所述，放射化学诊断和核物理诊断，各有其不同的特点。核物理诊断可获得核爆炸物理过程的时间特性，例如裂变反应和聚变反应的起始、发展和逐步熄灭的时间过程。放射化学诊断则只能测定核爆炸的最终结果，如核材料燃耗和威力等；活化指示剂分析还可以确定装置中不同部位核材料的反应深度。另外，核物理诊断是在试验现场一次性完成的，具有不可重复性。这就要求测试方案要周密设计，有较大的冗余度，确保可靠获取数据。放射化学诊断一般在实验室中进行，样品充足时还可以重复分析，因而它可以达到很高的测量精度。总之，两者是互相补充的，在一次试验中一般都同时安排这两种诊断。

图 4.25 参试人员进入沾染区回收样品

4

三、核试验效应测量

前面已经讲过，研究核武器的杀伤破坏因素及其效果是核试验的重要目的之一。在早期的大气层核试验中，一般都安排许多效应参数和毁伤效果的测量和研究项目。

大气层核试验的环境与未来可能的核武器使用条件相近，因而不仅可以进行核爆炸宏观景象的观察和光辐射、冲击波、早期核辐射、放射性沾染及核电磁脉冲等杀伤破坏因素的效应参数测量，并在此基础上研究核爆炸的毁伤效果随距离、时间和环境条件（如地形、地貌、气象等）的变化规律，还可以直接检验上述杀伤破坏因素对各种武器装备、建筑物、动物的杀伤破坏效果以及各种防护措施的效能，从而为核武器的有效使用和相应防护措施的改进提供技术依据。这样的试验规模往往很大。通常试验前要在爆心周围不同距离上设置各种模拟建筑物，布放各种武器装备、试验动物、其它试验对象以及效应参数测试的探测器，形成一个巨大的野外实验室，场面十分壮观。此外，还可在确保安全的前提下安排部队演习。

地下核试验的效应主要是地震效应。通过测量核爆炸在离爆炸点不同距离形成的地震信号，观察宏观破坏现象，可以研究核爆炸地震破坏的规律，还可大致判断核爆炸的威力。

此外，平洞方式的地下核试验可以提供核爆炸中子，γ射线和X射线的混合辐射场，用以对武器部件、计算机、电子器件、炸药、火工品等进行辐照试验，研究和检验导弹、卫星及其部件的抗辐照加固技术和措施。

除上述物理和化学诊断以及核试验效应参数测量外，在核试验过程中还要对试验装置、测试仪器的状态和环境条件进行必要的监测，以判断试验过程是否正常，并为在出现异常情况时寻找事故原因提供依据。

第五节 核试验控制与安全

核试验的控制系统就象人体中的中枢和大脑，它一方面承担着引爆核装置的重任，另一方面又要对全场各种探测器和实时测量、记录设备进行控制，使之能在装置引爆前的一定时刻启动，以获取相应的测试数据。因此，在核试验实施过程中，控制系统能否按预定的程序准确地动作，决定着核试验的成败。这就对核试验控制系统的可靠性和准确性提出了很高的要求。

核试验安全问题几乎涉及到核试验的各个方面（如试验威力、方式、爆炸高度或埋设深度、试验零时及其后的气象条件、地下试验爆心附近的地质条件、地下水深度以及所采取的各种安全措施的有效性等），是一项复杂的系统工程。核试验的安全主要靠全过程的安全论证、严格执行安全规范和各项安全措施、加强安全检查和实行安全责任制来保证。

一、核装置引爆及试验控制

前面已经提到，核试验的控制包括两个方面的内容，一是试验装置的引爆控制，二是场区实时测试仪器的控制。前者通常是由控制系统的引爆控制站和装置的引爆控制系统共同完成的（不同方式的试验，其引爆控制系统的组成是不同的），后者则是通过若干个分控站来实现的。两者之间的协同由场区主控站承担。

图 4.27 给出了核试验控制系统的示意图。核试验通常采取程序控制方式，即根据各种受控设备的不同要求，事前设置若干个指令（包括试验零时前和零时后的指令），从试验零前某一些时刻开始主控站进入自动程序，受控设备则按主控站发出的程序指令运作。图4.28 是美

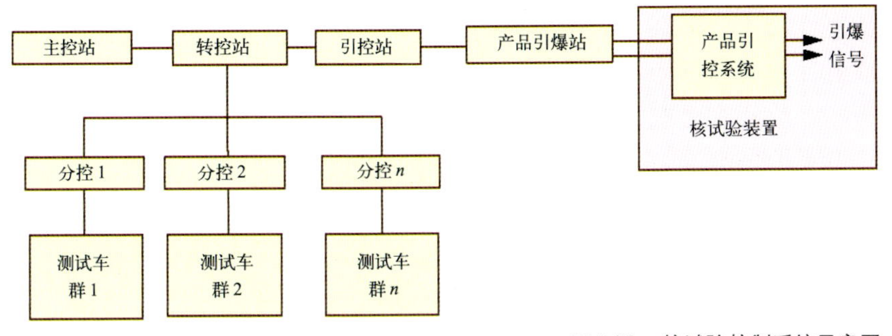

图4.27 核试验控制系统示意图

国内华达核试验场控制中心的外景。

图4.28 美国内华达核试验场控制中心

二、大气层核试验的安全

大气层核试验的安全问题包括试验场内和试验场外两部分。

试验场内影响安全的主要危害因素有：冲击波破坏、光辐射烧伤、火球闪光引起的人员眼底烧伤或闪光盲以及核辐射或放射性沾染造成的辐射损伤等。核试验前要根据爆炸威力、爆炸高度和气象等条件对上述各种毁伤因素的危害作出预报，再结合安全限值确定试验中各种杀伤效应的安全边界，制定相应的场区安全保障措施。参观试验的人员要按规定佩戴防护墨镜并在指定地点参观。进入爆心附近放射性沾染地区的人员，必须穿着防护服，佩戴个人剂量仪。从沾染地区出来的人员要接受放射性沾染检查和必要的洗消。图4.29是安全人员正在给投弹后返航的飞行员进行放射性沾染检查。

在一定条件下，大气层核爆炸产生的放射性物质可能影响到核试验场以外地区的安全，尤其是地面核爆炸造成的放射性局部沉降可能使爆心下风方向特定地区受到严重的放射性沾染。对此，必须在试验前根据气象预报，做好沉降地区和沉降强度的预测，并制定加强环境辐射监测、居民的集中和疏散等应急安全预案；试验后再视实际情况决定如何实施。在特定的气象条件下，核爆炸冲击波在传播中会发生聚焦现象，在地面聚焦可能造成远距离处民房的损坏，在空中聚焦可能对飞行中的飞机构成威胁。这些也需要在试验前做出预测。此外，投弹飞机的安全也十分重要，前苏联为了确保投弹飞机和飞行人员的安全，曾将名为“伊万”的氢弹试验的威力由原定的1亿吨降至5千多万吨梯恩梯当量。

图4.29 美国投掷核弹返航飞行员接受放射性检查

三、地下核试验的安全

地下核试验的安全，主要涉及放射性喷发和泄漏及地震破坏两个方面。前面已经讲过，在封闭式的地下核爆炸中，只要爆心附近无贯通性裂隙，且埋深足够，又采取了合理的自封和堵塞措施，放射性物质的喷发和早期大量泄

漏是可以避免的。但是少量放射性物质，特别是惰性气体和碘等挥发性的放射性核素仍可能通过烟囱上方岩石中的细小裂隙以及其它通道渗泄到大气环境中来。在爆心低于地下水位的核试验中，放射性物质还会进入地下水造成放射性污染。因此，在制定地下核试验计划时，除要根据安全的需要选定埋设深度，根据地质、水文的条件选好爆心位置（尽量避开较大的地质断层和裂隙带），做好封闭堵塞设计方案外，还要对可能的放射性泄漏的时间和总量做出预报。对威力较大的地下核试验，还要做好爆炸地震预报，并据此采取必要的预防措施。

第六节 核试验场地选择

全世界各有关国家先后建设并使用过的主要核试验场共有十几处。其中，美国有三处，苏联、法国和英国各有两处，中国、印度、巴基斯坦各有一处（见表4.3）。这些核试验场是如何选定的？它们的状况如何？本节将就这两个问题做一些简单的介绍。

一、选择核试验场的主要原则

无论各核国家或拥有核潜力的国家所处的经纬度相近或不同、气候条件相似或各异，他们所选择的核试验场区都是在远离人群的地方。美国进行第一次核爆炸的那片沙漠被叫做“死亡地带”；中国的核试验场所在的新疆罗布泊地区则被称做“死亡之海”；俄罗斯新地岛核试验场位于气候寒冷的北极圈内，自然也鲜有人迹。即便是美、英、法等国在太平洋上的核试验场，也还是尽量选择那些荒无人烟的小岛。

各国核试验场之所以选择在那样的地方，主要是出于安全考虑。可以说，确保试验安全是核试验场选择的主要原则之一。因为大气层核试验产生的冲击波、光辐射和核辐射，其杀伤破坏作用半径可达几千米甚至几十千米；地下核试验产生的地震对附近地区建筑物和设施也会造成较大的破坏；特别是核爆炸释放的大量放射物质，在大气层试验时还会造成爆心周围和下风方向地区的放射性沾染，在地下试验时还可能污染地下水。由于这些放射性物质中有一些危害大的核素是长寿命的，（如钚-239的半衰期为2.41 万年，锶-90为28.6 年，铯-137为30.2 年），其对环境的影响也是长期的。把试验场选择在远离人群的地方，既可以避免核试验对场区内人群不必要的伤害，也便于将场区划得大一些，从而将核试验造成的破坏和影响尽量限制在场区内，更好地保护场区外居民和环境的安全。

选择核试验场区的另一个原则是最大限度地满足核试验多方面的要求。为此，场区应有足够的水源，气象条件应能保证一年中有足够长的时期适合于野外作业，交通要相对便利，离铁路公路干线不能太远。此外，不同试验方式对核试验场的选择还会有一些不同的要求。大气层核试验场要求有较大的地域范围，特别是要在爆心下风方向留出足够的空间以将核爆炸释放的放射性物质尽量留在场区内；地形要相对开阔、平坦，便于试验时人员和车辆的行动、测量设备及效应试验物的布放和无线电通信的顺畅进行。对于地下核试验场区，则要求岩石介质的类型合适（最好不要选爆炸后会释放出大量一氧化碳和二氧化碳气体的石灰岩介质），岩层相对完整，地下水位低、流速慢、下游远离居民区，远离大断裂带（以免引发天然地震）等。如果想在同一个试验场既进行大气层试验，又进行地下核试验，则应选择地理条件多样化的地区，以同时满足上述要求。

不难看出，从这两个原则出发提出的对核试验场的具体要求，有不少是不一致的。因此，各国在实际选定核试验场时都必须充分考虑现实的可能性，在这些要求之间做出妥协和折衷。

二、各国核试验场鸟瞰

(一)中国核试验场

中国核试验场位于新疆东部罗布泊地区的浩瀚戈壁，北有天山支脉库鲁克山，南有阿尔金山，东临甘肃敦煌，西接塔里木盆地，东西长约400千米，南北宽约250千米。该地区高空主导风为偏西风，下风方向450千米内无居民，周围230千米内没有大的居民点；在方圆300千米范围，没有重要开采价值的矿藏，境内有平原、丘陵和山脉等多样化的地理条件，岩层以花岗岩和砂岩为主，地下水源丰富，流向清楚，下游远离居民区，不仅施工、生活用水方便，而且能保证地下核试验的安全；是一个能同时满足大气层和地下核试验要求的得天独厚的核试验场。

该试验场始建于1958年，大气层试验区位于试验场的东部，地下核试验区位于西部，生活区马兰则位于场区的西北方向。（见图4.30和图4.31）我国的45次核试验，包括23次大气层核试验，22次地下核试验，全部都在罗布泊试验场进行。

图 4.31　中国核试验场后方马兰生活区

图 4.30　中国竖井核试验场晨景

(二)美国核试验场

美国阿拉莫戈多试验场已作为人类首次核试验的场地而载入史册。这个试验场幅员较小，宽29千米，长38.6 千米。它与核武器研制基地——洛斯·阿拉莫斯国家研究所同在新墨西哥州。后来随着试验威力增大，这个核试验场就不再适用了。

内华达核试验场是美国最重要的核试验场。它位于内华达州南部的沙漠地区，占地面积也不大，仅3 700平方千米（见图4.32 和图4.33），因而距该州的一些城镇都不很远，交通便利。区内地理条件多样，岩层主要为水成岩、凝灰岩和冲积土，其北部高地的地下水位较低，(一般在600米以下)，因而适合于进行各种方式的大气层和地下核试验。据统计，至1992年美国宣布暂时停止核试验，该试验场共进行过928次核试验，占美国核试验

图 4.32　美国内华达地下核试验场

总数的84%，其中包括美国的绝大多数和英国的全部24次（与美国联合进行）地下核试验，共828次。试验威力最大达100万吨梯恩梯当量。

内华达核试验场隶属能源部军事应用总局内华达管理处。试验场的管理、基建、安全监测、地下核试验工程及各种后勤保障等业务，主要由雷诺兹电气工程公司承包。试验场有较强的钻井与挖掘工程能力，所钻竖井的最大直径达4米，最大井深达1 500多米。场内还建有组装、检测和存放核试验装置的设施，并为核试验测试配备了4 500多台自动化探测和记录设备。

美国在太平洋的核试验场包括比基尼岛、埃尼威托克岛、圣诞岛和约翰斯顿岛等，它是美国早期进行大气层、水面和水下核试验的主要场地之一。美国在这里共进行了106次核试验。

图 4.33　美国核武器研制、试验和生产部门分布图

1967年，为了发展反弹道导弹武器，需要进行数百万吨梯恩梯当量的大威力地下核试验，美国决定在阿姆奇特卡岛建立新的地下核试验场。阿姆奇特卡岛位于阿留申群岛西南角，是该群岛中较大的一个。岛屿长约67千米，宽5～8千米，岛上荒无人烟，岩层主要是各种类型的火山岩。该岛距阿拉斯加州首府安克雷奇约2 200多千米，距俄国堪察加半岛约1 300千米，离有居民的最近岛屿也有约286千米，能满足大威力地下核试验的安全要求。美国在阿姆奇特卡岛共进行了3次地下核试验，其中两次试验威力超过百万吨梯恩梯当量。1971年11月6日，为试验“斯巴坦”高空反导弹弹头，美国在该岛进行了代号为“小罐”的核试验，威力约500万吨梯恩梯当量，是美国爆炸威力最大的竖井地下核试验。爆炸时记录到的地震强度为里氏震级7级，爆心附近地面波动幅度达数英尺。爆后地面形成直径1 500余米，深18米的陷坑，出现许多裂缝，还发生了数百次较小的余震。“小罐”核试验后，美国关闭了这一试验场。

（三）苏联核试验场

塞米巴拉金斯克核试验场始建于20世纪40年代后期，位于哈萨克斯坦东北部，距塞米巴拉金斯克市约150千米，是苏联最主要的核试验场。整个场区大体可分为三个独立的试验区。中央试验区为山区，最高山峰海拔1 000米，使用次数最多。西部试验区为广阔的草原，东部试验区有湖泊与沼泽。多样化的地理条件使它适合于进行各种方式的大气层试验和地下试验。前苏联在这里共进行了456次核试验，其中340次为地下核试验，116次为大气层核试验。

1949年末，苏联第一次核

图 4.34 苏联第一次核试验用的塔架

试验就是在这里进行的。苏联人把这次试验称为“第一道闪电”，其威力为2.2 万吨梯恩梯当量。美国人在进行第一次核试验时，现场只安放了测量仪器，而苏联人除布放测量仪器之外，还在爆心周围布置了坦克、飞机、火车、房屋等效应物，以考察这次爆炸的潜在破坏力。图 4.34 是苏联第一次核试验用的塔架（塔高37.5 米），图中可以看到一幢四层楼房和一间平房，房里还放置了一些动物，以观察核辐射对生物体的影响。

1989 年，苏联在该试验场进行最后一次试验时，由于放射性泄漏严重污染了环境，在国内外引起了强烈反对。在此压力下，苏联决定关闭这一试验场。苏联解体后，该试验场归哈萨克斯坦所有。

新地岛核试验场位于俄罗斯北部喀拉海和巴伦支海之间的北极圈内，属于花岗岩地质结构。新地岛特殊的地理位置，使它成为俄罗斯进行大威力核试验的理想场地。第二章已经提到过，苏联的威力为5 800万吨梯恩梯当量的氢弹，就是在这里进行试验的。自 1963 年《部分禁试条约》签订到 80 年代初，苏联每年平均在这里进行两次百万吨梯恩梯当量以上的地下核试验，其中最大的两次威力接近 600 万吨梯恩梯当量。到 1990 年，在新地岛试验场共进行过 130 次核试验，88 次为大气层核试验，39 次为地下核试验，3 次为水下核试验。

塞米巴拉金斯克核试验场关闭后，新地岛成为苏联惟一的核试验场。由于新地岛具有独特的地理位置与地质结构，在这里进行地下核试验对环境的影响十分有限。苏联环境专家提供的检测结果也表明，新地岛的环境核辐射量处于正常水平。但周边国家仍然强烈反对在该试验场进行地下试验。1990 年 10 月 5 日，苏联在新地岛进行了最后一次核试验后，鉴于当时苏联核武器技术已相当成熟，也迫于国际舆论的压力，遂于 1991 年宣布暂停核试验。苏联解体后，该试验场归俄罗斯所有。图 4.35 是俄罗斯新地岛核试验场及周围地区国家的地震监测站分布图。

图 4.35 俄罗斯新地岛核试验场及周围地区国家的地震监测站分布图

（图中▲为地震站名称缩写）

此外，在 1956 年至 1958 年间，苏联还在西伯利亚试验场进行过少量大气层核试验。

（四）法国核试验场

由于地理条件的限制，法国的核试验全部是在本土以外进行的。

1966 年上半年以前，法国的核试验（包括大气层和地下平洞试验）都在阿尔及利亚核试验场进行。该核试验场地处撒哈拉大沙漠，是法国在 1956 年前建造的，由雷根和霍加尔两个试验场组成。1960 年 2 月 13 日，法国的第一次核试验在雷根试验场进行，后来又在那里进行了 3 次空爆试验。霍加尔试验场是地下核试验场，1961 — 1966 年法国在该试验场进行了 13 次地下核试验。

1962年7月阿尔及利亚宣布独立后，法国开始在南太平洋的法属波利尼西亚的土阿莫土群岛建设新的核试验场。这个核试验场又叫太平洋核试验中心，它也包括穆鲁罗瓦岛和方阿陶法岛两个试验场。穆鲁罗瓦环礁岛长28千米，宽10千米，由沉寂的水下火山峰顶形成。而方阿陶法环礁岛位于穆鲁罗瓦岛东南，面积为40平方千米，水上部分宽度不超过200米。此外，还有一个由邻近的三个环礁岛组成的后勤基地。1966年下半年，法国将其核试验全部转到南太洋核试验场进行。到1996年共在这里进行了193次核试验。其中，在穆鲁罗瓦岛试验场进行了41次大气层核试验和138次地下核试验，在方阿陶法岛核试验场进行5次大气层核试验和9次地下核试验。图4.36给出了穆鲁罗瓦岛试验场鸟瞰图。

图4.36　法国穆鲁罗瓦岛核试验场

（五）英国核试验场

英国与法国人一样，也没有在本土建立固定的核试验场。英国的核试验都是在欧洲大陆以外进行的，先后使用过澳大利亚、太平洋圣诞岛和美国的内华达三个核试验场。

1952年英国首次核试验是在澳大利亚核试验场进行的。该核试验场由蒙蒂贝洛群岛、武麦拉和马拉林加三个试验场组成。到1962年共在这里进行了12次大气层核试验。此外，英国还在太平洋圣诞岛试验场进行了9次大气层核试验。图4.37是英国在澳大利亚的试验场区图。

图4.37　英国在澳大利亚的核试验场区图

从1962年开始，英国就在美国内华达核试验场与美国联合进行地下核试验。截至1991年底，两国在这里共联合进行了24次地下核试验。

除了上述五个核国家的试验场以外，印度和巴基斯坦也建立了各自的核试验场。印度核试验场位于其西北部拉贾斯坦邦的波卡兰地区。巴基斯坦核试验场则建在靠近伊朗边境的郫路支省贾盖地区。

第七节 核试验的监测

既然核试验是核武器研制最直接有效的手段，那么监测其它国家的核试验，分析和研究获取的各种信息，就有可能了解和掌握其发展核武器的动向。这对处于剧烈军备竞赛中的美、苏等国，无疑是十分诱人的。特别是早期核试验以大气层方式为主，空中摄影可以了解核试验的准备过程，次声监测可以确定核试验的时间和威力的大体范围，核爆炸沉降物取样分析可以给出核试验的威力、时间和核装置的原始装料等重要信息。例如，美国曾通过取样分析，确定苏联1953年试验的热核装置（代号为PДC-6C），采用了氘化锂-6作为核装料。西方国家也是从沉降物分析中确认，我国第一次原子弹试验装置的核装料是浓缩铀，而不是其它国家首次试验装置中使用的钚-239。1959年，美国为加强对苏联的核侦察，开始实施维拉（Vela）计划。该计划提出利用当时正在发展的卫星技术来监测大气层核爆炸。随着核试验逐步转入地下，核试验地震监测更显重要，地震监测中的信号探测（特别是低威力爆炸的探测）、识别（区别核爆引发的地震和天然地震）、定位和定威力等技术也随之迅速发展。

1996年，国际上达成了全面禁止核试验条约（Comprehensive Nuclear-Test-Ban Treaty,CTBT）。该条约要求对一切违约的核爆炸进行监测和核查。为此，条约规定建立由地震、放射性核素、次声、水声四种监测技术的321个台站组成的、监测能力覆盖全球的国际监测系统(International Monitoring System, IMS)，同时允许卫星监测等技术作为各国的国家技术手段发挥辅助监测作用。

本节将简要介绍几种主要核试验监测技术的原理和方法。

一、地震监测

核爆炸产生的冲击波有一部分能量会转化为地震波。在水下和地下核爆炸中冲击波转化为地震波的能量份额较大，地面核爆炸转化为地震波的能量份额要少些，空中核爆炸时这一能量份额则更小。

地震波分为体波和面波两大类，前者通过地球内部传播，后者则主要沿地壳表面层传播，两者都能传播到几千千米以外，但前者传播速度快，因而总是先到达监测站。利用地震探测器可以探测、记录到这些信号。但是，自然界存在着频繁的天然地震。据记载，每年地球上发生的震级为3级以上的地震（相当于威力100至数百吨梯恩梯当量爆炸产生的地震）约为6.8 万次。此外，火山喷发、雪崩、山体滑坡等自然现象以及人类在工业活动中进行的化学爆炸也都会产生地震波。2000年8月，俄国库尔斯克号核潜艇在海底爆炸及2001年9月11日纽约世贸大厦遭恐怖袭击倒塌都产生了地震波。这些地震波也都会被地震站探测、记录。怎样从上述大量干扰信号中识别核爆炸地震信号就成为核爆炸地震监测中的一个难题。

科学家经过几十年的努力，包括大量的国际合作，已经研究出一些实用的识别方法。例如，核爆炸由于爆区尺度小，能量在瞬间集中释放，地震波形上升快，振荡幅度大，衰减也较快；而天然地震的断裂面一般较大，能量释放时间较长，因而波形上升较慢，衰减也较慢;因此从地震波的频谱看，前者高频成份比后者多，这可以作为区分这两类事件的依据之一。又如大量监测数据的统计表明，核爆地震波的体波震级 m_b 和面波震级 M_s 之比，总是比天然地震波要大。从图4.38 的地震波形中也可以明显看出，核爆炸地震波的体波信号比面波强得多，而天然地震则相反。因此，m_b/M_s 比值也是识别核爆炸地震信号的一个重要判据。在实际事件的识别中，为了提高识别的可信度，这些方法往往是综合使用的。即便如此，仍有不少情况是不适用的。特别是在监测和识别低威力的核爆炸、或采取了逃避技术的地下核爆炸（如在一个地下大空腔中进行的核爆炸，由于冲击波在空腔中很快衰减，转化为地震波的能量将显著减少，从而可以达到逃避地震监测的目

4

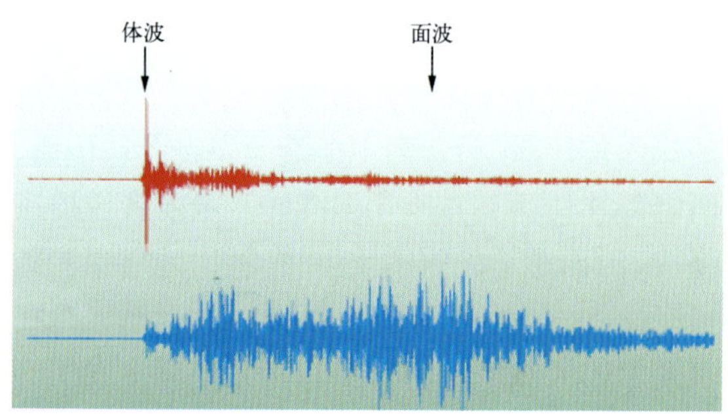

图 4.38　上面的波形为巴基斯坦尼洛尔(Nilore)地震台记录的印度 1998 年 5 月 11 日核爆炸地震波形，体波（先到达台站）信号振幅很大，而面波信号很小。下面是该地震台记录的 1995 年 4 月 4 日一次天然地震的波形，面波信号振幅大，而体波信号小。两者的特征是很典型的，因而能清楚地加以区分

的）时，尚需研究更好的方法。

《全面禁止核试验条约》规定，要在全球设定 50 个监测能力较强的地震台站，再依靠 120 个能力一般的辅助台站在需要时提供数据。国内外专家的共识是，有了这样一个地震监测网，威力在 1 千吨梯恩梯当量以上的地下核爆炸，不论在地球上什么地方进行，都能被迅速探测到。实际上，由于有长期监测积累的经验，再加上全球还有 7 000 个以上各种地震台站可以帮助进行监测，对各国核试验场的监测能力要高得多。1998 年 5 月，印度和巴基斯坦进行地下核试验后不到 1 小时，很多地震站就在互联网上公布了它们的有关监测记录。

二、放射性核素监测

大气层核爆炸会产生大量放射性核素。随着爆炸烟云上升及其温度的迅速下降，大部分核素和其它卷入烟云的物质一起凝聚为气溶胶颗粒；其中一部分可以随大气环流传送到几千公里以外，最后沉降到地面；惰性气体核素甚至可传送得更远些。地下核爆炸时，放射性核素也会从地下的裂缝中泄漏或渗透到地表面，再进入大气，其泄漏量的多少取决于试验封闭措施的有效性。

放射性核素监测就是用专门的取样设备在空中和地面收集空气中的气溶胶样品，再对样品进行 γ 能谱分析或放射化学分析，以获取是否发生过核爆炸的信息。监测中使用的分析方法和仪器设备与核试验放射化学诊断中采用的类似。由于前面提到过的分凝现象，这些样品代表性较差。但通过分析仍能以较高的可信度确定是否发生过核爆炸，有时还能对核爆炸的大致性质（如是氢弹，还是原子弹爆炸）、爆炸时间和威力作出估计，获得核装置采用什么核装料等重要信息。所以，放射性核素监测又被称为“直接取证”方法，并受到了普遍重视。

由于放射性核素从核爆炸地点传输到监测台站一般需要一定的时间（几小时，几天，甚至更长），且能否输送到特定的台站附近并被收集到，取决于高空气流（如方向，风速等）和台站所在地区大气对流等条件。因此，放射性核素监测总是滞后于核爆炸时刻，且往往需要利用核爆炸下风方向多个台站才能较有把握地收集到核爆炸生成的放射性核素样品。一旦测到了可疑核素，还有可能推断可疑核爆炸的地点。图 4.39 给出了利用气象数据对南亚某处假想的放射性核素源随大气的迁移运动及其浓度分布变化进行计算机模拟的结果。模拟中，假定源浓度为 1，即单位源，1E−06 即 1×10^{-6}，

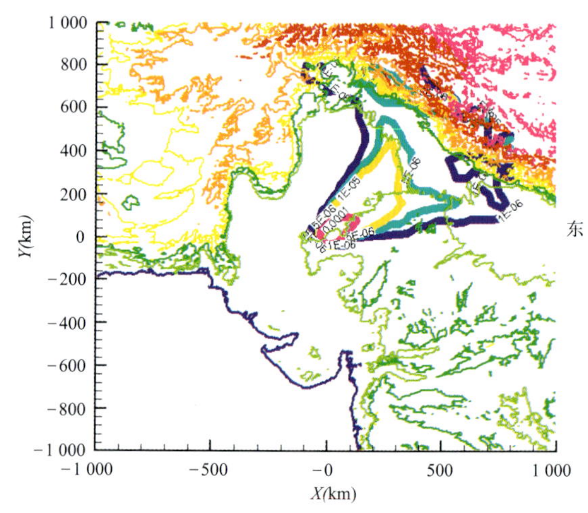

图 4.39　放射性粒子浓度分布图（计算模拟）

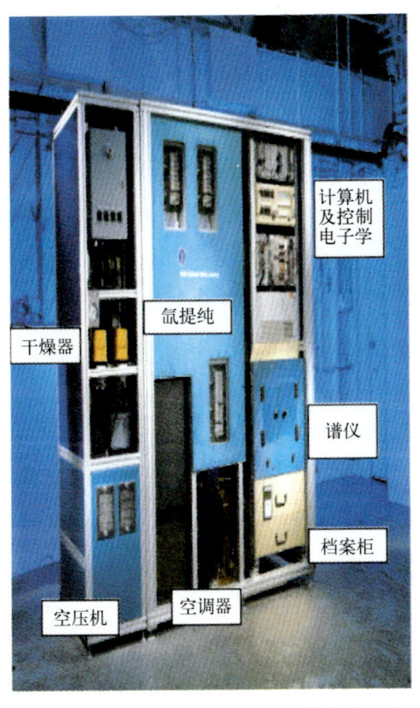

图 4.40　大气放射核素监测仪

表示浓度已减弱为百万分之一。可以看出，浓度随距离增大逐渐减弱，且因为风向影响，其分布是不均匀的。由此不难设想，如在核爆炸下风的多个台站都监测到了可疑核素，就可以根据此前的气象数据和由其他方法推断出的核爆炸大体时间，回推核爆炸的方位和地点。此外，核爆炸产生的许多重要的放射性核素也可以在核电站、反应堆以及人类其他核活动的排出物中找到，如何确定测得的可疑放射性核素确由核爆炸产生，而非来自其他来源，是各国监测专家长期以来研究的课题。迄今已经提出了一些区分放射性核素不同来源的有效方法。

按照《全面禁止核试验条约》的规定，全球将建立由 80 个台站组成的放射性核素监测网。这些台站，主要装备有大流量取样器（每小时空气取样量 500 立方米以上）和高分辨率半导体γ谱仪；每天取样一次，样品由 γ 谱仪测量，数据直接传送到国际数据中心。此外，上述台站中的40个，还将装备惰性气体取样和分析仪器。图4.40 是美国使用的一种大气放射性核素监测仪，它不仅可分析气溶胶颗粒样品，也可以分析惰性气体。

三、次声监测

大气层核爆炸产生的强大冲击波在传播过程中会逐渐衰减成次声波。地下和水下核爆炸时，也会有少量的能量进入大气形成次声波。次声波是频率低于 20 赫兹的声波。由于频率低，在大气中的吸收小，因而核爆炸产生的次声波往往能传播得很远。据报道，1961 年苏联在新地岛进行的威力为 5 800 万吨梯恩梯当量的大气层核爆炸，其次声波就绕地球转了五圈。经过远距离传播到达监测台站的次声信号一般已经很弱，只能用微音仪或微气压计来探测。经验表明，1 千吨威力的核爆炸，其可探测距离在 2 千至 5 千千米之间。

核爆次声监测的主要难点是如何排除各种噪声的干扰。因为，自然界的许多现象，如地震、陨石撞击、火山喷发、飓风、极光等，以及火箭发射、化学爆炸等人类活动也会产生次声波。对设置在地面的探测系统来说，最经常的干扰来自地面风。风速为 5 ~ 15 米 / 秒的地面风产生的气压波动就可能比被探测的次声信号大 2 ~ 3 个数量级。为有效遏制这一干扰，除选择良好的台站场地以减少地面风扰动外，探测系统采用了由 8 ~ 12 根辐射布放的降噪管组成的过滤器（见图 4.41 右所示）。降噪管是一

图 4.41　次声探测系统

些很长的带有许多孔的锥形管，管径大的一端与中心的探测器连通。过滤器的尺寸要小于被探测次声信号的波长，但大于引起噪声的扰动的尺度，这样，既可以遏制扰动引起的压力起

4

伏，又不会影响信号的测量。在实际监测中，这样的带过滤器的探测器仍不能完全消除噪声对测量的影响。因此，一般的次声监测台站都采用由4至8个探测器组成的阵列，这样既可以进一步遏制噪声，也有助于确定次声信号源的方位。图4.42 是澳大利亚瓦兰木加次声站的四单元探测阵列。

图 4.42　设在澳大利亚瓦兰木加次声站的四单元布局

在大量数据积累的基础上，可以利用经验公式由探测到的次声信号粗略地推算大气层核爆炸的威力。多个台站对同一事件提供的方位角，经过交会也可以对事件定位。由于迄今全球次声监测数据积累有限，在区分大气层核爆炸和化学爆炸以及其他人工次声源方面还存在一定的困难。

按照《全面禁止核试验条约》的要求，全球将建立由60个次声站组成的监测网。

四、水声监测

水声监测主要用于监测水下和近水面的核爆炸。

由于海洋中的声道（由海水密度和温度变化造成的声速最小的海层）对于声波起着波导的作用，且声道内传播的信号衰减较小，因而核爆炸的水声波一旦进入声道，就将沿着它传播得很远。例如，在新西兰附近海洋，部署一套常规声纳装置，就能检测到1万千米以外的北太平洋发生的千克级梯恩梯炸药爆炸产生的水声波。但是许多自然现象（如地震、火山喷发）和人为过程（如勘探、航行）产生的本底噪声将干扰水声信号的探测和识别。此外，有些海洋地形（如岛链、海山等）会造成局部地区爆炸能量不易进入声道或声信号传播阻断，从而使该地区成为探测的“盲点”。一般认为，深水核爆炸耦合到声道中的能量份额大，且爆炸在水中会产生特征性的“气泡脉冲”系列，因而较易于探测和识别；而浅水或近水面核爆炸的水声探测则要困难些。

按照《全面禁止核试验条约》规定，水声监测网由6个水听器监测站和5个T相监测站（实际上是地震站，用以监测由水声波转化的T相地震波）组成。为了降低其跟踪船只和潜艇的能力，监测网被设计成一个稀疏的、能力有限的系统；且每个台站只设置一个探测器（而不是一个阵列），因而没有确定来波方向的能力。这样，事件定位就需要多台站联合才能进行。模拟结果表明，这一水声监测网对于全球大部分海域水下50米处1千吨威力核爆炸的定位精度可达1 000平方千米。

五、卫星探测的应用

在核爆炸探测方面，在太空中漫游的卫星具有得天独厚的优势，因此，美、苏（俄）等国对这项技术都特别重视。

从1963年至1970年，美国先后发射了12颗维拉（Vela）卫星（见图4.43）。卫星上装有光学和电磁脉冲传感器，可探测大气层核爆炸；还装有用以探测高空核爆炸的X射线和中子探测器。1970年起，核爆炸监测又被指定为国防支援卫星（DSP）的第二位任务（第一位任务为早期预警）。但DSP卫星不能复盖地球的两极地区，且对大多数其它地区每个时刻只有一个卫星监视。1975年后，GPS导航定位卫星开始加装核爆炸监测系统，它包括光学探测器、

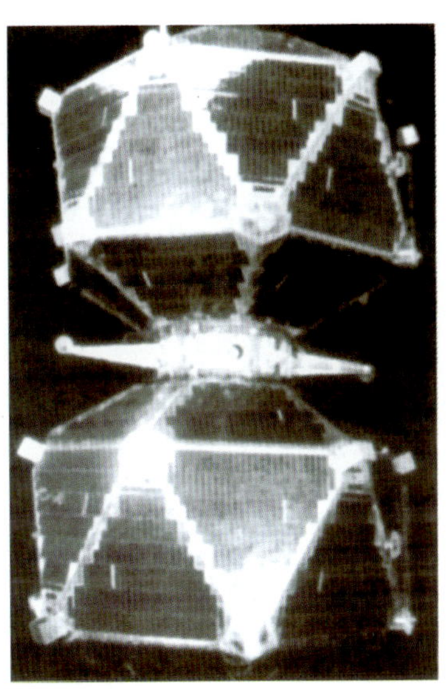
图 4.43　维拉卫星

中子探测器、5 个 X 射线探测器和2个γ探测器。还计划在以后的卫星上加装能探测和识别核爆炸电磁脉冲的传感器、红外传感器和星上数据处理系统。

此外，美国还利用遥感卫星监视与核试验有关的活动，包括地下核试验前的准备（塔架起竖、钻井、挖洞、铺电缆、修路及频繁的人员、车辆活动）及核爆炸前后地表面的变化，从而判断是否在准备核试验，或在核试验后确定爆心投影点的大体位置等（图4.44 为内华达试验场的卫星照片，图中小圆点为爆心投影点的位置）。1995—1996 年，美国就曾利用卫星侦察手段探测到印度正在准备地下核试验。近年来，卫星遥感技术发展很快。商用遥感卫星对地面目标的分辨率已达到 1 米以下，军事侦察卫星分辨率则更高。

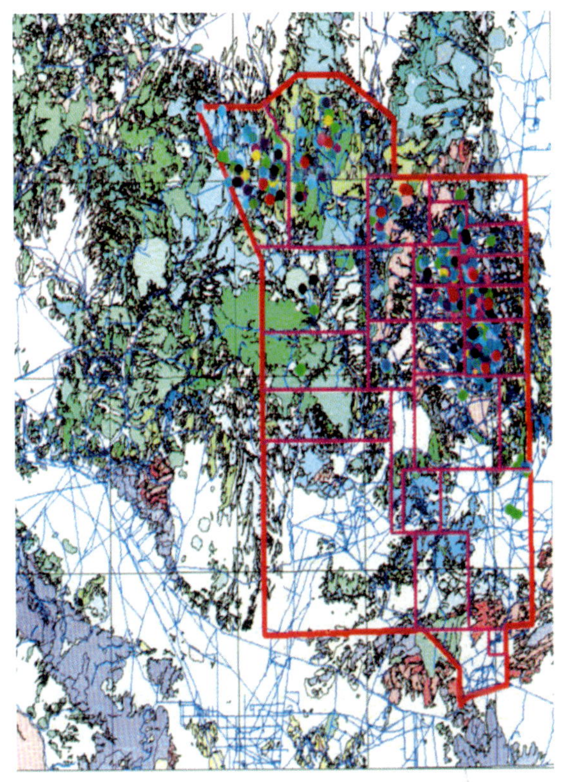
图 4.44　内华达试验场的卫星照片

由于卫星技术及其获取的情报信息在各国都是保密的，难以与其它国家共享，因而在《全面禁止核试验条约》中把它列为国家技术手段。但商用卫星的图像照片可以在市场上买到。

六、《全面禁止核试验条约》规定的核查

1996 年达成的《全面禁止核试验条约》（CTBT），规定了严格的核查体制，应用上述四种监测技术组成国际监测系统（IMS），以监测各成员国是否遵守条约。前面已经讲过，该系统包括布设在全球的 50 个基本地震台站，120 个辅助地震台站，80 个大气放射性核素监测站、60 个次声监测站、11 个水声监测台站和 16 个高水平放射性核素实验室，是有史以来最大的核试验爆炸监测系统（见图 4.45）。

此外，还要建立一个国际数据中心，每天实时处理由 321 个台站通过卫星通信系统传送来的大量数据，并根据成员国的要求向它们发送有关数据。国际数据中心还负责对监测到的各种事件进行初步筛选，并定期向成员国发布事件公报。图 4.46 给出了国际监测系统数据传输的示意图。有的国家还建立了相应国家数据中心，以对感兴趣的数据进行独立的处理和分析。

全面禁止核试验条约至今尚未生效，但签约的核国家仍均维持着暂停核试验的态势。附表 4.4 给出各国最后一次核试验的时间。

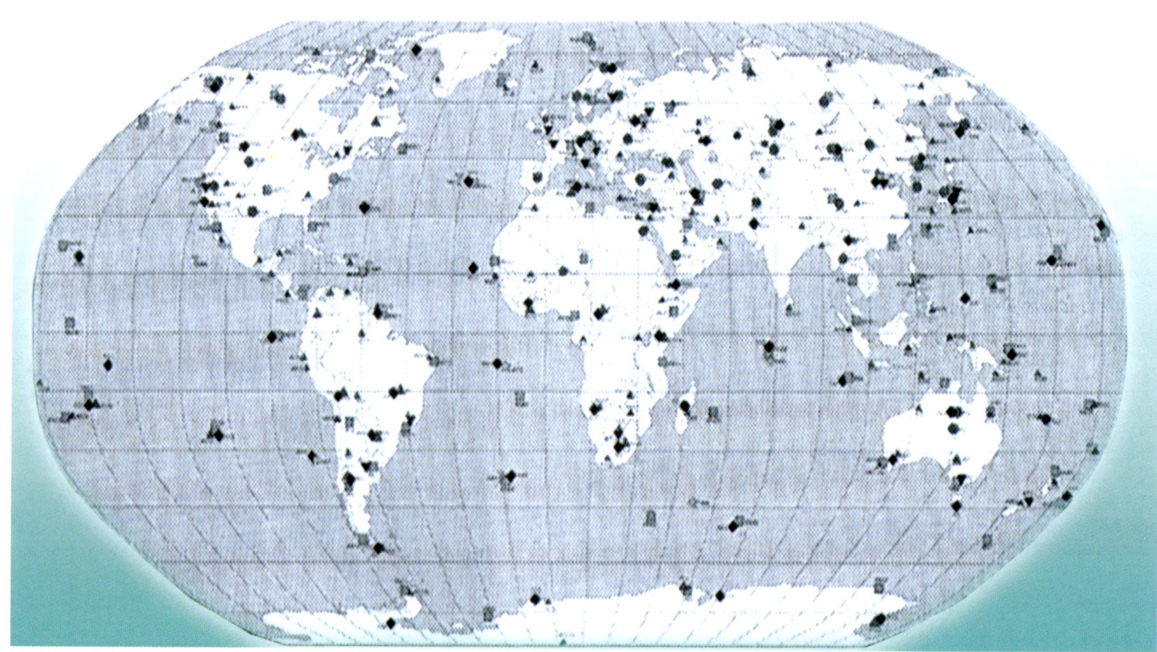

图 4.45　国际监测系统（IMS）布局图

●—地震基本台阵（PS）；▲—地震三分向台站（PS）；●—地震辅助台阵（AS）；▲—地震辅助三分向台站（AS）；★—水声（水听器）台站（HA）；T—水声（T 相）台站（HA）；■—放射性核素台站（RN）；▼—放射性核素实验室（RL）；◆—次声台站（IS）；◉—国际数据中心，CTBTO 筹委会，维也纳

4

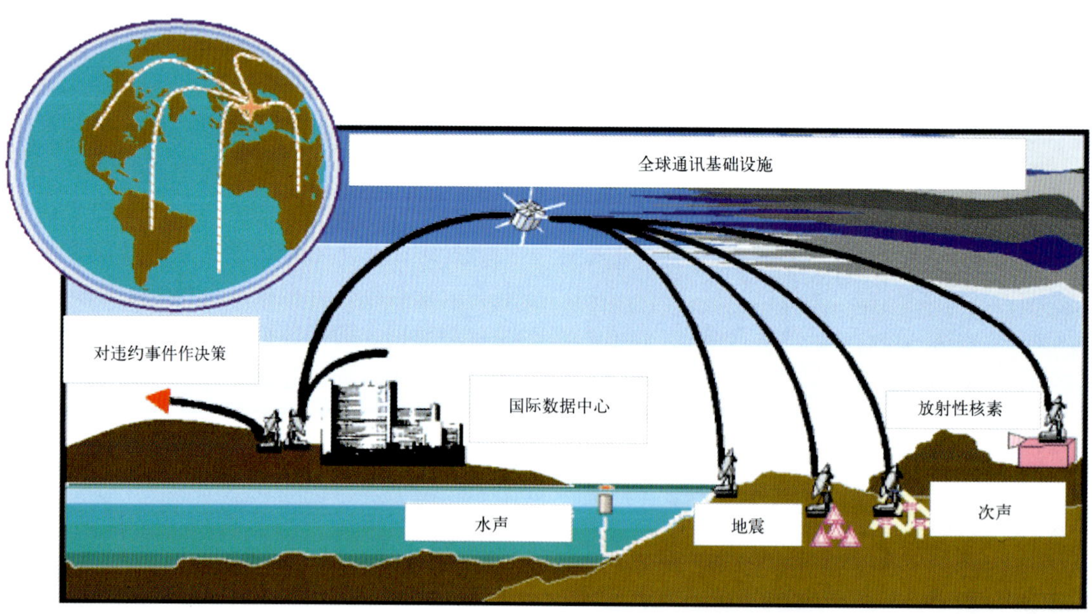

图 4.46　国际监测系统的数据传输示意图

表 4.1 美国自然资源保护委员会统计的1945—1998年间全世界核试验次数

年 份	美 国		苏联/俄罗斯		英 国		法 国		中 国		总 数
	A	U	A	U	A	U	A	U	A	U	
1945	1										1
1946	2										2
1947	0										0
1948	3										3
1949	0		1								1
1950	0		0								0
1951	15	1	2								18
1952	10	0	0		1						11
1953	11	0	5		2						18
1954	6	0	10		0						16
1955	17	1	6		0						24
1956	18	0	9		6						33
1957	27	5	16		7						55
1958	62	15	34		5						116
1959	0	0	0		0						0
1960	0	0	0		0		3				3
1961	0	10	58	1	0		1	1			71
1962	39	57	78	1	0	2	0	1			178
1963	4	43	0	0	0	0	0	3			50
1964	0	45	0	9	0	2	0	3	1		60
1965	0	38	0	14	0	1	0	4	1		58
1966	0	48	0	18	0	0	6	1	3		76
1967	0	42	0	17	0	0	3	0	2		64
1968	0	56	0	17	0	0	5	0	1		79
1969	0	46	0	19	0	0	0	0	1	1	67
1970	0	39	0	16	0	0	8	0	1	0	64
1971	0	24	0	23	0	0	5	0	1	0	53
1972	0	27	0	24	0	0	4	0	2	0	57
1973	0	24	0	17	0	0	6	0	1	0	48
1974	0	22	0	21	0	1	9	0	1	0	55[1)]
1975	0	22	0	19	0	0	0	2	0	1	44
1976	0	20	0	21	0	1	0	5	3	1	51
1977	0	20	0	24	0	0	0	9	1	0	54
1978	0	19	0	31	0	2	0	11	2	1	66
1979	0	15	0	31	0	1	0	10	1	0	58

续 表

年 份	美 国		苏联／俄罗斯		英 国		法 国		中 国		总 数
	A	U	A	U	A	U	A	U	A	U	
1980	0	14	0	24	0	3	0	12	1	0	54
1981	0	16	0	21	0	1	0	12	0	0	50
1982	0	18	0	19	0	1	0	10	0	0	49
1983	0	18	0	25	0	1	0	9	0	0	55
1984	0	18	0	27	0	2	0	8	0	1	57
1985	0	17	0	10	0	1	0	8	0	2	36
1986	0	14	0	0	0	1	0	8	0	2	23
1987	0	14	0	23	0	1	0	8	0	0	47
1988	0	15	0	16	0	0	0	8	0	0	40
1989	0	11	0	7	0	1	0	9	0	1	28
1990	0	8	0	1	0	1	0	6	0	1	18
1991	0	7	0	0	0	1	0	6	0	0	14
1992	0	6	0	0	0	0	0	0	0	2	8
1993	0	0	0	0	0	0	0	0	0	1	1
1994	0	0	0	0	0	0	0	0	0	2	2
1995	0	0	0	0	0	0	0	5	0	2	7
1996	0	0	0	0	0	0	0	1	0	2	3
1997	0	0	0	0	0	0	0	0	0	0	0
1998	0	0	0	0	0	0	0	0	0	0	5 2)
合 计	215	815	219	496	21	24 3)	50	160	23	22	2 051

注：A 表示大气层，U 表示地下。1）包括印度 1974 年的试验。2）见表 4.5，印度和巴基斯坦核试验。3）所有英国地下核试验均在美国内华达核试验场进行。

表 4.2　各国核试验方式统计

国 家	核试验总次数 1)	核爆炸装置总 数	大气层核试验次数	地 下核试验次数	高 空核试验次数	水 下核试验次数
美 国	1 056	1 179	167	839	9	41
苏 联	715	969	209	496	5	5
英 国	45	45	21	24		
法 国	210	210	46	164		
中 国	45	45	23	22		
印 度	4	6		4		
巴基斯坦	2	6		2		
南 非	1	1	1			

1）由于对美国的核试验次数统计有差异，因此本表与上表中的世界核试验总数不同。上述数据均源自国外。

表 4.3 世界各国主要核试验场

国 家	核试验场	经纬度	主要试验方式
中 国	罗布泊	北纬 41°，西经 89°	大气层核试验和地下核试验
美 国	内华达	北纬 37°，西经 116°	大气层核试验和地下核试验
	阿姆奇特卡岛	北纬 51°，东经 179°	大威力地下核试验
	太平洋核试验场	北纬 11°，东经 165°	大气层核试验和水下核试验
苏 联[1]	塞米巴拉金斯克	北纬 50°，东经 80°	大气层核试验和地下核试验
	新地岛	北纬 75°，东经 55°	大气层核试验和大威力地下核试验
英 国[2]	圣诞岛	北纬 12°，东经 157°	大气层核试验
	澳大利亚空爆核试验场	南纬 20°，东经 115°	大气层核试验
法 国	阿尔及利亚核试验场	北纬 27°，东经 0°	大气层核试验和地下核试验
	南太平洋波利尼西亚	南纬 23°，西经 139°	大气层核试验和地下核试验
印 度	波卡兰	北纬 26°，东经 71°	地下核试验
巴基斯坦	贾盖	北纬 28.8°，东经 64°	地下核试验

1）苏联解体后，俄罗斯成为独联体中惟一拥有核武器的国家，塞米巴拉金斯克核试验场被关闭归哈萨克斯坦国所有，新地岛核试验场归俄罗斯所有。

2）英国全部地下核试验都在美国内华达试验场进行。

表 4.4 各国最后一次核试验时间

国家	时间
苏联／俄罗斯	1990.10.24
英 国	1991.11.26
美 国	1992.9.23
法 国	1996.1.27
中 国	1996.7.29
印 度	1998.5.13
巴基斯坦	1998.5.30

表 4.5 美自然资源保护委员会公布的印巴核试验情况

日 期	时 间	位 置	威 力（kt TNT 当量）
印度核试验			
1974.5.18	02:34:55	27.095N 71.752E	2~5
1988.5.11	10:13:44	27.078N 71.719E	12[1]（9~16）
1998.5.11	10:13		见表注 1）
1998.5.13	06:51		见表注 2）
巴基斯坦核试验			
1998.5.28	10:16:17	28.830N 64.950E	9[3]（6~13）
1998.5.30	06:54:06	28.495N 63.781E	4（2~8）

1）印政府宣布同时爆炸三个装置，二个相距 1 km，第三个距离 2.2 km，计作两次试验。

2）印度政府宣布同时爆炸两个装置，威力分别是0.2和0.6千吨梯恩梯当量，但世界各国地震站均未记录到地震信号，计作一次试验。

3）巴政府宣布同时爆炸五个装置，地震记录未能区分这些爆炸，计作一次试验。

第五章

核武器毁伤作用与防护

自第二次世界大战以来，尽管有战争狂人，曾多次阴谋使用核武器，但慑于世界和平的力量和核战争可怕的后果，终究不敢冒天下之大不韪而没有付诸实施，赢得了半个多世纪的“恐怖的和平”。然而，这并不是说，战争狂人不想用核武器来达到称霸世界的目的。为此，需要了解核武器在战争中使用的有关问题。从另一方面来说，掌握了核武器的使用规律，一旦战争狂人发动了核战争，也可以采取防护措施，减轻其杀伤破坏作用。本章将向读者介绍人们非常关心的一些问题。核武器究竟具有哪些杀伤、破坏因素？每一种因素的杀伤、破坏力如何？采取什么样的方法和防护措施，可以避免或减小它的危害？

第一节 核爆炸发展过程及景象

核爆炸发展过程与炸药爆炸有相同之处，都是在极短的时间和有限的空间内释放出非常大的能量，但核爆炸要比炸药爆炸猛烈得多，一般是在几微秒（百万分之一秒）的时间内完成的，而且释放的巨大能量集中在很小的空间中。如此快速地释放出这么巨大的能量，其结果是在大气层核爆炸的瞬间，会出现第一个可以看得见的景象——闪光。它很像雷雨天气中的闪电，但比闪电强得多，且一闪即逝。爆炸威力几十万吨梯恩梯当量以下的爆炸，这种闪光可在距爆点百余千米范围内看到，大威力的氢弹爆炸时闪光传播距离可达几百千米，如果是在夜间，范围将会更大些。

当核反应过程结束后，便产生了由空气和气态武器残骸组成的、温度高达数千万度、压力高达上千万个大气压的高温、高压气团。这时，气团表面将出现第一个高温值。空中核爆炸时，这气团不断翻滚且迅猛向外膨胀，同时发射出不可见的X光。X光被爆点周围空气吸收后，使得这层空气非常炽热，其结果是在原高温、高压气团的外层，形成一个不断膨胀又可发光的更大气团，这便是人们比喻为“比一千个太阳还要亮”的火球(图5.1)。形成光辐射的火球继续加热外层空气，但其过程逐渐变慢，温度也逐渐下降。与此同时，冲击波阵面对来自火球内部的高温辐射的屏蔽作用越来越弱，从而火球内部的高温热辐射又逐渐透出来，气团表面又一次出现高温值。因此，在火球发展的整个过程中，其表面温度会出现两个极大值，即所谓核爆炸火球的“双峰”现象，亦即“亮－暗－亮”现象，这是核爆炸特殊现象之一。

空爆时，最初的火球一般呈圆球形（见图

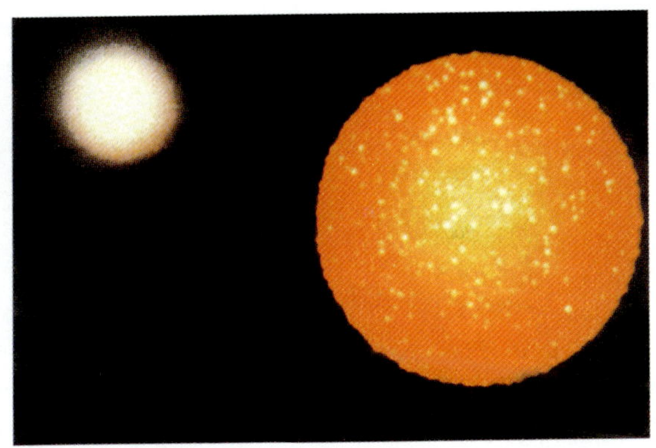
图 5.1 中国首次氢弹空爆试验的火球（左上方亮点为太阳）

5.1)，但在后期，由于上升过程中，上半部受到空气的阻挡，下半部受到被地面反射回来的冲击波压缩作用，形成了下半部向上凹的“馒头”形状；地面爆炸时，火球自始至终是半球形状（图 5.2)。

图 5.2 地爆火球

火球的发光时间和尺寸与爆炸威力有关，表 5.1 中给出了它们之间的关系。

火球膨胀与热辐射减弱的同时，高压气团仍然以雷霆万钧之势，迅速地向四周膨胀并压缩空气，形成了以超声速向外传播的气浪——冲击波。当冲击波遇到地面时遭到反射，形成反射冲击波，并继续向外传播，其强度逐渐减弱成声波直至消失。

由于火球内部的温度很高，所有卷入到它里面的物质，都将被汽化。随着火球温度下降，汽化物质与爆炸产物相混合，逐渐凝结成大小不一的放射性小颗粒。它们便组成了放射性烟云。烟云形成初期，由于其内部温度很高，因此，会形成上下翻滚的涡旋运动，并在热力作用下很快上升，体积也不断变大。地面爆炸时，大量土壤等物质卷入其中，使得烟云颜色深暗。烟云上升的同时，强烈的抽吸和冲击波触地反射作用产生的暗灰色的粗大尘柱，一开始便与烟云相接并一起上升，形成典型的“蘑菇云”（图 5.3)。空爆时，由于没有土壤卷入其中，烟云呈灰白色或棕褐色，地面卷起的尘柱（见图 5.4 中底部深颜色部分）一般不能够和烟云相接。

表 5.1 火球发光时间和最大半径与爆炸威力的关系

爆炸威力（kt TNT 当量）	1	10	100	1 000	10 000
发光时间（s）	0.69	1.81	4.77	12.56	33.03
最大半径（m）	74	170	388	890	2 038

核爆炸烟云经过一段时间后便不再上升，称为“稳定烟云”。烟云稳定时的大小，与爆炸威力、爆炸高度和气象条件等有关。例如，爆炸威力 2 万吨梯恩梯当量的地面爆炸，稳定烟云的顶高约为 10 千米，100 万吨梯恩梯当量时，可达 20 千米左右。

核爆炸与炸药爆炸比较，还有一个独有的特点，那便是“核”辐射。从核爆炸一开始，核反应过程就向外放出 α、β 和 γ 射线以及中子。这些看不见摸不着的射线中，γ 射线在空气中能传播较远距离，中子也能穿透一些物质。爆后

图 5.3 地爆蘑菇状烟云

5

图 5.4　空中爆炸蘑菇云

5

十几秒内出现的中子和γ射线，通常称为“早期核辐射”。由于它们能穿透物体，有时也称为“贯穿辐射”。

装入核武器中的裂变材料，不可能完全被利用。也就是说核反应过程中，裂变材料不可能全部参加裂变，总有一部分剩余下来。剩下来的裂变材料和裂变反应产生裂变产物都会向外发射各种射线。这部分核辐射，将在爆后持续相当长的一段时间，通常称为“剩余辐射”。

核爆炸过程中，伴随核爆炸γ射线产生的，还有一种对人员不会造成较大伤害，但对指挥、通信、计算机和信息系统可能造成破坏和干扰的因素，那便是“核电磁脉冲”。

大气层核爆炸还会出现其他现象。例如，放在地面上的核装置爆炸时，它所产生的高温、高压，可以把地面上大量的岩石、泥土以及其他物质化为气体并把它们卷入火球。汽化物质凝结后，形成粗壮、暗灰色的尘埃烟云（图5.5）。

图 5.5　近地面爆炸形成的尘埃云

空中爆炸（特别是在水表面上空爆炸）时，如果爆点上方空气中的水蒸气接近于饱和状态，那么，在冲击波非压缩区作用下，爆后很短时间内（“蘑菇”烟云没有出现前），在爆点垂直上方某高度上，会形成向四周迅速扩展的冷凝云。大威力爆炸产生的放射性烟云，还会穿过冷凝云云层。图 5.6 是美国 1946 年在比基尼岛进行的代号“有才干的人”试验形成的“礼帽”状烟云。该次试验爆炸威力为几万吨梯恩梯当量，爆炸高度约 160 米。图中中间突出的是放射性烟云，圆环是冷凝云。

近地面爆炸或浅地下爆炸时，可以形成弹

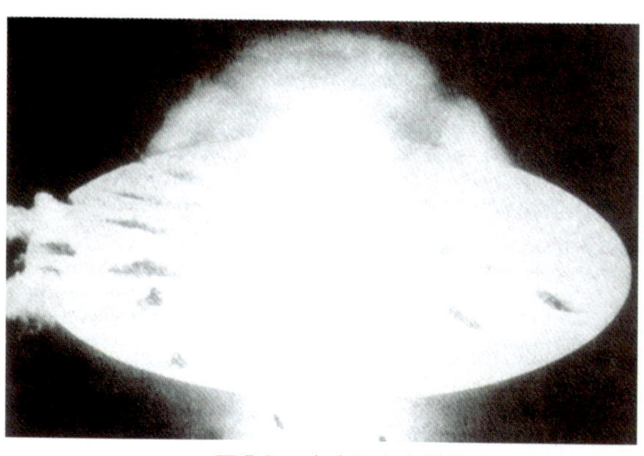

图 5.6　水表面上空核爆炸形成的冷凝云

坑。第四章中介绍的美国进行的“轿车”地下核试验，爆炸威力为10万吨梯恩梯当量，埋深195米。爆后产生的弹坑深度约100米，直径约370米，弹坑体积约为5.2百万立方米，1千多万吨的冲积土壤被移位。这些土壤可筑成长2千米，高度和宽度各为50米的水库堤坝。因此近地面爆炸或浅埋地下爆炸，在战时可以用于阻塞敌方的行动路线；在核爆炸的和平利用中，可以用于开挖运河或拦河筑坝。

水中爆炸时也可以形成火球，但它比同威力的空中爆炸火球小些。火球在水中形成迅速膨胀、上浮的高温高压气泡，及水中冲击波。当气泡上浮到水面时，喷发出大量蒸汽并形成巨大水柱，稳定后形成菜花状烟云。图5.7是美国“面包师”浅水下爆炸形成的烟云。爆炸威力为2万吨梯恩梯当量，爆点在水下约30米处。爆后烟云高约2 000米，最大直径约为600米，大约有1百万吨重的水被卷入柱中，照片中云柱内的水已开始回降。

图5.7　美国代号为“面包师”浅层水下爆炸形成的菜花状烟云

浅水下爆炸中，当大量被吸进云柱内的水回降到水面时，便形成了一股巨浪（或云雾）。这个圆饼状的云雾，最初围绕在云柱根部（见图5.7），然后离开圆柱很快向外运动，形成了所谓的“基浪”。图5.8与图5.7是同一次试验，“基浪”在爆后10秒左右形成，菜花状云雾达到270米，4分钟时宽度约5.6千米，高度达500多米。基浪实际上是一股稠密的水滴云，它在向外运动的过程中，不断上升，几分钟后就会与放射性烟云、空中自然云彩混合在一起。

图5.8　浅水下核爆炸后基浪的发展情况

外层空间或高空核爆炸，由于高空大气密度不到地面的十万分之一，所以爆炸产生的能量分配与空中爆炸时有很大的差别。光辐射能量占爆炸总能量的百分比，随爆炸高度的增加而逐渐增大。这样，爆炸形成的火球尺寸、发展和上升速度都要比空爆时大得多。爆炸景象和一般空爆也有很大的差异。有时会在爆点以下，距地面60至80千米高度上形成圆饼状火球，还伴有多种地球物理效应，例如产生人造极光、人造辐射带等。图5.9是美国在约翰斯顿岛上空约80千米高度，威力为百万吨梯恩梯当

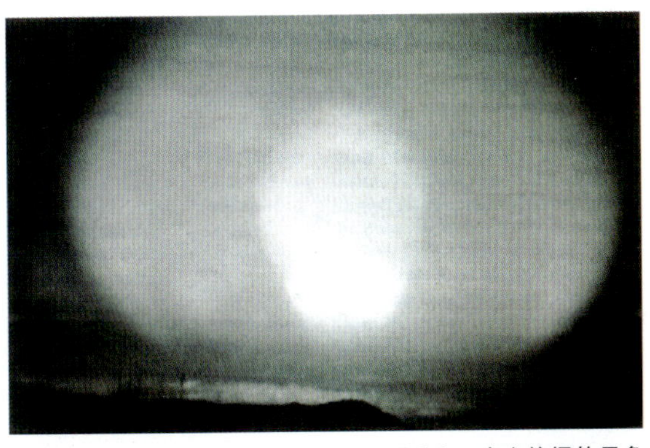

图5.9　高空核爆炸景象

量爆炸后形成的火球。它是从夏威夷岛（离爆心投影点1 200多千米）拍摄的。图中明亮部分是火球，它的尺寸增长很快，0.3 秒时直径已达18千米左右，3.5 秒时可增加到29千米，最初上升速度约每秒1.6千米。火球周围隐约可见的球形发光部分是一个红而明亮的球形波。

第二节 核武器的毁伤效应

核武器的大规模杀伤、破坏作用，主要是光辐射、冲击波、早期核辐射、核电磁脉冲和放射性沾染等杀伤破坏因素造成的。

一、比太阳还亮的光辐射

德国作家罗伯特·容克，写了一本介绍参加美国制造首批原子弹的科学家事迹的书，书名为“比一千个太阳还亮”，这就是对核爆炸火球来说的。的确，核爆炸初期的火球，要比太阳亮千、万倍，眼睛不敢直接看它，只有戴上专用的防护眼镜，才能认识它的“庐山真面目”。即使火球发展到了后期，其内部仍然像炼钢炉中的钢水一样上下翻滚。正是由于它具有这样高的温度，才使它在整个发展过程中，不断地发出光和热，形成了核武器重要毁伤因素之一的“光辐射”。

对光（热）辐射人们并不陌生。寒冷季节的野外，利用烤火取暖，靠的就是热辐射这一特性。核爆炸火球这一巨大光源，是造成光辐射危害的根源。

光辐射在大气中的传播有三个特点：

（1）它能像太阳光一样直线传播，照射到无任何遮拦的物体上，但不透明的物体，则对它有遮蔽的作用。由于光的传播速度高（约30万千米/秒），其损伤作用可以认为在爆炸瞬间便开始了。

（2）它的强度随着距离的增加很快地减弱。传播中其能量会被大气中的各种气体分子、尘埃和其他杂质吸收和散射。特别是云层、雨滴和雪花等，对光辐射的削弱更为强烈。

（3）以热脉冲形式向外辐射，其持续的时间不长。

光辐射的强度是用光冲量来表示的。它是指核爆炸火球在整个发光过程中，投射到垂直于光辐射传播方向的受照物体单位面积上的总能量，单位为焦耳/厘米^2 (J/cm^2)。

受照物体所接受的光冲量，与爆炸总威力、爆炸高度、离爆点的距离，以及所经路程的大气状态有关。

爆炸高度对光冲量的影响很大。地爆时，由于近地面大气中含有大量的尘土、气溶胶粒子和水汽等，光辐射会受到这些微粒的吸收和散射，会使某一距离的光冲量大大减弱；空爆时，离地面一定高度大气中所含的尘土较少，对光辐射的削弱作用较小。在相同爆炸威力情况下，距爆心投影点10千米范围内的同一距离上，空爆时的光冲量数值比地爆时可大2~3倍。

对光冲量影响最大的是天气状况。这和白天太阳辐射受天气影响一样，炎热的夏天，当空中出现云彩遮住太阳光时，人们会感到凉爽得多，相反，万里无云时会感到非常炎热。晴朗天气下的核爆炸，产生的光冲量会强得多，而在降水或云、雾茫茫的天气下，光冲量会大大地减小。

高低不平的地形、山冈和土丘等都可以挡

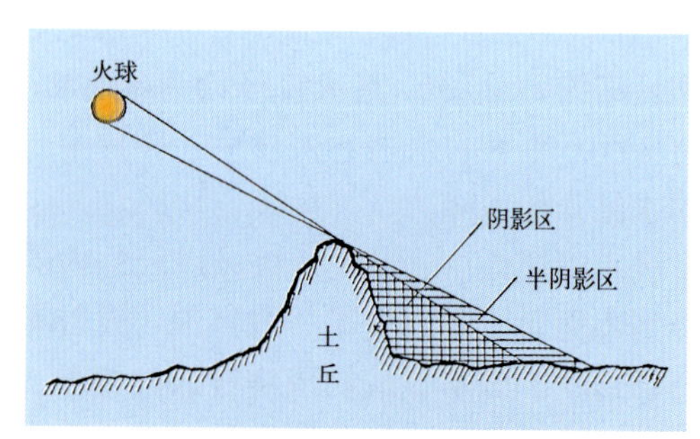

图 5.10　地形对光辐射影响示意图

住光辐射，造成阴影区和半阴影区（图5.10）。在阴影区内，只有少量的散射光进入，但在迎光的山坡处，光冲量会有所加强。

光辐射是引起人员烧伤，造成武器装备、物资器材和其他易燃物体燃烧的主要原因。从日本广岛、长崎遭核袭击的后果看，它也是引起城市火灾的重要因素。

物体受光辐射毁坏的程度受多种因素的影响。首先取决于光冲量大小，其次是物体的燃（熔）点和颜色，再者也和光辐射的入射角有关。当物体表面与光辐射传播方向垂直时，照射到物体单位面积上的能量最大，其破坏程度最严重。

物体在光辐射作用下，达到一定的光冲量时才会着火燃烧。引起物体燃烧的光冲量值，称为物体的燃烧阈值。不同物体的燃烧阈值是不一样的。

（一）光辐射对人员的烧伤

光辐射对人员的烧伤，就像火灾中受到的伤害一样，主要是对皮肤的烧伤。只是核爆炸的其他毁伤因素也有可能引起火灾，例如，冲击波将燃烧器具翻倒引起火灾而造成人员的烧伤。因此，核爆炸光辐射对人员的烧伤，可分为直接烧伤和间接烧伤两种。

皮肤直接吸收热辐射引起的伤害，称为直接烧伤。例如，没有任何遮挡的人员在光辐射下所受到的损伤。直接烧伤又称为“闪光烧伤”。其特点是，烧伤多发生于朝向爆炸火球一侧的暴露部位，而且烧伤与未烧伤部位的界线非常清楚。图5.11是广岛离爆心投影点约2千米的露天人员被烧伤的照片。右图是帽子摘掉的情况，可以明显地看出，额头没有烧伤，帽子起到很好的保护作用。

火灾或其他燃烧的物体造成的皮肤伤害，称为间接烧伤。在核袭击的情况下，室内人员尽管可以避开光辐射的直接伤害，但燃烧的房屋倒塌后，无法逃出的人员，往往会受到火灾的间接伤害。

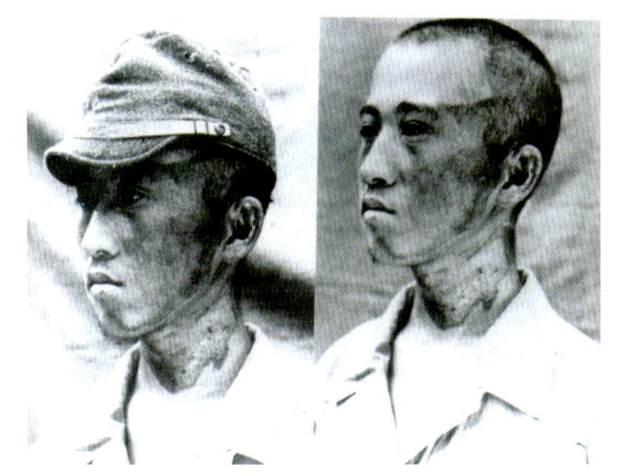

图5.11　光辐射引起的烧伤

光辐射对人员除了造成皮肤烧伤外，还可以引起眼底烧伤和呼吸道烧伤。

人员不戴专用防护眼镜，直接观看火球时，由于眼球的聚焦作用，会造成眼底烧伤。造成这一伤害的光冲量值，约为0.42焦耳/厘米^2。威力百万吨梯恩梯当量的空中爆炸，对地面人员眼底烧伤的距离，可达60千米左右。由于空中尘埃和其他杂质比地面少，光冲量传播得更远些，因此，它对空中飞行员的伤害距离将更大些。在核试验现场，为了确保投弹飞行员的安全，都是将弹头系上降落伞以减慢下降速度，增加弹头在空中的停留时间。眼底烧伤的症状是怕光、流泪、剧烈疼痛和视力下降等。

处在被核爆炸加热了的空气中的人员，吸入炽热空气后，会造成呼吸道烧伤。这种情况，就像火灾中被困在房间内的人员所受到的损伤一样。严重的呼吸道烧伤，会造成呼吸困难，出现肺水肿，甚至窒息而死。

光辐射对人员烧伤的伤情，是按照对烧伤面积、烧伤深度、被烧伤部位，和全身症状等因素的综合判断来划分的。各个国家的伤情划分不一样，我国将光辐射的烧伤分为轻度、中度、重度和极重度四个等级。各个等级伤情的症状和所需光冲量值如表5.2。

光辐射对人员烧伤的各级伤情的损伤半径，是根据相应的光冲量值来确定的。不同爆炸威力下处于旷野中无防护人员的烧伤半径如表5.7。

表 5.2　皮肤烧伤的伤情分级和光冲量值

（单位：J/cm²）

伤情等级	轻度	中度	重度	极重度
症状	皮肤发红，有剧痛感，不影响战斗力	烧到真皮中部，皮肤起水泡、红肿，可能影响战斗力	烧到真皮底，皮肤溃烂，易发生休克，严重影响战斗力	烧到皮下组织，组织坏死，呼吸道严重烧伤，立刻失去战斗力
光冲量值	21 ~ 63	63 ~ 125	125 ~ 210	>210

（二）光辐射对武器装备的破坏

光辐射对位于离爆点较近的武器装备和军需物资，例如对装甲车辆、飞机、火炮和运输车辆，以及被服装具等，能造成一定的损坏。

尽管装甲车辆有坚固的装甲防护和密封性能，光辐射无法直接损伤车内的乘员和设备，但它有可能使车辆外面的帆布制品、油漆、导线烧坏，或使水箱、机油散热器烧坏，严重时可影响正常使用。

飞机座舱内的盲目罩布、枕垫容易被灼焦或燃烧，座舱的有机玻璃容易被薰黑，甚至局部烤熔起泡，影响飞机的作战使用，严重时会被烧毁（图 5.12）。一般情况下，光辐射对飞机座舱的烧损范围，要比冲击波对飞机蒙皮的破坏范围大。

运输车辆中的篷布、座垫、靠背和车厢拦板，容易被光辐射烤焦或烧着。图 5.13 是光辐射将汽车内的装饰物引燃，并使火蔓延到车外的情况。放在车上或其附近没有遮掩的油棉纱、擦车布等，更是招来车辆燃烧的罪魁祸首。

各种各样的被服装具，在强烈的光辐射作用下，都能够被损坏。光辐射弱时，可以使材料发硬、变形和灼焦，影响使用性能；光辐射强时会引起燃烧，燃烧阈值与被服装具的材料有关。草绿棉斜纹布单军服的燃烧阈值为 42 ~ 59 焦耳 / 厘米²，而漂白棉斜纹布单军服为 54 ~ 71 焦耳 / 厘米²。

图 5.12　飞机被光辐射烧毁

图 5.13　光辐射引起的汽车燃烧

（三）光辐射引起的城市火灾

城市中的普通火灾，往往是由于明火点燃，或电器设备受到破坏引起的。它涉及到的范围比较小，不容易蔓延，容易扑灭。而核爆炸光辐射造成的城市火灾，其特点是起火点多，容易蔓延，一旦成灾，面积大且难以扑灭。

核爆炸造成城市火灾的原因，一是一些容易燃烧的物质，在光辐射作用下引起的直接燃烧；二是一些燃烧器具被破坏后引起的间接燃烧。如工厂中燃烧的火炉被冲击波翻倒，电线短路，燃气管道破裂等引起的燃烧。由于城市建筑物密集，一旦火灾形成后，就极容易蔓延。当建筑物间隔在 10 米以内时，相邻建筑物起火的可能性达 70%，随着间距的增大，起火的可能性会减小。

日本广岛、长崎遭核袭击后，都形成了大范围的火灾，但两城市的火灾情况大不一样。广岛地形平坦，遭核袭击前 20 多天没有下雨，物体和建筑物干燥。离爆心投影点 2 千米的范围内，建筑物密集，公用设施中的电、煤气管道和交通四通发达。所以，广岛在遭袭击后 20 分钟，发生了“火灾暴风雨”，形成了几乎以爆心投影点为圆心的烧毁圆面。风从四面八方吹向城内的燃烧区域，爆后 2 ~ 3 小时，最高风速达

图 5.14　广岛建筑物被烧毁情况

到了每小时50 ~65千米，大风中伴有降雨。距爆心投影点 1.8 千米处，烧毁的房屋达 52%，2.4 千米处仍达5%，被火灾严重损坏的总面积大约为12平方千米。图5.14 是日本广岛离爆心投影点 900 米的建筑物，冲击波破坏了窗户和百叶窗，剥掉了墙皮和顶棚，火灾蔓延则使房屋被烧毁。

长崎市是一海港，建筑物依山建于狭长的峡谷中，地形起伏。袭击当天云雾较大，能见度不好，加上实际爆点下方为丘陵地区，建筑物较少。因此，尽管爆炸威力大于广岛，但形成的火灾比广岛轻，没有形成“火灾暴风雨”。被大火严重烧损的面积，仅为广岛的四分之一左右，约3 平方千米。离爆心投影点1.8千米处，烧毁的房屋约占 42% 左右。

二、势如飓风的冲击波

人们说到飓风，眼前便会出现山崩海啸、房倒屋塌的悲惨景象。的确，风速大于 33 米 / 秒的飓风，它的肆虐会给人们的生命财产造成了巨大的威胁和损失。尽管如此，飓风相对于核爆炸产生的最初速度高达每秒数千米的冲击波来说，简直就是“小巫见大巫”了。那么，什么是冲击波呢？

有人将冲击波比拟为气浪，实际上它是一种传播速度大大超过声音速度（340 米 / 秒）的波动。由于它在传播的过程中逐渐地损失能量，其波形和峰值会随距离而减弱。到达某一地点上的冲击波波形，可以用图 5.15 来说明。图中 o 点为冲击波阵面，p_0为冲击波没有到达时该地点周围的大气压力，Δp 为超压。oa 为正压区，又称为压缩区。ab 为负压区，又称为稀疏区。t_+、t_-为正压、负压作用时间。

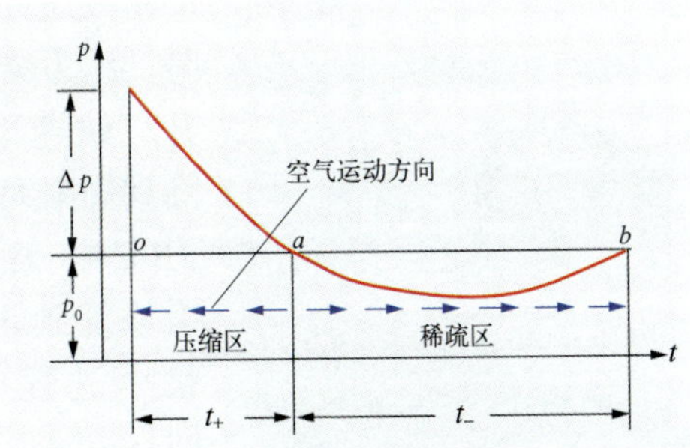

图 5.15　空间固定点上冲击波压力、空气运动方向随时间的变化

上图看起来难懂，但结合图5.16的描述，便可以形象地了解到冲击波通过某一地点时的变化情况。核爆炸的地点在图中的右方。图 5.16 中的 1 是冲击波没有到达时（相应于图 5.15 中 o 点左边）的情况，一座轻型建筑物和一颗纹丝不动的树，树下站着一只怡然自得的小狗。图 5.16 中的 2 是冲击波到达时（相应于图 5.15 中压缩区）的情况。这时，该点空气压力突然升高，并有一股强劲的风，从爆点方向吹来，树被吹歪，小狗被抛掷撞到墙上。图 5.16中的3相应于图5.15中 a 点。由于冲击波阵面的后面，该点空气压力迅速下降到原来的大气压，所以，树又静止了。图 5.16 中的 4，相应于图 5.15 中稀疏区。这时，该点空气压力下降到低于周围的大气压，在这一区域内，瞬时风的方向与压缩区内相反，是朝着爆点方向吹的。图中可以看到，在压缩区内时被吹到建筑物左边的小狗，又被吹回碰撞到墙壁上。图 5.16中的5，相应于图 5.15 中 b 点，冲击波已经通过，该点又恢复到原来的大气压状态，树又处于静止，但建筑

图 5.16 冲击波通过地面固定点时对建筑物引起的效应

物和树已经遭到严重破坏，小狗这类动物，经过冲击波压缩区和稀疏区内两次冲击，很可能无法劫后余生了。

上面描述的冲击波通过某点时，压力突然上升、快速下降，降到周围大气压力以下，直至压力恢复到正常，整个过程的时间，实际上是很短促的。冲击波压缩区（*oa* 段）内的正压作用时间（t_+），一般在十分之几秒到几秒。冲击波稀疏区（*ab* 段）内的负压作用时间（t_-)，要比正压作用时间长些，一般为几秒至几十秒，二者都与爆炸威力和距离有关。

冲击波超压和动压的单位为帕（Pa），习惯上用千帕（kPa）表示。有时也用千克力 / 厘米^2（kgf/cm^2)，1 千克力 / 厘米^2= 98 千帕。

冲击波的超压值，随距离的增加很快地减小。例如，爆炸威力为 2 万吨梯恩梯当量的空中爆炸，距爆心投影点500 米处，超压约为143 千帕，3 000 米处降低到近 1/12，约为 12 千帕。

地形、地物对冲击波的传播会产生很大影响。一般在山丘的迎坡面（前坡）上，冲击波要发生反射而使超压值增加，坡度越大其值增强越厉害；背坡面上则相反，超压要减弱，形成一个减压区。30° 的迎面山坡可使超压增加一倍左右，背坡面的减压区内，可减弱 70% 左右。但在高地、土丘后一定距离上，冲击波会汇集在一起，形成一个增压区。图 5.17 是冲击波绕过地物时压力变化情况示意图。

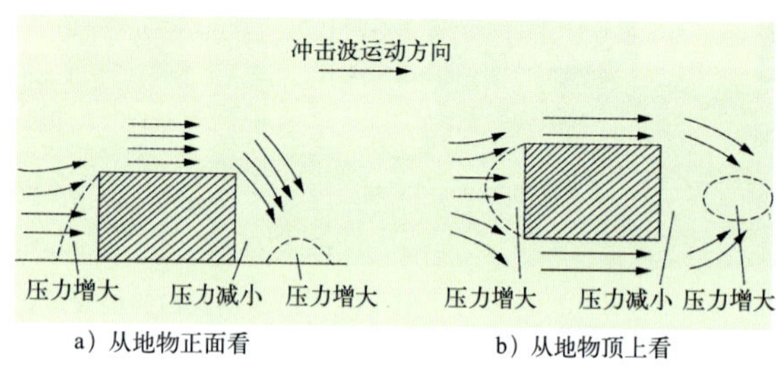

a）从地物正面看　　b）从地物顶上看

图 5.17 冲击波绕过地物时压力变化情况

气象因素中的风场和温度，对超压小于 10 千帕的弱冲击波传播的影响不可忽略。当大气温度和风场随高度逐渐增加时，特别是出现非常强的逆温时，会产生所谓的冲击波“聚焦”现象，超压可增加几倍甚至几十倍。聚焦现象在核试验场并非少见。例如，一次 200 多万吨梯恩梯当量的空中爆炸，在爆心投影点西面七八十千米处，只听到很小的爆炸声，而在西北约 270 千米的地区，却听到巨大的响声，有些门窗玻璃被震碎，门的插销被拔起。冲击波的聚焦现象，可以扩大其破坏范围，特别是对空中的飞行物，诸如投弹飞机，可能构成严重威胁。在核试验现场，为了确保投弹飞机的安全，对试验中的气象条件都有严格的要求，以免出现空中聚焦现象。

冲击波对物体的破坏，主要决定于其超压、动压和正压作用时间。超压表现为对物体的挤压作用，动压则表现为对物体一侧的冲击作用。一般情况下，物体是同时在这两种作用下遭到破坏的。

（一）冲击波对人员的损伤

一般说来，人体能够承受较大的空气压力和水的压力。但是，要有一定条件，那便是压力必须慢慢地增加，使人体逐渐适应高压环境。譬如，人员缓慢地潜入超过 100 千帕的 10 多米深的水中时，仍然可以承受。可是，如果快速地下降到这一深处，人是受不了的，甚至有可能因为压力的急剧增加而死亡。核爆炸冲击波作用于人体的时间极其短促，其危害是可想而知的。

冲击波的超压和动压，都能对人体造成伤害。超压的伤害，就像前面说的，主要是人体突然受高压的作用，引起生理组织的机械性损伤。人体器官容易受到超压损伤的有耳鼓膜、肺、肠道和心血管等。动压的伤害，就像被高速行进的汽车撞击后一样，主要是人体被撞击和抛掷引起的损伤。

冲击波对人员的损伤，称为冲击伤。其损伤等级和光辐射一样，分为轻度、中度、重度和极重度四级。

造成轻度冲击伤的超压值约为25千帕。这一伤情下，人会感觉到暂时性的耳鸣和听力下降，头昏、头痛、有紧张感等。通常不需要特殊治疗会恢复。

引起中度冲击伤的超压值约为44千帕。受到这伤害，人会有较明显的耳痛、耳鸣、听力减退、轻度肺出血、胸痛、胸闷、短时间不省人事等。

发生重度冲击伤的超压值约为78千帕。这一伤情下，人会出现休克、昏迷、气胸或呼吸困难等。在及时治疗下，60%~80%的受伤人员可以康复。

超压值大于98千帕(约为一个大气压)时，会造成极重度冲击伤。受到这一等级伤害的人员，大部分当场死亡，即使经过及时和精心的治疗，也只有极少数伤员可以治好。

不同爆炸威力和爆炸方式下，冲击波对无防护的地面暴露人员的损伤半径如表5.7。

(二)冲击波对武器装备的破坏

核爆炸对武器装备中的装甲车辆、各种火炮和舰艇的破坏，主要是冲击波超压和动压的作用。

武器装备破坏程度，分为轻微破坏、中等破坏和严重破坏三个等级，其划分原则如表5.3的叙述。

表5.3 武器装备破坏等级划分原则

破坏等级	划分原则
轻微破坏	一般不影响使用，或经短时间的检修后即可使用
中等破坏	暂时不能使用，需经修理分队特修后才能使用
严重破坏	不能使用，需经大修厂特修后才能使用，或无修复价值

装甲车辆，具有坚固的装甲防护和良好的密封性，但当冲击波动压达到约10千帕，超压达到40千帕以上时，车外的翼板、天线、照明装置和高射机枪会遭到破坏。地爆时在爆点附近，低空爆时在离爆心投影点距离等于爆炸高度的区域内，破坏最为严重。例如，一次威力200多万吨梯恩梯当量的低空爆炸中，距爆心投影点1.24千米的中型坦克，在260千帕的动压作用下，抛出19.6米，车辆翻倒，炮塔脱落，遭到严重破坏（图5.18）。

图5.18 五九式中型坦克遭动压严重破坏

不同爆炸威力和爆炸方式下，坦克的破坏半径见表5.4。

飞机是最容易受到冲击波破坏的装备之一，

表5.4 武器装备的破坏半径

(单位：km)

威力（kt TNT当量）		20		100	
爆炸方式		地爆	低空爆	地爆	低空爆
坦克	严重	0.56	0.48	0.98	0.85
	中等	0.68	0.64	1.20	1.17
	轻微	1.16	1.25	1.98	2.13
飞机	严重	1.08	1.18	1.85	2.00
	中等	1.25	1.35	2.15	2.35
	轻微	1.56	1.67	2.70	2.90
火炮	严重	0.59	0.51	1.03	0.90
	中等	0.77	0.77	1.34	1.40
	轻微	0.98	1.03	1.69	1.84
舰艇[1)]	严重	0.41	0.43	0.70	0.74
	中等	0.55	0.60	0.94	1.02
	轻微	0.76	0.81	1.30	1.40
载重汽车	严重	0.63	0.57	1.10	1.02
	中等	0.78	0.79	1.37	1.45
	轻微	1.30	1.40	2.45	2.68

1) 舰艇的距离为海里，1海里＝1.852千米。

机身又是飞机最薄弱的部分，只要机身没有受到严重破坏，飞机内部的仪器设备，诸如无线电电子设备、发动机等，一般都不会受到损坏。

冲击波超压，能压陷飞机表面，严重时会使桁、肋和框断裂；冲击波动压，能使飞机位移或转动，严重时可以使机体弯曲变形，甚至发生倒扣。一次威力3万吨梯恩梯当量的空爆中，在距爆心投影点0.8千米处的机窝内斜着停放的一架不大的飞机，在动压作用下翻倒撞坏，左机翼和垂直尾翼折断，遭到严重破坏（图5.19）。

图5.19　飞机在动压作用下倒扣

飞机破坏等级如同装甲车辆一样，也可以分为轻微、中等和严重三等。侧面对着爆心放置的飞机，在不同威力和爆炸方式下的破坏半径见表5.4。

一般情况下，当冲击波动压达到16千帕（相应超压约为67千帕）以上时，可以使中、小口径高射炮遭到中等以上的破坏。威力为250万吨梯恩梯当量低空爆时，在距爆心投影点2.9千米处开阔地面上侧向爆心停放的122毫米榴弹炮，被抛掷50米，左大架折断，右大架变形，左平衡机筒和弹簧被抛出，右车轮变形，遭到了严重破坏的情况（见图5.20）。火炮的破坏半径见表5.4。

图5.20　122 mm 榴弹炮遭动压严重破坏

冲击波对舰艇的破坏，因舰艇的类型、设备结构形式、安装部位的不同而有很大的差别。

美国在比基尼岛曾对军舰“克利敦”号作了试验。试验表明，位于超压70～80千帕处的烟囱被折断，受到了严重破坏（图5.21），位于40千帕左右处的，受到中等破坏，20多千帕处的受到轻微破坏。

舰艇在不同爆炸威力和爆炸方式下的破坏半径如表5.4。

图5.21　美国军舰遭超压破坏

载重汽车和牵引汽车的车头、驾驶室和车厢，以及外露的附属设备等，在冲击波的作用下，极容易变形或折断。当冲击波较强时，还有可能将车辆整体掀翻，特别是侧向爆心投影点置放时，更容易被翻倒。例如，位于超压为34千帕处的两辆卡车，侧身朝向爆心投影点的一辆（图5.22中右边正面），爆后被掀倒。而正对爆心投影点的另一辆（图中左后边），没有被掀倒，只是挡风玻璃被击碎，门与座舱盖被压陷，部分车盖被刮掉。表5.4中给出了载重汽车

图5.22　侧身朝向爆心投影点的卡车被掀倒

5

图 5.23　卡车遭冲击波严重毁坏

在不同破坏等级下的破坏半径值。

值得注意的是，冲击波吹起的砂石，有可能打坏散热器，从而影响汽车的使用。当冲击波很强时，会使汽车翻滚，造成车身撞毁，甚至使底盘、发动机等主要部件损坏。图 5.23 是威力 200 多万吨梯恩梯当量低空爆炸中，距爆心投影点 2.16 千米处的卡车遭严重毁坏的情况。车体被抛出 109 米，发动机脱落，车身毁坏，大梁和前桥严重变形。

(三)冲击波对城市建筑物的破坏

核爆炸产生的冲击波也是破坏城市建筑的重要因素。

城市建筑的破坏程度仍然分为轻微、中等和严重破坏三个等级。轻微破坏，主要是门窗、瓦屋面等薄弱部位有损坏，主要承重结构个别部位出现裂缝，基本上不影响使用；中等破坏，主要是部分承重结构，出现较严重的裂缝或变形，不经过修复不能有效使用；严重破坏，主要是建筑物倒塌或虽然没有倒塌，但主要承重结构，大部分出现严重裂缝或变形，不能使用且失去修复价值。

随着时代的发展，城市现代化程度越来越高，建筑密度越来越大，高层建筑越来越多，与城市建筑相配套的其他建筑设施，也越来越完善。这些建筑设施的破坏，也是核袭击后必须注意的重要方面。表 5.5 给出了一些主要建筑物，不同破坏等级下的超压值。

日本两城市遭核袭击后，各种建筑物都遭受到了严重破坏。调查表明，在爆心投影点附近，小型砖石建筑被冲击波卷走并全部倒塌，一些住宅被毁坏，钢筋结构工业建筑物的屋顶和墙壁被掀掉，电线杆从地面拔起，电线被扯断；离爆心投影点较远的建筑物，内部均被毁坏。建筑物被冲击波破坏后，还将产生大量的砖块、玻璃、金属片和木块等，这些碎片对其他设施，又造成了严重的间接破坏。在广岛，距爆心投影点 2 千米以内的建筑物，被破坏的达到 99%；在长崎，离爆心投影点 2.24 千米以内的住宅全部倒塌，2.55 千米内的建筑物遭到严重破坏，2.7 千米以外的，仍然受到了轻微破坏。两个城市建筑物破坏情况见表 5.6。

表 5.5　城市中主要建筑物的破坏等级超压值

（单位：kPa）

建筑物名称	轻微破坏	中等破坏	严重破坏
金属结构房屋	19.6	29.4	49.0
层数不多的砖房	14.7	24.5	34.3
4～10 层钢筋混凝土建筑	4.9	17.6	38.0
10 层以上钢筋混凝土建筑	3.9	13.7	38.2
热电站	20.0	50.0	100.0
地表水厂	20.0	30.0	40.0

表 5.6　广岛、长崎建筑物破坏情况

城市	建筑物总数	烧毁(%)	全部破坏(%)	严重破坏(%)	总计(%)
广岛	76 327	62.9	5.0	24.0	91.9
长崎	51 000	22.7	2.6	10.8	36.1

20 世纪 40 年代日本的住宅，多为木架土坯结构，抗冲击破坏的能力较差，极易破坏。图 5.24 是广岛离爆心投影点 1.6 千米处，木架建筑物被冲击波破坏的情况。虽然没有被燃烧，但已严重倾斜，属于严重破坏。

市内商业区和工业区的建筑物，多为钢筋混凝土结构，抗冲击波能力较强。但离爆心投影点较近的坚固建筑物，仍受到严重破坏。图 5.26 是广岛离爆心投影点约 210 米处，一幢三

图 5.24　广岛木架建筑物遭冲击波破坏（离爆心投影点 1 600 m）

5

图 5.25　长崎建筑物朝向爆心投影点一面的破坏情况（离爆心投影点 640 m）

图 5.26　广岛钢筋混凝土建筑物破坏情况（离爆心投影点 210 m）

层钢筋混凝土建筑物严重破坏的情况。该建筑物由33厘米厚的砖块砌成，并有大窗户。从图中可见，由于受冲击波超压的垂直作用，楼顶因受压而塌陷。而在较远地区，受超压的水平作用，同样引起建筑物的破坏。图5.25是长崎的建筑物,朝向爆点一面的破坏情况。

广岛和长崎遭到核袭击后的事实说明，烟囱，特别是钢筋混凝土结构的烟囱，具有很大的抗冲击能力。这是由于它的形状，使它仅承受动压的破坏。图5.27是长崎距离爆心投影点810米处，受到严重破坏的工业区内，烟囱没有倒塌的情况。

图 5.27　长崎工业区受到严重破坏（离爆心投影点 810 m）

另外，广岛和长崎也有许多不同类型的桥梁受到了破坏。在大多数情况下，木桥会被烧毁，但钢梁桥受到的破坏较小。图5.28是长崎一座采用钢板梁，并铺有双轨铁路的桥。爆后板梁被挪动约1米，铁轨被扭弯，电车被毁，但电线杆没有倒。

图 5.28　长崎桥梁破坏情况（距离爆心投影点约 260 m）

鉴于国外近来大力发展钻地弹，因此值得提出的是，当采用钻地弹实施浅层地下核爆炸时，产生的地冲击波和地震引起的地运动，是摧毁地下首脑工事、导弹库和发射井等的重要因素。在这种爆炸方式下，位于1.25倍弹坑半径范围内的坚固工事将遭到严重破坏，3倍弹坑半径内的普通地下建筑物或地下管道也将受到不同程度的破坏。

三、看不见的杀伤破坏因素——早期核辐射

核爆炸产生的早期核辐射，又称为“贯穿辐射”。人们虽然看不见它也感觉不到它，但它的主要成分γ射线和中子流，特别是其中的γ射线，却在无声无息中，毁坏物资设备和损伤人员。

早期核辐射中的γ射线，基本上是直线传播的。但它通过空气或其他物质时，会与其中的分子相碰撞而改变其运动方向，即可以产生散

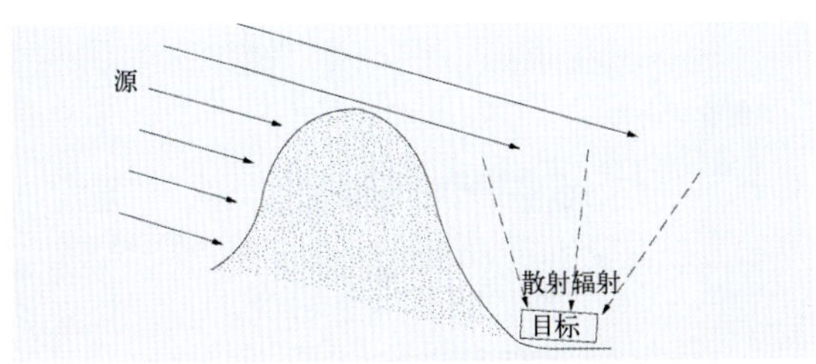

图 5.29　γ射线的散射危害

射。图5.29中，一个位于山丘背面的目标，仍然受到散射辐射的照射（图中虚线所示）。

γ射线对人员的伤害，对物体损伤的程度，决定于物质吸收γ射线的能量，即γ吸收剂量，简称为γ剂量，其单位为戈瑞（Gy），以前也用拉德（rad）。每千克受照射物质，吸收1焦耳（J）γ射线能量，γ剂量为1戈瑞；每克受照射物质，吸收100尔格能量时，γ剂量为1拉德。显然，1戈瑞等于100拉德。

早期核辐射中的中子，在物质内部或人体内，也会被散射和吸收。吸收中子能量的多少，同样可用吸收剂量来表示，称为中子剂量。核武器的早期核辐射剂量，通常是指γ剂量和中子剂量的总和，但主要是γ剂量的贡献。对于下面将叙述的中子弹，其对人员和物体的损伤则主要取决于中子剂量。

早期核辐射总剂量，随离爆心距离增加是很快减小的。这一方面是距离增加时，辐照到单位面积上的辐射量越来越小，就是人们常说的几何衰减；另一方面是随着距离的增加，所经过的空气层越来越厚，被空气吸收和散射掉的辐射量越来越多。正因为如此，使得早期核辐射的损伤范围，即使是威力几千万吨梯恩梯当量的地面爆炸，也仅限于2～3千米以内，比起光辐射和冲击波的毁伤范围要小得多。

人员受早期核辐射照射超过一定的剂量后，会得急性放射性病。根据受辐照的剂量多少、病情和治疗后能恢复健康的情况，急性放射性病分为轻度、中度、重度和极重度四种。

患轻度放射性病的吸收剂量为1～2戈瑞。受照人员短时间内会感到头昏、恶心，但适当休息后会自行恢复。战时不影响战斗力。

引起中度放射病的吸收剂量为2～3.5戈瑞。在核战争条件下，战斗人员患中度放射病时，短时间内会影响战斗力。

得重度放射病的吸收剂量为3.5～5.5戈瑞。战时可影响战斗力。

患极重度放射病的吸收剂量在5.5戈瑞以上。战时丧失战斗力。

早期核辐射对人员的损伤范围，与爆炸方式、爆炸威力和人员所在的环境有关。表5.7给出了不同爆炸方式和爆炸威力下，早期核辐射对开阔地面上没有防护的人员损伤的半径。

表 5.7　开阔地面人员瞬时损伤半径

（单位：km）

爆炸威力 kt TNT 当量		20		100		1 000	
爆炸方式		地爆	空爆	地爆	空爆	地爆	空爆
光辐射	极重度	0.57	0.71	1.30	1.74	3.94	5.55
	重度	0.78	1.08	1.69	2.40	4.94	7.15
	中度	1.02	1.47	2.19	3.17	6.20	9.10
	轻微	2.05	3.07	3.90	5.68	9.00	13.4
冲击波	极重度	0.64	0.66	1.18	1.30	2.83	3.27
	重度	0.81	0.96	1.50	1.82	3.60	4.45
	中度	1.10	1.38	2.07	2.60	5.35	6.70
	轻微	1.55	1.95	3.00	3.70	7.80	9.40
早期核辐射	极重度	1.15	1.04	1.55	1.31	2.21	1.29
	重度	1.23	1.13	1.64	1.42	2.33	1.51
	中度	1.34	1.25	1.76	1.57	2.47	1.77
	轻微	1.46	1.39	1.92	1.75	2.66	2.05

电子系统中的一些电子元、器件，在早期核辐射的作用下，有可能使材料的电参数发生变化，从而改变原来的正常工作状态或受到干扰，严重时，还可能烧毁电子器件。随着高新技术的发展，由半导体做成的微电子器件，由微电子器件组成的电子系统越来越多，这些系统对核辐射都十分敏感。特别是新技术武器、军用卫星、C^4I系统等，都面临着早期核辐射损伤的潜在威胁。

为了减轻或避免核辐射的损伤，电子元、器件的抗辐射加固技术研究，甚至核武器系统本身的抗辐射加固技术研究，已成为一门新的学科并得到飞速发展。

20世纪60年代初研制成功的中子弹（增强辐射弹），以中子为主要杀伤因素。它通过特殊设计减弱了冲击波、光辐射的杀伤作用,也减轻了放射性沾染的危害,但大大地加强了中子的杀伤作用。表5.8给出了爆高150米，威力为1千吨梯恩梯当量的中子弹，和爆高120米，威力为1千吨梯恩梯当量的裂变弹，二者总剂量随距离变化的情况。

表5.8 中子弹与裂变弹总剂量随距离的变化

距爆心投影点(m)		600	800	1 000	1 200	1 400	1 600
总剂量 Gy	中子弹	395	122	37.5	12.5	4.18	1.52
	裂变弹	11.9	3.0	0.88	0.29	0.10	0.04

上表数据虽然是在爆高略有差别下得到的，但也大致表明，在同一距离上，中子弹的总剂量，要比裂变弹大40倍左右。总剂量大致相同时，中子弹的作用距离，是裂变弹的2倍左右。

中子弹用于杀伤敌方坦克和装甲车辆内的乘员是很有效的。例如，威力都是1千吨梯恩梯当量的低空爆炸，由于核辐射造成坦克内乘员的杀伤距离，裂变弹约为440米,而中子弹约为900米。

5

四、无孔不入的核电磁脉冲

核爆炸产生的电磁脉冲，在核武器发展初期，并没有引起人们多大的关注。只是随着高新技术的发展，电力、电子系统和电子设备越来越多，这些系统和设备中的一些电子元器件对电磁脉冲十分敏感，才逐渐引起了人们的重视。

实际上，核电磁脉冲是一种很强的随时间变化的电磁场，其持续时间在毫秒到十分之几秒之间。它虽仅占总爆炸能量的极小部分，但其场强很大，传播范围很广。

核电磁脉冲具有很宽的频谱，范围可以从非常低的频率到几百兆赫。其强度用电场强度伏/米和磁场强度安/米表示。地面或低空爆炸时，距爆心投影点约10千米以内，其电场强度可达数十万伏/米,磁场强度可达上千安/米。

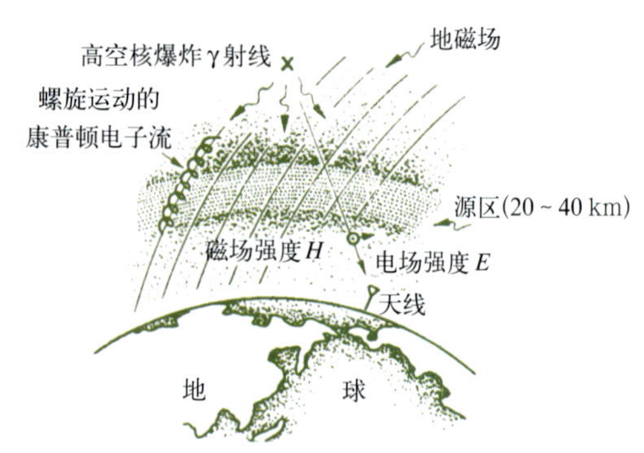

图5.30 高空核爆炸电磁脉冲示意图

大威力高空爆炸的高频电磁脉冲，可以从爆点向四面八方传播，直到地球表面的视野范围。图5.30是高空核爆炸时电磁脉冲产生的示意图。爆炸产生的γ射线向下传播时与距地面20至40千米处空气层中的分子和原子相互作用，形成电磁脉冲的沉积区（源区）。γ射线在该区内产生的康普顿电子在地球磁场作用下，围绕磁力线运动而形成电磁脉冲。频率较低的传播范围甚至超过视野。例如，爆炸高度80千米时，地面受到电磁脉冲的作用距离，距爆心投影点约为960千米，爆炸高度160千米时可达1 440千米。

核电磁脉冲携带的能量，可以通过电缆、天线或其他金属导体耦合到与这些传播件相连接的电气和电子设备上，使之产生很强的电流和很高的电压。这样，便有可能使这些设备遭到损伤或破坏。

在核试验中，通信和电力系统，受到核电磁脉冲的干扰和破坏现象，并不是少见。例如1958年8月12日美国在约翰斯顿岛，进行了爆高42千米代号为“香橙”的高空爆炸，爆炸威力为 百万吨梯恩梯当量，爆后无线电联系受到数小时的干扰。苏联1961年10月在新地岛进行的威力为5 800万吨梯恩梯当量，爆高约3.6千米的空中试验，使美国阿拉斯加和格林兰的预警雷达和4千千米范围内的远程高频通信失灵约达24小时。又如美国1962年7月9日在约翰斯顿岛上进行的“海盘车Ⅰ”高空核试验，爆炸高度400千米，爆后使美国核试验站的无线电通讯，中断了20分钟，地球周围出现了一个新的辐射带，使美国发射的卫星里的太阳能电池组失效，严重地扰乱了地球周围的宇宙空间。

五、持久危害的放射性沾染

日常生活中，有时会听到有关放射性的议论，特别是1986年4月，苏联切尔诺贝利核电站反应堆发生事故后，放射性造成的环境污染和对人员的危害，更是议论纷纷。那么，什么是放射性呢？

所谓放射性，是指不稳定的原子核（又称放射性核素）自行转化为另一种原子核的能力。原子核的这种转化过程称为放射性衰变。原子核衰变时会放射出早期核辐射中的各种射线。物质的放射性强弱，可以用单位时间内原子核发生衰变的次数来表示。其国际单位制单位为贝可（Bq），也常用居里（Ci）。每秒发生一次衰变的放射性强度为1贝可。1居里是指每秒发生3.7×10^{10}次衰变的放射性强度。1居里等于3.7×10^{10}贝可。

放射性沾染，是指放射性物质对地表和物体的沾污，以及对空气的放射性污染。放射性沾染与早期核辐射一样，能以各种射线作用于人体，使人员患放射性病。因而是核爆炸重要损伤因素之一。

(一)放射性沾染的来源

放射性沾染的主要来源有三个方面：一是核爆炸产生的裂变产物。核爆炸能产生近百种比裂变材料核轻得多的原子核，称为裂变产物。这些原子核大部分是放射性核素，在衰变过程中发射出β和γ射线。二是感生放射性。早期核辐射中的中子，特别是能量较低的中子（称为热中子和慢中子），极容易被空气中的氮和氧，土壤中的铝、锰、钠、铁等物质吸收。这些物质吸收中子后，会变成放射性物质，称为“感生放射性”。三是没有参加裂变的核武器装料（铀或钚等）。前面已经说过，装入核武器中的裂变材料，不可能全部都参加裂变，终究有一部分（甚至大部分）要剩下来。这些核装料也是放射性物质，但其半衰期很长。

无论是裂变产物、感生放射性物质，还是剩下来的核装料，在爆炸火球中都处于汽化状态。随着火球温度的下降和逐渐熄灭，凝结成固态状的放射性颗粒（图5.31），它是各种放射性

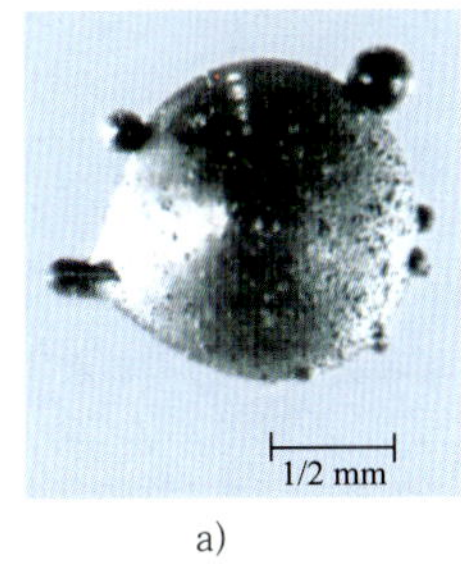

a)

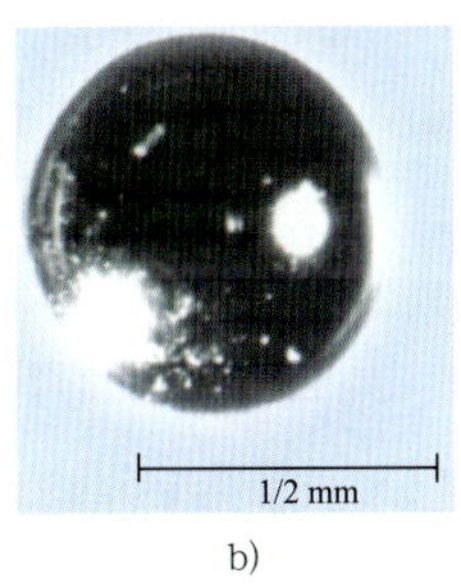

b)

图5.31　内华达塔爆的放射性颗粒

a）粒子具有金属状的暗淡光泽，可以看到有许多小粒子附在它的表面上；b）粒子是球形的，表面有发光的亮点

物质的混合体。其尺寸、形状、颜色和放射性强度等，都和爆炸方式、地面土壤性质有关。空爆时颗粒的尺寸较小，通常为微米量级；地爆时尺寸较大，多数为几十微米，在爆区还可见到几毫米的。

某一地区的放射性沾染程度，是用单位时间的照射量来表示的，叫做剂量率，又称辐射级。其国际单位制单位为库仑/（千克·小时），习惯上也用戈瑞/小时表示，有时也用伦/小时。

由于放射性衰变，某种物体或一个地区的放射性沾染程度会随时间不断减弱。这样，当说到一个地区的放射性沾染程度时，一定不要忘记所指的时间。为了方便地讨论和比较物体或地区的沾染程度，通常选定“爆后一小时”，作为沾染程度比较的统一时间，称为“参考时间”。这个时刻的剂量率，称为“参考剂量率”。

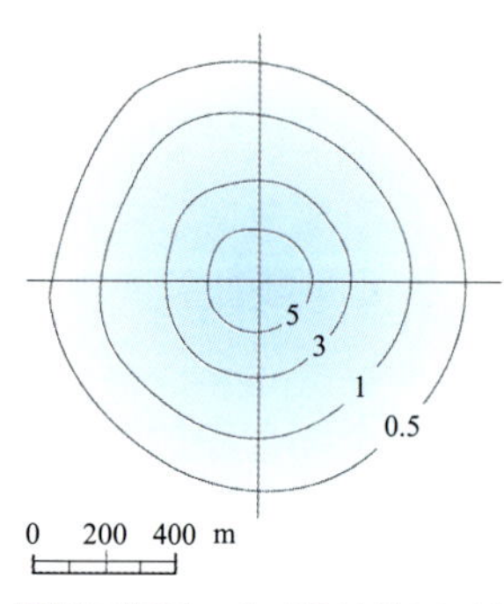

图 5.32 空爆爆区爆后一小时的沾染图（单位：0.01 Gy/h）

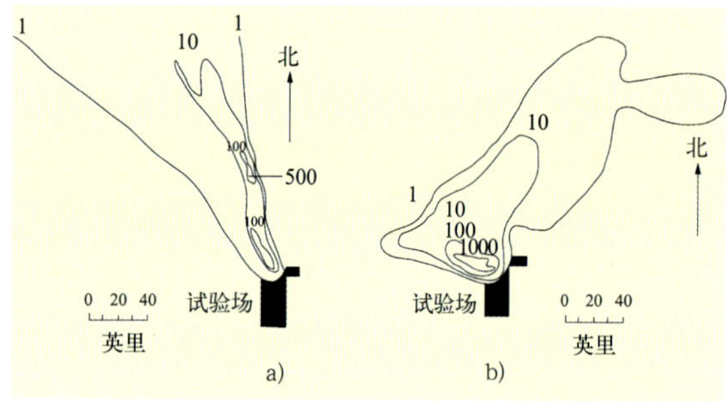

图 5.33 美国内华达试验爆后 12 小时等剂量率图（单位：10^{-5} Gy/h）

a) 代号“波尔兹曼”试验，威力 12 千吨梯恩梯当量，150 m 爆高；
b) 代号“土耳其人”试验，威力 43 千吨梯恩梯当量，150 m 爆高。
1 英里 = 1.609 千米

5

一般放射性沾染图上所标示的数值，都是爆后一小时的参考值（见图 5.32）。如果是其他时间的，就应该在图题中说明（见图 5.33）。衡量一个地区有无受到放射性沾染，也是用“参考剂量率”来判断的。在战时，是以参考剂量率为 5×10^{-3} 戈瑞 / 小时的辐射级，作为沾染边界。对居民区域就要严格得多，规定参考剂量率为 10^{-4} 戈瑞 / 小时所包围的范围为沾染区。

（二）放射性沾染区的划分

放射性沾染区，按其沾染程度和范围，分为爆区沾染区（简称爆区），和云迹区沾染区（简称云迹区）。另外，烟云中直径小于几微米（百万分之一米）的放射性颗粒，可以在空中飘浮很长时间，并随着高空风环绕全球运动，逐渐地降到近地面空间，形成远区和全球的放射性沾染。

爆区，是指爆心投影点附近几千米范围内的沾染区。地爆时，爆区的放射性沾染，主要来自放射性熔渣、大颗粒的放射性物质、以及感生放射性等。沾染范围和程度，取决于爆炸威力和爆炸高度。对于威力几万吨梯恩梯当量的地爆，爆心参考剂量率可达几千戈瑞/小时以上。爆区范围不大，上风方向仅为 2 千米左右，成半圆形。下风方向和云迹区相连。空爆时，爆区的放射性沾染，主要是感生放射性物质的贡献。空爆爆区的特点，一是沾染轻微，只有同等威力地爆爆区的几千分之一；二是等剂量率线基本上是以爆心投影点为圆心的同心圆（图 5.32）。

云迹区，是指随风飘移的烟云中较大的放射性颗粒降至地面所形成的沾染区域。风吹到哪里，就把粒子带到哪里。这样，云迹区的延伸方向和距离，决定于由地面到烟云底部的合成风的方向和风速，风速越大云迹区也越长；云迹区的宽度，则决定于各个高度上风向的一致程度。风向一致时，宽度较窄，风向不一致时，宽度就要大些。如果风向不定，便有可能出现奇形怪状的云迹区。图 5.33 是美国内华达试验场两次风场不同的试验。可以看到，代号“波尔兹曼”试验的沾染区走向是西北偏北，宽度较窄。代号“土耳其人”试验的沾染区走向是东北方向，宽度较大。

地爆时，云迹区沾染严重，而且范围很广。例如，威力几万吨梯恩梯当量爆炸，当合成风速为 20 千米 / 小时，且各高度上的风向变化不大时，云迹沾染区的远边界可达 150 千米，宽度可达 20 千米左右，沾染面积约为 2 千平方千米；空爆时，由于烟云中的粒子很小，短时间内难于降至地面，一般不形成云迹区，即使是在低空爆炸时也如此。

无论是地面爆炸还是空中爆炸，烟云中所有微小的放射性颗粒，都会在高空西风作用下环绕北半球运行，经过几周、数月，甚至数年才降至地面，形成远期和全球放射性污染。1965 年 1 月 15 日，苏联为和平利用目的在塞米巴拉金斯克试验场，进行了一次成坑浅地下核

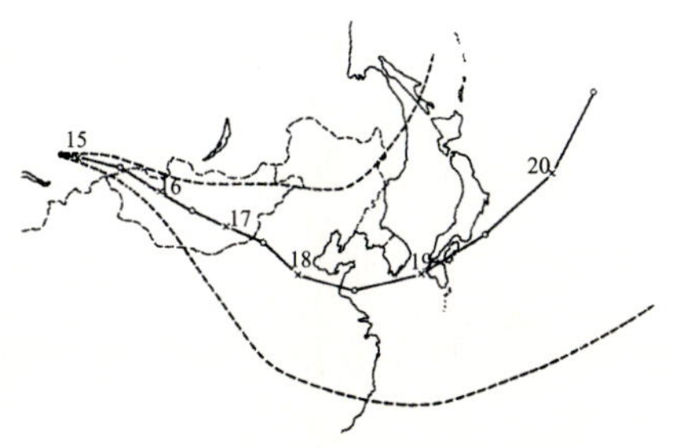

图 5.34　苏联塞米巴拉金斯克核试验后的烟云路径

爆炸。根据当时高空700毫巴（约海拔3 000米）的流场形势图，可以估计出爆后形成的烟云路径如图5.34所示。图中的实线为估计的主要路径，标示的数字为日期，虚线表示烟云的可能范围。该次爆炸威力约14万吨梯恩梯当量，埋深约180米，爆后烟云高达5 100米。烟云爆后不到一天进入蒙古人民共和国，两天后到达我国东北地区，四天便可到达日本，然后围绕北半球运行。放射性粒子在运行中，由于重力和大气的下沉运动而逐渐降至地面，造成所经地区的放射性沾染。

远区和全球放射性污染的程度，通常用地面附近空气中的放射性浓度和地面沾染密度（又称沉降量）来表示。

空气放射性浓度，是指单位体积的空气所含的放射性强度，单位为贝可/升。习惯上仍可采用居里/升为单位。

地面沾染密度，是指单位时间内单位地表面积上的放射性强度，单位为毫居里/（天·千米^2）。

地面放射性沾染的强度随时间而减弱。由于地爆和空爆的放射性沾染来源不一样，地面剂量率的衰减规律也不相同。

地爆爆区和云迹区剂量率的衰减，近似服从于“六倍规律”。即爆后时间每增加六倍，剂量率下降到原来的1/10。例如，爆后10小时某一地区的剂量率为100戈瑞/小时，到爆后60小时时，该地区的剂量率便可以下降到10戈瑞/小时。360小时时就只有1戈瑞/小时了。

空爆爆区放射性沾染主要来源于感生放射性，其衰减规律，主要决定于地表面的土壤成分和各种物质的含量。空爆爆区地面剂量率，在爆后1小时之前和10小时之后下降很快，1小时至10小时之间下降平缓。

（三）放射性沾染对人员的危害

放射性沾染对人员的危害，与冲击波、光辐射不同，但和早期核辐射有相同之处，都是以核辐射的形式，造成人员的损伤。放射性沾染对人员危害的突出特点是：

地爆时，伤害的作用时间长、范围广和作用途径多样。放射性沾染在它整个衰变过程中，都能起危害作用，能覆盖下风方向广大地区，并能造成人体内、外伤害。

空爆时，放射性沾染不能像冲击波、光辐射等因素那样起瞬时的毁伤作用，即可以忽略它的瞬时杀伤，但它造成环境放射性污染的长期危害是不能忽视的。

放射性沾染对人员的伤害，主要有三种方式：γ射线的外照射；β射线对皮肤的烧伤；食入放射性沾染过的食物和吸入污染空气引起的内照射。

地爆的爆区和云迹区，是严重的放射性沾染区域。在这个区域内的主要危害，是γ射线对人员的外照射，其表现的症状和早期核辐射一样。另外，沾染地表面的放射性颗粒，在风的作用下或人员活动（如人员驾驶车辆通过沾染区）时，会将微小颗粒扬起并悬浮于空气中，引起空气的放射性污染。未采取防护措施的人员通过呼吸可以引起内照射。

如果放射性微粒，直接落到人体裸露的皮肤上，微粒放出的β射线，会对皮肤造成β烧伤。图5.35是颈部β烧伤情况。皮肤表面形成深色斑，局部出

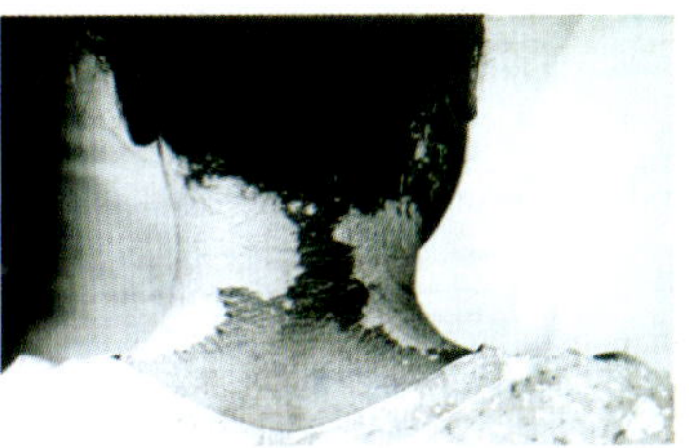

图 5.35　颈部的β烧伤

现斑点、丘疹和隆起的斑痕。

人员生活在被放射性污染的环境中时，由于食入被沾染的食物和吸入放射性微粒，都有可能引起内照射危害。体内容易受到危害的器官是甲状腺、肠胃道和肺等。

（四）对武器装备和物资的放射性沾污

核战争条件下，存放在爆区和地爆云迹区内的武器装备、后勤物资，以及在这些区域内的空气、水、食物和各种物体，在没有任何防护措施的情况下，会受到放射性物质的沾污。特别是在地爆的爆区内，沾染是非常严重的。值得注意的是，装甲车辆、火炮等技术兵器，用钢与铝合金制成的零件，以及一些食物等，在强大的中子流作用下，还会产生感生放射性。这些物体中铁、锰、钠和铝的含量越多，产生的感生放射性便越强。

武器装备、装甲车辆和技术兵器，战时的表面放射性沾染程度的参考控制量，约为8 300贝可/厘米²，严重沾染区域的沾染一般都超过这个值。

严重沾染区内的露天水源，水的沾染浓度将超过饮用标准。但在低于0.01戈瑞/小时辐射级的沾染区内，水的沾染浓度一般只有几微居里/升，少量饮用不会超过100微居里的战时参考控制量。

六、核爆炸的综合毁伤

核爆炸产生的五种杀伤破坏因素，由于其性质不同，它们对不同物体，所起的破坏或杀伤作用是不一样的。就是对同一物体，不同的杀伤破坏因素，其作用距离也不一样。图5.36给出了爆炸威力为10万吨梯恩梯当量和1千吨梯恩梯当量的低空爆炸时，三种瞬时毁伤因素对无防护人员造成中等损伤距离的比较。很明显，小威力核武器爆炸，核辐射的杀伤范围最大，光辐射的作用最小；大威力核武器爆炸时则相反，光辐射的杀伤作用是主要的，核辐射的毁伤范围最小。

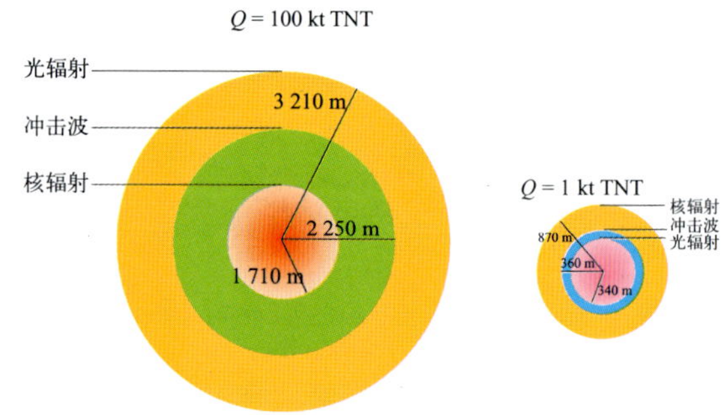

图5.36 低空爆炸对无防护人员中等损伤距离

然而，无论是人员还是物体，在核爆炸环境下受到的损伤或破坏，往往都是受多种毁伤因素综合作用的结果，并且这几种因素相互间还起到加重伤害的作用。特别是对爆心投影点附近人员中等以上的杀伤，更难区分究竟是哪一种毁伤因素造成的。

日本广岛、长崎遭核袭击后的人员伤亡情况，便是如此。一些受到了冲击波和光辐射损伤，但没有立即死亡的人员，后来也由于核辐射的损伤作用而死亡。例如，广岛受袭击后第一天死亡人数占总死亡数的70.3 %，长崎占56.4 %，1天以后又陆续出现人员死亡，20天内死亡的便增加到约占总死亡数的96%。后期死亡的人员中，多数是由于核辐射伤害造成的。

尽管在讨论人员伤情时，提出了复合伤的概念，并且作了更细致的划分。例如，以放射性损伤为主的就有“放烧”、“放冲”和“放烧冲”复合伤的区分，但从核爆炸效应考虑，往往只是评论其综合的效果。因此，为了便于评估一次核爆炸的杀伤、破坏效果，引进了“综合杀伤破坏半径”的概念。

所谓“综合杀伤破坏半径”，是指损伤范围最大的那个因素的作用半径。例如，威力50万吨梯恩梯当量低空爆炸，对人员中度杀伤的半径，光辐射是6.58千米，冲击波是4.4千米，早期核辐射是2.12千米，放射性沾染和电磁脉冲的危害可以忽略，这样，它的综合中度杀伤半径

表 5.9　开阔地面暴露人员的综合杀伤半径

（单位：km）

爆炸方式	伤情等级	爆炸威力（kt TNT 当量）		
		20	100	1 000
近地面爆炸	极重度	1.15	1.55	3.94
	重度	1.23	1.69	4.94
	中度	1.34	2.19	6.20
	轻度	2.05	3.90	9.00
空中爆炸	极重度	1.04	1.74	5.55
	重度	1.13	2.40	7.15
	中度	1.47	3.17	9.10
	轻度	3.07	5.68	13.4

为6.58千米。表5.9给出了两种爆炸方式下，开阔地面暴露人员的综合杀伤半径值。

评判武器装备遭到核袭击后的破坏效果时，往往也是根据它的综合破坏半径，不过比起人员损伤来较为简单。因为武器装备的破坏，主要是冲击波和光辐射的作用，只要得到这两种因素的破坏半径，便可以得到它的综合破坏半径值（表5.10）。

表 5.10　主要武器装备的综合破坏半径

（单位：km）

装备名称	爆炸方式	破坏等级	爆炸威力（kt TNT 当量）		
			20	100	1 000
坦克	近地面爆炸	严重	0.31	0.58	1.39
		中等	0.42	0.78	1.90
		轻微	1.01	1.75	3.75
	低空爆炸	严重	0.16	0.34	0.94
		中等	0.31	0.59	1.60
		轻微	1.11	1.90	4.10
火炮	近地面爆炸	严重	0.59	1.03	2.26
		中等	0.77	1.34	3.00
		轻微	0.96	1.69	3.84
	低空爆炸	严重	0.51	0.90	2.07
		中等	0.77	1.40	3.10
		轻微	1.03	1.84	4.10
飞机	近地面爆炸	严重	1.08	1.85	4.00
		中等	1.25	2.15	4.64
		轻微	1.56	2.70	5.74
	低空爆炸	严重	1.18	2.00	4.30
		中等	1.35	2.35	5.00
		轻微	1.67	2.90	6.15
舰艇[1)]	近地面爆炸	严重	0.41	0.70	1.51
		中等	0.55	0.94	2.00
		轻微	0.76	1.30	2.75
	空中爆炸	严重	0.55	0.85	1.85
		中等	0.69	1.16	2.54
		轻微	0.94	1.60	3.46
载重汽车	近地面爆炸	严重	0.63	1.10	2.45
		中等	0.78	1.37	3.20
		轻微	1.30	2.45	6.00
	低空爆炸	严重	0.57	1.02	2.35
		中等	0.79	1.45	3.40
		轻微	1.40	2.68	6.30

1) 舰艇的距离为海里，1 海里 = 1.852 千米。

除了在评估核爆炸毁伤效果时，用到综合毁伤破坏半径外，实际应用中，还常常用到“安全边界”的概念。它也是一个综合量，主要指人员在此边界之外不会受伤害。“安全边界”一般根据实际情况可以人为地规定。在战争条件下，可以取短时间内，不影响战斗力的毁伤半径，或取轻度伤半径作为安全边界。在核试验现场，一般以光冲量 12 焦耳 / 厘米^2 作为安全标准值。人受到这样的光冲量照射时，其感觉类似脸部在短时间内，被灼热火炉烤了一下，但不会造成任何伤害。依据这一安全标准值，对于在天气晴朗条件下进行的威力为2百多万吨梯恩梯当量的空中爆炸，安全边界约距爆心投影点30千米。在这个距离处，人员也不会受到冲击波的危害，只是感觉受到了速度高达每秒30多米阵风的冲击。

当然，在这个边界上的人员，并不是可以无所畏惧了。为了安全，还是需要佩戴专用的防护眼镜才能观看火球，无防护眼镜时就需要背向爆心卧倒，否则，直视火球会造成眼底烧伤，或引起闪光盲。

在实战条件下，冲击波是主要破坏因素，往往可由冲击波的破坏半径来评估核武器的破坏范围。

第三节 核武器的作战使用

核武器是一种大规模杀伤武器，一旦使用将给人类带来巨大灾难（图5.37）。在核战争中如何根据打击目标和要达到的破坏要求，合理地选取核武器，使其达到最大的毁伤效果，是核武器使用中必须考虑的问题。

图 5.37　广岛遭核爆炸后的瓦砾堆

一、核武器威力如何划分

常规武器中，同一种类的武器，按照战场上的不同用途，其爆炸力可以相差十分悬殊。核武器也如此，其威力可以从几十吨到几千万吨梯恩梯当量。威力较小的，可以攻击面积较小的目标（桥梁、舰艇等）；威力较大的，可以攻击大面积的目标（城市、海军基地、兵军种集结地域等）。这样，就能做到“各司其职，物尽其用”。一般情况下，威力几十万吨梯恩梯当量以上的，可以在战略上起到威慑作用，必要时，也可以攻击敌方的战略目标；威力较小的，主要用来打击对敌方军事行动有直接影响的目标。

核武器除了分为战略、战术武器外（见第三章），在研究、评估核武器毁伤破坏效果时，为了使用上的方便，还可以其威力，即梯恩梯当量的大小，划分为微型、小型、中型、大型和特大型核武器：梯恩梯当量百吨级的为微型核武器，千吨级的为小型核武器，万吨级的为中型核武器，十万吨级的为大型核武器，百万吨级以上的为特大型核武器。在实战条件下，最有可能使用的是威力在几万吨梯恩梯当量以下的核武器。这是因为投掷工具的精度已经大大提高，这种威力的核武器，足以达到破坏目标的目的。

二、核武器打击目标的分类

为了发挥核武器的最大杀伤破坏作用，往往将核武器可能打击的目标分为面目标和点目标。

面目标，又称为软目标。面目标的基本特征是目标物抗冲击波的能力比较弱，但分布范围比较广，如城市、港口等。在野战条件下，兵员、物资聚集区或开阔地面的人员，也可认为是面目标。

点目标，也称为硬目标。其基本特征是抗冲击波能力很强，但分布范围较小。例如机场、导弹发射井、地下工事、首脑工程等。

由于这两类目标具有完全不同的抗冲击波能力，要有效地破坏这些目标，必须根据投掷工具，即投弹飞机或导弹的打击精度，来选定核武器威力和爆炸方式。

在第二次世界大战结束前夕，美国就是选择了广岛、长崎作为面目标进行核轰炸，以达到预期的破坏效果。

三、根据打击目标要求选取核武器威力的依据

毫无疑问，核武器威力越大，则毁伤、破坏范围也越大，对目标摧毁效果越好。但是，在使用核武器时，也不能盲目地追求破坏效果，而应该根据攻击目标特性和要达到的毁伤程度，选取恰当爆炸威力的武器。一般是根据攻击目标的破坏半径要求，经过详细计算，来确定必须的核武器的最低威力。

尽管目标杀伤破坏范围随着爆炸威力的增加而增大，但它们之间不是正比关系。往往爆炸威力增加很多，而破坏范围增加不大。例如，在相同爆炸环境下，冲击波破坏某一目标的半径增大1倍（面积增大了3倍）时，相应的爆炸

威力要增大7倍。光辐射和早期核辐射对物体的破坏，也有类似情况。由于人体受冲击波、光辐射和早期核辐射的损伤有一累积过程，而随着爆炸威力增大火球发光时间和冲击波正压作用时间也会增长。这就使人体受这些因素的损伤阈值随之稍微有所减小。尽管如此，损伤范围的增加，还是赶不上爆炸威力的增加。例如，当爆炸威力由1千吨 梯恩梯当量，增加到10万吨梯恩梯当量时，光辐射和冲击波损伤面积的增加，分别约为80倍和40倍。威力增加到1千万吨梯恩梯当量时，损伤面积也仅增加5千倍和1千8百倍。而早期核辐射的损伤面积随爆炸威力的增加，则显得极其缓慢。当威力由1千吨增加到1千万吨梯恩梯当量时，损伤面积仅增加8倍左右。由此可以看出，冲击波和光辐射的毁伤范围，随武器爆炸威力的增加，要比核辐射大得多。

上面是针对面目标攻击时，如何选取爆炸威力。至于对点目标攻击时，就需要根据目标的坚固程度、弹着点精度和对破坏程度要求等，来确定选取多大威力的核武器。

四、目标特点与爆炸方式选取的关系

常规武器中，爆炸方式选取并不重要。这主要是爆炸威力较小，杀伤破坏因素较为单一的缘故。将武器尽量靠近目标爆炸，就是常规武器最好的爆炸方式。但核武器不同，它可以产生多种杀伤破坏因素，而且爆炸威力巨大。冲击波、光辐射在大气中传播，和放射性物质飘散时，会受到大范围大气环境的影响，产生一些特殊现象。例如，冲击波受到地面反射后能形成反射波，当它传播到一定距离时，会与原来的入射波汇合，形成强度更大的合成波；人们常说“站得高，望得远”，是因为近地面空气中杂质较多，对光削弱较大，影响了水平方向的能见距离。而站在一定高度向远处了望时，视线通过杂质较少的上层空气，所以望得更远。核武器在某一高度上爆炸，火球发出光辐射覆盖的范围，可能比地爆时更大，就是这个道理。当然，也不是无限地越高越好，超过一定爆炸高度后，覆盖面积还是会缩小的；至于地面、空中两种爆炸方式，产生的放射性沾染程度和范围，有着无法比拟的差别，更加说明了，要想得到最好的破坏效果，爆炸方式的选择非常重要。

那么，选择什么样的核爆炸方式最好呢？这就需要具体问题具体分析了。

对于点（硬）目标，当目标处于地面，例如战略基地、交通枢纽等，则地面爆炸是最佳的爆炸方式。对于地下的点目标，如地下指挥中心、导弹发射井等，采用浅地下爆炸方式更为有效。特别是美国钻地弹已经成为装备武器的情况下，浅地下爆炸已成为破坏点目标的重要手段。

对于面目标，一般采用空中爆炸方式，可以充分地利用核爆炸的各种毁伤、破坏因素，摧毁城市和地面不太坚固目标（工业厂房、火炮、汽车等），以及大面积杀伤敌方的有生力量。美国就是采用这种爆炸方式，使日本广岛、长崎成为废墟的。

用核武器攻击城市，一方面为破坏大范围的建筑物，另一方面就是造成城市火灾，空中爆炸能够满足这一要求。

水中爆炸，主要攻击水面和水下的目标，诸如船只、舰艇、潜艇、码头和港口设施等。

高空爆炸，一般用于反导，摧毁敌人来袭的导弹核武器，也可以大范围损伤敌方的电子系统，从而干扰和破坏指挥、控制、通信和信息系统等。

在野战条件下，当被攻击的武器装备主要受冲击波破坏，而且其破坏超压值大于120千帕时，最好用地面爆炸方式。破坏超压值小于120千帕时，就要采用空中爆炸，才能收到好的破坏效果。空中爆炸的高度，可以根据武器

威力大小和目标性质，即目标的破坏超压值来确定。例如，当用威力2万吨梯恩梯当量武器去攻击飞机和重型坦克时，要使它们遭到中等以上等级的破坏，最佳爆炸高度分别为700米和370米。但用20万吨梯恩梯当量武器时，爆炸高度为1 500米和810米最好。在上面选取的爆炸高度下，都可以造成最大的破坏范围。

选取爆炸方式时，还应该避免爆后对攻击方可能造成的不利后果。例如，破坏敌方飞机场，是用地面爆炸方式，还是采用空中爆炸方式？便需要根据攻击后己方是否要利用该机场来确定。当攻击方爆后不准备利用该机场时，可以选择地面爆炸方式。这样，既可以破坏跑道，也可以造成地面严重的放射性沾染，使机场瘫痪，纵然敌方修复使用，也需要一定时间。但是，如果攻击后，己方需要利用该机场来配置航空兵，就只能采用空中爆炸方式。这样，攻击的重点是摧毁飞机和机场设施，以及杀伤敌方有生力量。跑道未受破坏，可供攻击方爆后安全使用。

五、核武器使用中的安全保障

正如前面几章所介绍的，无论是战略核武器还是战术核武器，都有巨大的杀伤破坏力。因此，核武器使用的投掷、发射工具（见第三章），与常规武器有一定差别。核武器要求发射距离远，运载飞行速度快、高度高，具有较高的突防能力和命中精度等。这些要求的目的，除了确保完成核武器本身的攻击使命外，另一方面是必须考虑到核武器攻击后对己方可能造成的影响。要知道，纵然威力只有1千吨梯恩梯当量的低空核爆炸，距离爆心投影点1千米处，人员仍可能受到中等程度损伤。而在这个距离上，使用常规武器一般是安全的。所以，核武器使用中的安全保障，是制定核袭击方案中不可忽视的内容之一。

当使用核武器袭击对方的纵深目标时，由于目标远离己方所在地域，安全保障工作不太突出。然而，当攻击与被攻击双方距离较近时，安全保障工作便显得非常重要了。

为了保障己方安全，可以采取各种措施。其中，确保己方位于安全距离之外是最主要的。为了达到这一要求，除了估算出此次攻击的综合毁伤破坏半径外，准确地了解投掷兵器的命中精度也很重要。安全距离可以用估算的综合毁伤破坏半径值，与兵器的命中精度值相加来确定。尽管前者受爆炸威力、爆炸方式和目标性质等的影响，后者也是个不确定值。但在战时用它们作为保障安全的依据是可行的。

安全保障工作的其他措施中，还包括向可能受危害的人员通报实施核袭击的时间，以便采取防护措施；如果是以轰炸机实施核袭击，就要向执行任务的机组人员，准确地标示出己方前沿位置，避免爆后毁伤因素威胁己方人员；当然，正如前面叙述的，当实施地面爆炸时，还应考虑弹着点区域一段时间内的风向和风速，以免爆后放射性沾染危及自己一方的安全。

核武器使用中，除了保障地面人员安全外，对实施轰炸任务的投弹飞机，和配属于此次任务的其他飞机的人员与飞机本身的安全保障，同样不能忽视。本章第二节已介绍过，由于高空空气稀薄，光辐射的强度比地面相同距离上的值要大；气象条件的影响，有可能使冲击波在空中某一区域形成聚焦，增大冲击波的强度。这两种情况，对爆后短时间内仍在爆点附近飞行的飞机，和机上人员都构成很大的威胁。因此，在制定袭击方案前，就应该根据预定的武器威力、爆炸高度，飞机速度和预报的气象条件等，估计冲击波聚焦的可能性和光辐射强度值，作为制定袭击方案的依据。实施核袭击时，一般都动用多架飞机。例如，美国对日本广岛的袭击，共准备了七架飞机。除了其中一架飞往硫黄岛作备用外，三架负责侦察任务，飞往各目标区监测当地气候，并将气象情报传给投弹飞机。两架观察飞机则伴随投弹飞机飞往目标，它们携带着特殊的测量和记录仪器，以及空投到目标附近能自动发回测量记录的仪器。尽管爆后投弹飞机按预定程序，作了一个大转弯以拉大离爆炸点的距离，然而，爆后约50秒钟，投弹飞机在离爆炸点24千米处，还是受到了直接冲击波和地面反射冲击波两次冲击。同样，袭击长崎的飞机，由于爆点下面地面崎岖不平，爆后受到多达五次的冲击波冲击。

为了投掷飞机和辅助作战飞机的安全，一般要求飞机保持轰炸的安全高度，并要求投弹后立即加速，尽快远离爆点，或用降落伞悬挂弹体，增加核武器爆炸前在空中的停留时间。至于机组人员的安全，主要是防止光辐射引起闪光盲，可以采取佩戴专用防护眼镜，短时间内遮挡飞机玻璃等措施。

潜水艇和水面舰艇，如果用弹道导弹等射程较远的兵器发射核武器时，本身不会受到太大的危险。若发射核鱼雷、核水雷和核深水炸弹时，由于爆炸距离较近，爆后形成的水中冲击波和“基浪”，有可能威胁自身安全。因此，应根据潜水艇和水面舰艇的抗压强度和预定爆炸威力，准确地计算出安全距离。如果是水面爆炸，则要选择有利的袭击方位，一般应使自己处于被袭击目标的上风和洋流的上流地区，这样，便可以避免爆后放射性沾染的危害。

第四节 核武器的防护

核武器具有巨大的杀伤破坏力，但有矛必有盾，核武器又有可防护的一面。为了适应核战争的需要，为了有效地保存实力和有生力量，保障人民在核战争中的生命、财产的安全，世界上不管是有核国家还是无核国家，都把核武器的防护研究，作为国家安危的重要战略措施之一，给予极大的关注和支持。

一、做好遭袭击前的预警工作

千万不要忘记广岛、长崎遭核袭击后，人员伤亡数十万，城市被毁成废墟的历史。造成这一重大伤亡和严重破坏的原因，除了核武器具有巨大的杀伤、破坏力外，还因为美国采取了突然袭击。当时人们对核武器的性能一无所知，同时，无论是政府机构还是普通居民，都毫无防护的知识，更谈不上有很好的救护组织和必要的防护措施。现在看来，如果袭击前能做些预防工作，是可以减少人员损伤，和减轻建筑物的破坏。

做好核袭击前的预警工作，是防核爆炸破坏的重要环节。为了及时地发现核袭击的威胁，以便及时采取相应的防护措施，应建立完善的核监测组织，畅通的信息网络，和严密的组织机构。同时，还需要制定接到“预警”信息后，人们行动的细则。对城市居民的疏散路线，建筑物内的简单防护措施，战场上战斗人员、武器装备的布局，个人应携带的防护器材等，都要有详细规定。只有这样，才能在出现核威胁时，不致惊慌失措，而是有条不紊地采取防护措施，从容地应付严酷的局面。

二、防核武器的基本措施

无论是人员还是武器装备和物资器材，对核武器防护最有效的措施，在城市中是建造地下防护工程，在核战场上则是利用各种工事。它们既可以防止冲击波的伤害，也可以阻挡热辐射和核辐射的损伤，以及防止放射性沾染。

另外，可以采取疏散、隐蔽措施。它可以使敌人难以发现和选择有利的袭击目标，就是遭到袭击了，也可以减小所受的伤害和破坏。

疏散，就是将人员或武器装备等，分散到一定距离。核战场上，战斗人员和武器装备的疏散

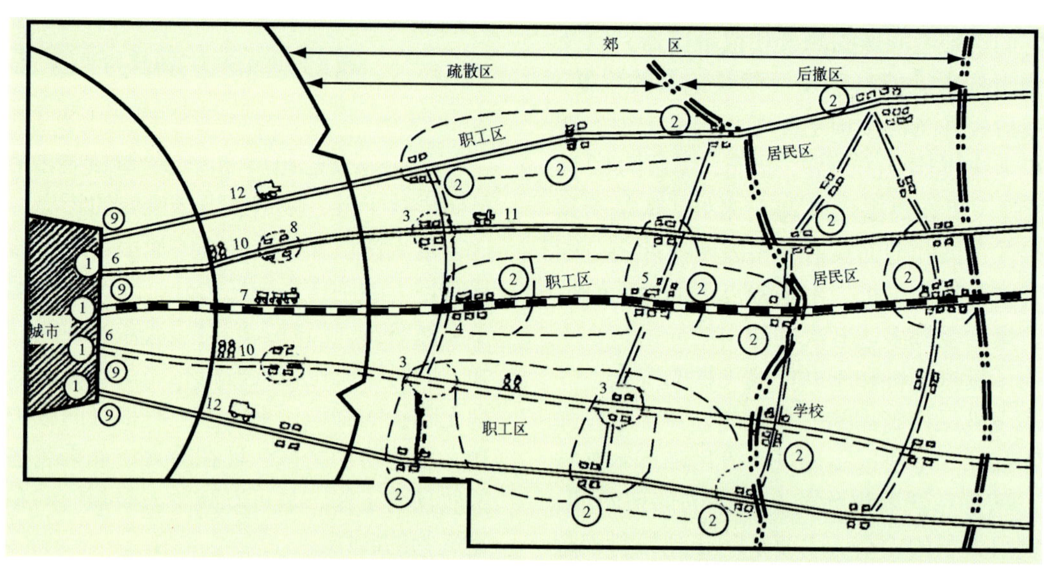

图 5.38　城市居民战时疏散的基本方案

1. 后撤集合站；2. 后撤接待站；3. 后撤中间站；4. 上车站；5. 下车站；6. 出发地；7. 铁路运输；
8. 大休息地点；9. 交通调整哨；10. 步行纵队；11. 乡村的交通工具运输；12. 汽车运输

程度，应以不致影响完成作战任务，根据敌人可能的爆炸当量、方式、杀伤破坏半径，以及部队的机动能力，和现有的防护条件等来确定。

对城市的居民来说，同样可以采取疏散措施。将人员疏散到能避免瞬时效应的损伤，也能防止放射性沾染危害的区域。许多国家为了不至于战时束手无策，惊慌失措，在平时的城市建设规划中，已经将战时疏散城市人口的部署，如同确定地下防护工程布局一样，纳入城市防护规划之中。例如，苏联有关“民防”的教科书中，便提出了城市居民战时疏散的基本方案（图 5.38）。

隐蔽，就是将人员或武器装备等掩蔽起来。部队在宿营、集结和战斗等情况下，只要条件许可，都应该构筑工事或利用地形、地物进行隐蔽。当然，隐蔽地点应考虑到敌人可能的袭击地域和方向。例如，不要选取下风方向和山丘迎坡面，以避免爆后放射性沾染的危害，和加强的冲击波的损伤。

地面飞机和海上舰艇，可以利用靠近机场和港口的山体，挖掘洞库进行隐蔽。

以上提出的防护措施具有普遍性，且较为简单，但需要有关部门有一个统一的规划才能完成。实际上，对广大居民和农村人员，特别是核战争条件下的武器装备和参战人员，只要充分地了解各种毁伤因素的特性，采取相应的简易防护措施，也可以得到很好的防护效果。

三、如何防止光辐射伤害

前面已介绍过，光辐射的特点是以光速直线传播，火球发光要持续一定的时间。这样，便可以利用一切可以遮光的物体进行防护。只要看到闪光后，迅速地躲到背光的地方，都可以收到很好的防护效果。

核战场上暴露的参战人员，城市中的户外人员和广大农村旷野中的人员，当发现受到核袭击时，一般可以采用以下一些防护动作：

（1）看见闪光后迅速闭上眼睛并卧倒。当感到周围空气很热时，应暂时憋气，防止呼吸道被烧伤。

（2）迅速进入附近工事，或迅速地躲到武器装备、树木、建筑物、篱笆和任何结构物的背后，以减小光辐射的损伤。因为火球辐射一般要持续一段时间，例如威力 1 百万吨梯恩梯

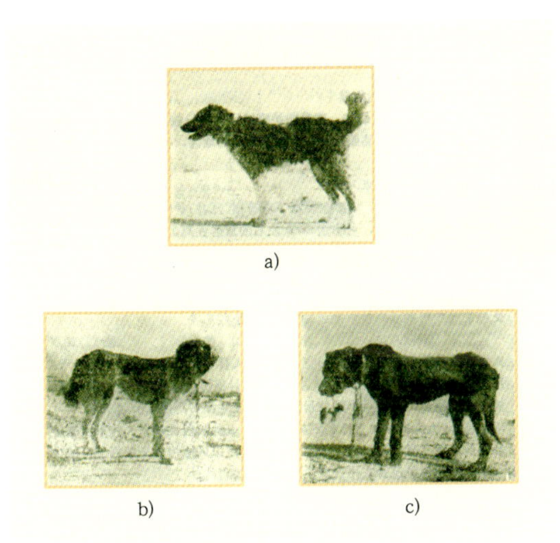

图 5.39　爆后不同时间进入工事的烧伤情况

a)爆后 2 秒进入工事，轻微烧伤；b)爆后 6 秒进入工事，中度烧伤；
c)一直暴露在同距离的地面上，极重度烧伤

当量爆炸时，如果人员在爆后 2 秒内进入掩蔽体，便可以减少40%的光辐射照射。图 5.39 三幅照片是核试验现场动物烧伤的情况。试验条件为：威力 300 多万吨梯恩梯当量空爆，距离爆心投影点9.4千米，爆后于不同时间进入同一工事。可以看到，爆后防护时间几秒钟的差异，造成的烧伤程度大不相同。这向我们提出了，核武器的防护中必须做到“分秒必争”。

(3)如果附近没有工事和可遮挡的物体时，应立即背向爆心方向卧倒（图5.40）。因为光辐射的烧伤作用与入射角度有关，卧倒时,身体接受光冲量的面积，要小于站立时的面积。例如，一次威力 4 百多万吨梯恩梯当量的空爆，离爆心投影点12 千米站立的狗为极重度烧伤，而同一距离卧倒的仅为中度烧伤。

图 5.40　人员卧倒姿势

(4) 立即利用就便的装具进行防护。战斗人员携带的轻武器、枪衣、雨布和棉制服等，用来防护光辐射都能收到一定防护效果（见图5.41）。

武器装备和物资器材，防止光辐射烧毁的最好办法，是“掩、盖、埋、涂”四个字。

掩，在战场上，可以根据武器装备的布局，估计敌方可能的核袭击位置，利用高地、土坎等背向爆心的一侧，和横向爆心的山谷、沟渠、涵洞等，将武器装备和物资器材掩蔽起来，可收到一定的防护效果。

盖，就是利用不容易破碎，和不容易被燃烧的材料，诸如铁皮、铝皮、有机玻璃、玻璃纤维聚氯乙烯等，做成防护罩盖，盖住武器装备的光学仪器、进气孔、飞机的座舱、露天堆放的弹药和物资器材等，一定程度上能减轻光辐射所造成危害。例如威力 300 多万吨梯恩梯当量空爆时，距爆心投影点12 千米处，用玻璃纤维聚氯乙烯盖布覆盖的物资，仅盖布的迎光面灼焦，盖布下的物资完好；同距离未盖的物资被烧毁(图 5.41)。

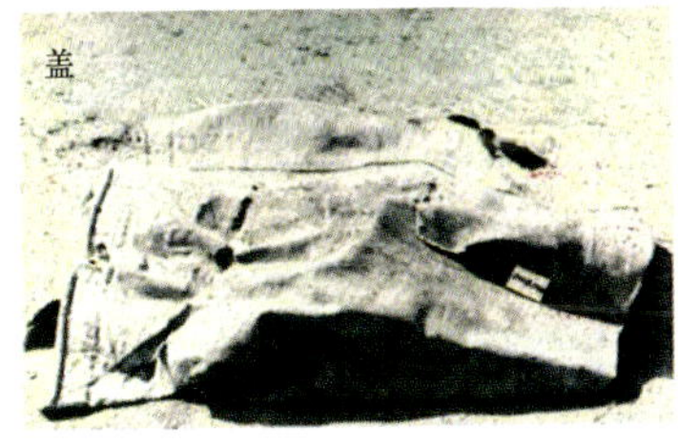

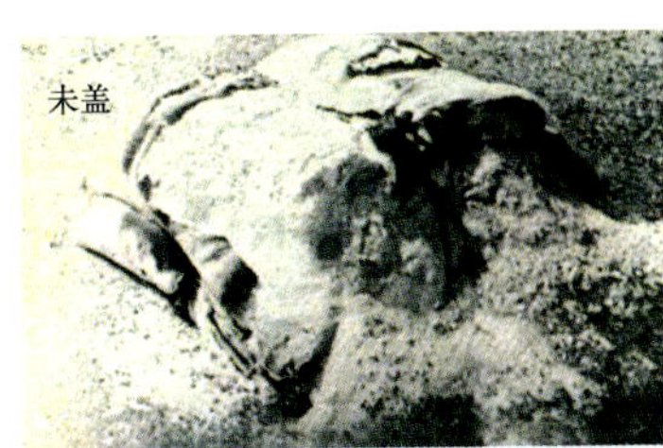

图 5.41　玻璃纤维聚氯乙烯盖布的防护效果

埋，离爆心投影点一定距离处覆土埋藏的物资器材，完全可以避免光辐射的烧损。

涂，用白石灰、泥浆和防火涂料涂刷物资、装备等的外露易燃部分，可以收到一定的防护效果。图5.42中，上图是涂上白石灰的轮胎，没有被燃烧；而下图没有涂白石灰的，爆后被烧毁了。

建筑物可以大大减小光辐射对人员的危害。表 5.11 是广岛爆后60天，幸存人员烧伤的

涂白石灰

未 涂

图 5.42 涂白石灰的防护效果

统计情况。可见，室内人员的烧伤比例要小于室外的，室外有掩蔽的又小于室外没有掩蔽的。所以，室内人员见到闪光后，立即卧倒，或隐蔽到桌子后下方，或预先选好的有利位置，都将大大减少光辐射的伤害。纵然来不及躲避光辐射的危害，也可以减少随后冲击波的损伤。

防止核爆炸引起的城市火灾，是光辐射防护中的重要内容。城市火灾的防护，必须纳入城市建筑规划布局。一个城市的总体布局，最好不要成圆形布置。军工生产、动力设备、重要的工厂等，要分散设置。建筑物密度，要满足避免火灾蔓延的要求。

表 5.11 广岛遭核袭击后 60 天幸存人员烧伤统计

(%)

距爆心投影点 km	掩蔽情况		
	室外未掩蔽	室外掩蔽	室内
0 ~ 0.5	-	66.6	12.5
0.5 ~ 1.0	100.0	50.0	15.7
1.0 ~ 1.5	100.0	34.7	16.6
1.5 ~ 2.0	98.1	6.3	17.5
2.0 ~ 2.5	99.0	46.0	8.8
2.5 ~ 3.0	79.0	20.2	8.0
3.0 ~ 3.5	38.8	3.4	2.6
3.5 ~ 4.0	10.0	0	0

除了平时要注意城市总体规划外，在核战争时期还应采取一些防火灾措施。

首先，要减少潜在起火点，切断引起火灾的直接途径。所有容易烧着的东西，如街道和广场中的废纸张、油布、木屑、杂草和干树叶等，都应该清除干净。房间里的窗帘，应选用浅色、耐热的布料。破旧的木质建筑，外面应涂上石灰或泥土等。

其次，应切断引起火灾的间接途径。熄灭正在使用的火炉、工厂的炼铁炉等燃具的火种，关掉供电、供气设备。

另外，要有完善的扑灭火灾的应急措施。平时准备好隔绝或快速扑灭火灾的器材，安装能抗强冲击波的供水系统。在一些重要地区，最好修建备用的储水池，建立地下区域性电站，以保证灭火时用水和用电的要求。

当然，提高全民在核战争条件下的防火意识，训练一批掌握在紧急情况下救火技术的人员，也是减小火灾危害的重要方面。

四、防护冲击波的手段

许多防止光辐射损伤的措施，诸如人员防护中如何利用地形、地物，战场上武器装备和物资器材防护中的掩、盖、埋等，都能减轻冲击波的破坏作用。例如，威力 4 百多万吨梯恩梯当量空爆时，距爆心投影点 4 千米，0.7 米高土坎下的重机枪，爆后完好，而放在坎上的被抛掷 30 多米，遭到了中等破坏。图 5.43 是 10 立方米的卧式油罐，在 245 千帕的超压作用下的破坏情况。上图是用半地下掩埋的，上面覆盖了 40 ~ 60 厘米的土壤，爆后只受到轻微破坏；

图 5.43 覆土掩埋的防护效果

下图没有覆土，遭到严重破坏。

一些容易受冲击波动压破坏的武器装备，可以采取用钢索系留的办法，把装备固定起来，也能收到好的防护效果。例如，一次威力4百多万吨梯恩梯当量空爆，位于距爆心投影点8.24千米处的两架小型飞机，用钢索系留的一架，爆后没有移动，只受到超压的轻微破坏；而没有系留的一架（图5.44下边），在动压作用下，被抛掷20米，尾部、机翼和起落架被撞坏，遭到了严重破坏。

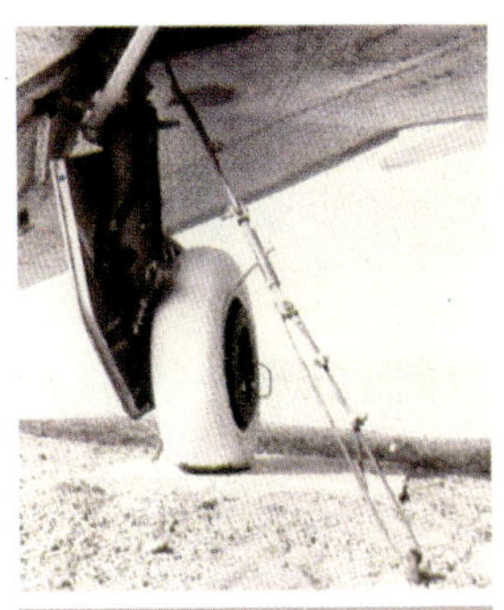

图5.44 系留的防护效果

冲击波的防护中，应注意冲击波所造成的间接损伤破坏作用。特别是处于室内的人员，应卧倒在背向爆炸方向的墙角下（图5.45），这样，可以防止玻璃碎片的伤害。也可以蹲在桌子、椅子底下，防止房屋顶板崩塌引起的砸伤。

防止冲击波对建筑物的破坏，主要靠在设计中增强建筑物的抗力强度。日本广岛、长崎的建筑物破坏表明，大型建筑物，采用钢筋混凝土墙和构架结构，具有很强的抗冲击波能力。这种建筑物，虽然其内部物体，有可能被火严重烧坏，但其外部墙壁破坏轻微。无钢筋构件的砖和混凝土建筑物，抗力较低，且受到破坏后，会产生许多碎片，增加了冲击波对人员的间接杀伤。所以，应尽量避免这种设计。

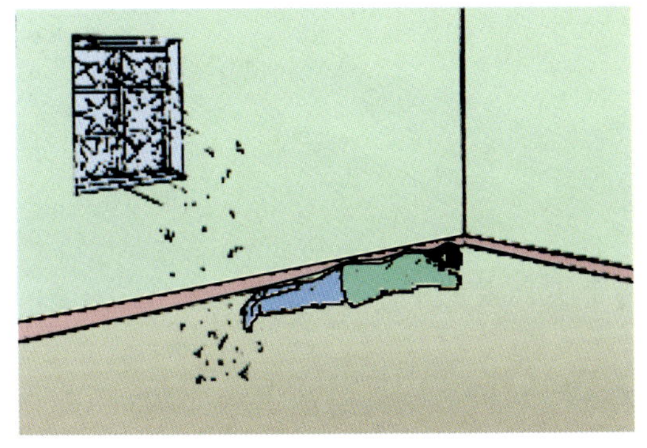

图5.45 室内人员卧倒姿势

五、对付早期核辐射的办法

早期核辐射看不见、摸不着，似乎难于防护。但了解了它的性质后，也是可以防护的。前面已说过，不论爆炸威力有多大，早期核辐射的危害范围，都在几千米以内。万吨梯恩梯当量级威力以上的爆炸中，早期核辐射的毁伤区域远小于冲击波和光辐射。但从广岛、长崎受核辐射损伤的情况看，对它的防护也是不可忽视的。

上述防止光辐射、冲击波危害的措施中，有一些也可以用来防止早期核辐射。特别是用“埋”的办法，是非常有效的。但由于早期核辐射传播速度快，一般在看见核爆闪光后再作防护，效果是不明显的。因此，应以预防为主，即接到核袭击的“预警”后，便应做好隐蔽。另外，由于早期核辐射能发生散射（见图5.29），它能绕过小的遮挡物，而达到物体的背面。因此，用遮挡来防护早期核辐射时，遮掩物的面积越大越好。

早期核辐射与光辐射不同，它能穿透一些物体。但它通过物体时，其强度会受到削弱，削弱的程度与物体的厚度有关，物体越厚，辐射强度被削弱得越多。不同的物体，对早期核辐射削弱的能力是不一样的。为了比较各种物体防早期核辐射的能力，引用了“十分之一厚度”的概念。它是指早期核辐射通过物体时将辐射强度减弱到原来的1/10时的物体厚度值。例如，对γ射线土壤的“1/10厚度”约为50厘米，混凝土为33厘米，铁为10厘米。

下面是一个堑壕构筑图（图5.46）。堑壕最上面用100厘米厚的土壤覆盖，中间夹着30厘米厚的混凝土，里面用10厘米厚的铁板作顶层。

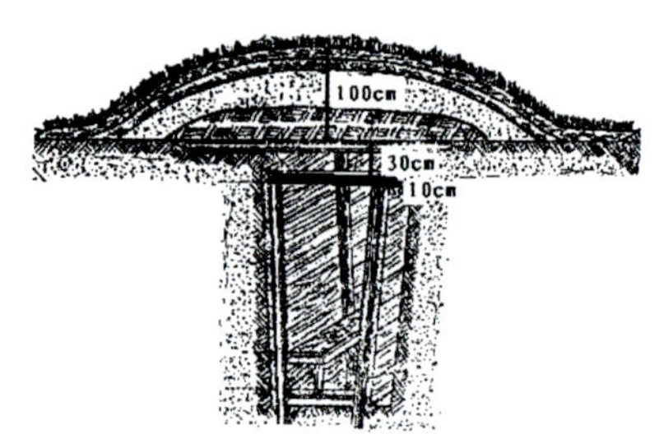

图 5.46　堑壕构筑图

根据这些物体的“十分之一厚度”可以估计出，γ射线通过这个堑壕防护层后，其强度将被削弱到近万分之一。城市中构筑的普通防护工程，乡村中的地窖，对早期核辐射都有很好的防护效果。

早期核辐射中的中子，能使物质产生感生放射性。对位于爆心投影点附近的各种武器装备、物资器材和含钠、钾、磷等较多的食品，需要加以防护。一般用不容易着火（耐热）的材料将它们遮盖起来，便有很好的效果，这是因为中子不容易穿透物质。

5

六、抗核电磁脉冲

对核电磁脉冲的防护，与对电磁现象极为敏感的电子系统防止自然雷电的干扰、破坏非常相似。首先，在电子系统的设计阶段，就应该作周到的考虑。其次，还可以采用屏蔽、电路合理布局、良好的接地，以及利用各种防护装置等措施。

屏蔽是核电磁脉冲防护中最基本的方法。它是指用没有任何孔、缝的金属板，将要保护的系统包围起来，构成一个屏蔽体，这样，核电磁脉冲就没有任何途径进入系统中去了。屏蔽材料可用高导电率或高导磁率的物质。

合理的电路布局是指铺设线路时，采用公共接地点和绞扭的电缆对。系统间的接线，以及系统内的接线应排成辐射状，避免形成环路，或与其他线路发生耦合。

良好的接地将有助于降低系统对电磁脉冲的敏感性。其方法有，将线束单点接地，接地点设在阻抗最低的元件上等。

防电磁脉冲的装置比较多，主要包括了放电器、带通滤波器、限幅器、断路器和保险丝等。为了取得更好的防护效果，可用上面器件组成混合装置。

核电磁脉冲由于瞬时即逝，一般对人不会产生多大的危害。

七、减弱放射性沾染的危害

无论是武器装备还是人员，减弱放射性沾污的危害，最有效的方法，是与放射性物质隔离，远离放射性沾染区。

当武器装备和运输工具遭到放射性沾污后，在不影响战斗的情况下，应及时地进行局部或全部消除。局部消除可用刷子和扫帚刷扫被沾污的表面，或用湿布擦拭人员可能接触的沾污部位和零件。全部消除时，可用高压水冲洗。为了提高消除效率，水中可加入各种洗涤剂。图 5.47 是轻型洗消装置对火炮冲洗的情况。

防止放射性沾染对人员的γ射线的外照射损伤，可以采取“时间防护”、“距离防护”和屏蔽防护等措施。

“时间防护”措施中，要做到“一快一迟一少”。主要是因为核爆炸造成的放射性沾染，会

图 5.47　对火炮实施冲洗

随时间按“六倍规律”衰减。一快，就是应该尽快地离开沾染区，尽快地进入地下建筑物，或躲进封闭的建筑物内。必须记住，早一分钟离开沾染区，就能减少一分的危害。一迟，是指没有特殊情况，不要进入沾染区。由于战斗任务或工作需要，人员一定要进入沾染区时，在不影响任务完成的前提下，应尽量推迟进入的时间，充分利用放射性的“六倍”衰变规律这一特性。一少，是停留在沾染区内时间应尽量缩短。放射性沾染区不是可以久留的地方，在该地区的作业人员，应设法尽快地完成任务，迅速离开。为了做到快速，作业人员必须分工明确。图 5.48 是爆后人员进入爆区进行效应宏观调查和数据回收的情况，照相、记录和样品回收同时进行。

图 5.48 爆区作业人员

“距离防护”是指离放射性沾染区越远越好。当通过沾染区时，应选沾染区内最短的路程作为行动路线；当生活、工作区域被沾染时，可以采取铲除沾染物，并将其搬迁到远离房屋的地方。

屏蔽防护是指利用人防工事、地下室、房屋和放射性沉降掩蔽部等进行的防护。当利用房屋作为屏蔽体进行防护时，为了提高它同时防护其他毁伤因素的能力，可加强支撑结构，屋顶适当覆土，堵塞窗口和不用的房门，并安装简易通风设备（图 5.49）。在核战场上，一些武器装备、物资，如坦克、装甲车辆、帐篷等，也都可以用作屏蔽体。就像防护早期核辐射一

图 5.49 利用房屋作为屏蔽体

1. 加强支撑结构；2. 堵塞窗口；3. 附加土层；
4. 装有过滤器和挡板的进气通道；5. 装有挡板的排气通道

样，这些建筑物和设备，都能有效地削弱 γ 射线的强度。

所有屏蔽体的防护效果，是用削弱系数（F）来表示的。它是屏蔽体外面的γ辐射强度，与防护体内部的 γ 辐射强度的比值。城市中复土 1.2 ~ 1.5 米的人防工事，F 值可大于 1 000。一般的大型公交车 F 约为 2，小型公交车 F 约为 1.7。城市建筑物是防放射性沾染既方便又有效的场所。表 5.12 给出了不同建筑物的 F 值。

5

表 5.12 不同建筑物对 γ 的削弱系数

名称		削弱系数 F
地下室	大型建筑（或多层楼房）	10 ~ 100
	民房或砖木住宅	10 ~ 100
半地下室	多层楼房	34 ~ 54
	砖木住宅	29 ~ 44
楼 房	一层	10 ~ 20
	二层	20 ~ 30
	多层楼的中间层	30 ~ 100
	顶层	5 ~ 10
砖平房		3 ~ 10
木屋或轻型建 筑		1.5 ~ 3

广大农村，可以利用住房和地窖等来防护放射性沾染。当利用住房时，应将门窗紧闭，直到室外辐射剂量率下降到容许值为止。表 5.13 给出了各类民房和地窖,防放射性沾染外照射的削弱系数。

防止放射性沾染对人员内照射损伤和放射

表 5.13 各类民房、地窖防放射性沾染外照射的削弱系数

名称	土房	砖房（外间）	砖房（里间）	地窖
削弱系数 F	8.1	8.7	12.4	12.1

性粒子引起的皮肤β烧伤的个人防护措施，包括以下几个方面：

图 5.50　英军装备的 FM 型防毒面具

充分利用某些生产过程中防护有害气体的面具、呼吸罩和防尘面罩等，防止微小的放射性颗粒和放射性气溶胶通过呼吸器官进入体内。如果没有这些器材，戴上棉布口罩，甚至扎上沾湿的毛巾，都有一定的防护效果。

在战场上，都采用防毒面具（图 5.50）和防毒衣（图 5.51a）等个人防护器材（又称为防核、化学、生物的三防器材），来防止放射性微粒进入体内造成内照射损伤。

防止皮肤β烧伤的最好办法，是避免放射性微粒与皮肤直接接触。为此，应穿戴好防毒衣（图 5.51a）和防毒斗篷（图 5.51 b）。如果没有制式的防护服装，那么，普通帽子、衣服、靴子等，也可以充当皮肤的防护器材。就是用普通的斗篷和风衣等将身体暴露部位遮挡起来，也可以起到防护作用。

a)

b)

图 5.51　个人防护器材中的防毒衣和防毒斗篷
a）防毒衣；b）防毒斗篷

离开沾染区后，有条件时应作全身沾染程度的测量，以便估计作业时间内所接受的剂量。其后，必须尽快地进行洗消。无洗消条件时，人员应采用扫、掸、拍打等简易方法去除沾染物。

不接触受沾染的物体，不喝污染过的水和吃污染过的食物等。

只要针对不同的污染对象，采取相应的措施，都可以有效地减少放射性的危害。

第五节 核爆炸探测与毁伤估算

核武器和常规武器在使用中的最大差别，在于核武器爆炸点大多远离武器发射基地，难以直接观察和评估破坏效果。因此，需要建立相应的手段来探测核爆炸的情况，并对毁伤效果进行估算。

核爆炸探测和核毁伤估算，其主要目的是探明是否发生了核爆炸；如果判断出是核爆炸，那么就要弄清这次核爆炸的威力、时间、位置和爆炸方式等。在掌握这些信息的基础上，结合其他资料，譬如爆炸后一定时段内的气象条件等，对这次爆炸作出毁伤评估。在核战争条件下，核攻击一方，可以通过核探测，了解攻击是否达到预定的要求，以便采取下一步策略；核防御一方，可以通过核探测，掌握遭到敌人攻击后的基本情况，估计被损伤的程度和范围，制定部队的行动方案和防护措施等。

一、哪些景象可以作为核探测对象

为了在现场快速判断美国第一颗原子弹试验是否成功，美国科学家费米曾将一把碎纸片在冲击波到达时撒出，并根据它们飘出的距离，粗略估算出了爆炸的威力。他的测算结果与后来从复杂仪器上记录的数据非常接近。无独有偶，在中国第一次核试验现场，我国科学家彭桓武等，也曾用简易的目测法，估计出爆炸后的烟云的高度而换算出爆炸的威力，这个结果与以后的精确测量数据基本符合。这两位科学家是分别利用了冲击波强度和放射性烟云高度与爆炸威力的关系，得出观测结果的。实际上，除了冲击波、放射性烟云外，光辐射、早期核辐射、核电磁脉冲、地震波、次声波和水声波等，都可以作为核爆炸探测对象。通过对它们的观察，并对有关数据作出处理和分析，便可以得出关于核爆炸特性的大致评估。

大气层核爆炸时，会出现类似于打雷的闪光。这闪光无形中便向我们通报了附近可能发生了核爆炸。如果真的发生核爆炸，那么，紧接着就有可能观察到一个比太阳还亮的火球。火球的大小、形状和发光时间，火球表面温度出现两个峰值的特有规律性，无疑为我们判断是否发生了核爆炸，爆炸威力有多大，采用了什么样的爆炸方式等，提供了判断的依据。为了提高判断的可靠性，一般应尽量采取多种方法来测量上述火球参数值，然后进行平均以求取所要的数据。

高空核爆炸时，爆炸产生的能量，主要以X射线形式传播。因此，X射线测量是探测高空核爆炸的有效手段。由于高空空气非常稀薄，X射线传播时几乎不被吸收，因此用普通的射线探测器就能探测到它。

同光辐射一样，冲击波的超压、动压、到达时间、正负位相时间，也都和爆炸威力、爆炸方式有关，通过对它们的测量，同样可以得到核爆炸的有关信息。

低层大气中的核爆炸，约有50%爆炸能量形成冲击波。冲击波向四周传播时损失能量使压力下降，波形也会发生变化。传播到几十千米后，高频分量迅速衰减而形成声波。在更远的距离上，则形成频率更低的次声波。次声波传播时能量损耗较少，而且不容易受干扰。为了充分地利用这一特点，美国能源部于1960—1970年期间，在大气层核爆炸次声探测基础上，对近次声（频率为10～0.1赫兹）和远次声（频率为0.001～0.1赫兹）的探测技术，特别是通过远次声探测小当量大气层核爆炸的技术，进行了深入的研究。

次声波的探测，是大气层核爆炸探测和定位的有效技术之一。它虽比不上核电磁脉冲探测迅速，但比放射性核素探测要快得多，一般可在几小时内检测出发生的事件。目前这项技术已成为全面禁止核试验条约组建的国际监测系统选定的四项监测技术之一。图5.52是美国洛斯·阿拉莫斯研究所研制的次声探测装置。

图5.52 大气层核爆炸次声探测装置

浅层地表面和水表面附近的核爆炸，能将大气中声波能量耦合到海洋中去，海洋中的核爆炸会形成水中冲击波。海洋中的这些水下声音，也可以成为核爆炸探测的对象之一。图5.53是国际监测系统中选用的水听器台站略图。它由停锚在海底的水听器、固定电缆和陆地上的小型卫星地面终端组成，后者提供了电力和通讯服务。水听器检测到的水

图5.53 水听器台站略图

声信号，经固定电缆传输到卫星地面终端，再通过卫星传送到国际数据中心去。

核电磁脉冲能够传得很远，传播的速度也很快，因而是快速探测核爆炸的重要手段。但它的性质与自然界的雷电很相似，因此，利用核电磁脉冲来探测核爆炸，需要解决的一个关键的技术问题是如何将它与雷电现象相区别。

核爆炸烟云的大小、形状、颜色和上升速度等，都和爆炸威力、方式有关。它宏大的外观景象，能在较远的距离上观察到，通过测量烟云的上述性状来获得核爆炸信息，是核战场侦察的重要手段之一。同时，组成烟云中的放射性物质会发射α、β和γ射线，利用各种辐射仪器可以发现它。由于空中和地面核爆炸形成的微小放射性颗粒，能够漂移很远距离。例如，中国第一次核试验后产生的放射性核素钡-140，远在一万多千米之外的美国，大约爆后第四天就探测到了（图5.54），爆后第七天达到最大值。这些物质环绕地球漂移，爆后约18天又回到美国。因此，一旦发现了放射性物质，就可以对它取

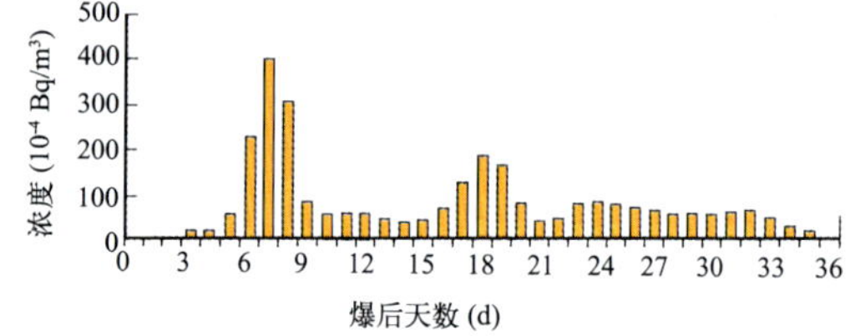

图 5.54 美国地区测量到的 1964 年 10 月 16 日中国核试验空气样品中钡-140 浓度

样，通过样品的γ能谱分析，就可以鉴别出核爆炸性质。再结合当时的大气环流状况和最初发现时间，还可以确定大致的爆炸地点。

核爆炸探测中，无论利用哪一种因素，都必须通过大量试验，掌握这些因素与爆炸性质的关系，才能得到可靠的探测结论。

二、如何划分探测范围

根据探测范围的不同，核爆炸探测可划分

图 5.55 预警卫星探测图

为近距离、中距离和远距离三类。

近距离探测，主要是为战场服务。核战争时，无论是在战场上还是后方，都需要及时地得到核爆炸信息，以便为现场指挥人员调整部队的行动和武器装备的布局，以及提出防护措施提供依据。因此，近距离探测更强调及时性。为此，可以利用现场的简易装备，如炮兵的炮队镜、方向盘，装甲兵的坦克瞄准镜，工程兵的经纬仪，海军的六分仪，以及指挥仪和测距仪等进行探测。

中距离探测，是服务于战区的。它主要为战场指挥部的上一级机关，提供核爆炸信息。探测范围可达几百千米。由于探测的范围比较大，一般将能够传播到较远距离的毁伤因素，诸如核电磁脉冲、光辐射和地震波等作为探测对象。探测不同的毁伤因素，可以得到不同的核爆炸信息。例如，用光辐射的最小辐射度出现时间，来确定爆炸当量；利用电磁脉冲和冲击波到达的时间差，来确定爆炸距离等。测量设备，通常是各种核爆炸自动探测系统，利用光辐射闪光，或核电磁脉冲信号来启动仪器。

远距离探测，主要服务于战略目的，为国家最高指挥决策部门，提供核爆炸信息。通常采用预警卫星探测系统(图5.55)，和地震探测系统。卫星探测系统中装有射线、光学和核电磁

脉冲探测器。

不同的核爆炸环境和爆炸方式，产生不同的外观景象和毁伤因素。毁伤因素在不同介质中的传播规律也不相同。因此，必须针对不同的爆炸环境，采取不同的探测手段。

大气层爆炸: 探测技术多种多样，地面、空中和水下环境中，都可以对它实施探测，包括卫星技术、飞机取样、台站监测等。在禁核试条约核查体系中，国际监测系统（IMS）监测大气层爆炸的主要技术，是放射性核素监测技术。当然，为了更及时地探测发生的事件，更准确地对事件发生地点定位，也建立了全球次声台站网。

地下爆炸: 主要利用地震探测技术，其次是放射性核素监测技术，也可以用航空照相技术。每个地震台站测到的数据将及时并连续地传输到国际数据中心（IDC），经过初步处理后，形成地震事件初步参数。

水下爆炸: 探测水下爆炸，主要是靠水声探测技术，地震和放射性核素监测技术有时也能起重要的辅助作用。由于浅地表面和浅海洋表面的爆炸能分别产生与地表面爆炸和水表面爆炸时的讯号，因此，有关地面爆炸和水面爆炸的探测技术，也可以用来探测浅地表面和浅海洋表面爆炸的事件。

三、如何评估核爆毁伤效果

前面已经说过，核爆炸探测的目的，是为了弄清爆炸威力、方式、时间和位置等。但得到这些爆炸信息后，并不能说已大功告成，而是要根据这些信息，作出核爆炸毁伤效果的估算。

对攻击一方来说，一般在实施攻击之前，就对这次核攻击的毁伤效果提出了要求，并据此确定武器的威力、爆炸方式和打击精度。因此，爆后有没有达到预计的毁伤效果，就需要通过探测来检验。检验探测得到的有关数据中，除了爆炸威力、方式外，爆炸地点是否达到要求也非常重要。如果探测结果没有达到原来要求，就需要按照实际的弹着点，重新计算毁伤效果。

对防御一方来说，根据探测结果作出毁伤效果估算，更是有效地进行防护，最大限度地减少损伤、破坏的重要手段。当经过探测掌握准确的核爆炸信息后，就应该迅速作出毁伤效果估算。首先要确定各种破坏因素对被攻击地区各种目标的破坏半径，在此基础上提出应采取的救护措施。特别是城市遭到核袭击时，人员救护范围和可能的火灾区域，更是毁伤估算中的重要内容。

在核战争情况下，为了能尽快作出准确估算，一般都预先做好各种图表，作好各种预案。这样，一旦知道了有关参数，便可以得出大致的估算，然后再根据补充资料，作出更详细的结果。毁伤估算可以通过计算机来完成。可以编制出专用的应用软件，甚至可以在计算机上作出模拟显示，形象地显示出各种毁伤效果范围。

对地爆情况下放射性沾染的估算比较复杂，因为它要受到风场的影响。因此，一旦确定是地面或近地面爆炸时，及时得到风场资料十分重要。因为这是准确估算放射性沾染范围、沾染强度的前提。有了风场资料后，再结合探测中获得的稳定烟云信息，就可以求出顶高、底高和2/3尘柱高度上的平均合成风向、风速。烟云底高的合成风向，可以认为是云迹区的轴线，也就是通常所说的“热线”。2/3 尘柱高度与云

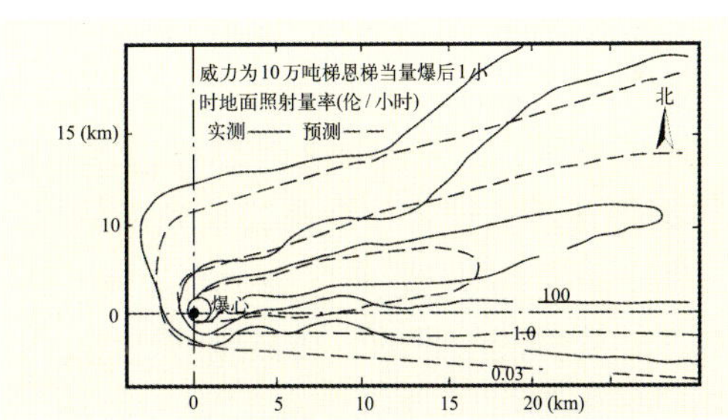

高空风 风向: 西; 风速: 100千米/小时;
1伦/小时=2.58 × 10^{-4} 库/(千克·小时)

图 5.56 放射性沾染预测与实测的比较

顶之间合成风夹角的大小，表示了沾染的范围。根据合成风便可以估算出沾染程度和范围。将估算结果标示在地图上，可以构成完整的沾染图。图5.56给出了沾染预测和爆后实测值比较的一个实例，预测值和实测值基本上一致。无论核武器袭击的对象是城市还是战场，都可以根据估算得到的沾染图，作出人员或者物资的沾染情况分析。特别是在战场上，战斗员行动路线的选取，在沾染区停留或行进间所受到的总剂量，以及在规定照射剂量下，战斗员在沾染区内能够停留多少时间，都可以根据估算的沾染图，得到满意的结果。正如前面所说的，这些计算现在都已经编成方便的应用软件了。

四、战场上探测可用哪些简易方法

核战场的核爆炸探测是减少人员伤亡，降低武器装备、器材物资破坏程度的重要手段。通过核爆炸探测，可以及时地得到核爆炸的信息，从而估算出爆后的杀伤破坏范围，为指挥部队行动和采取防护措施提供依据。

战场核爆炸探测的内容，包括闪光、火球、烟云和爆炸声。

战场核爆炸探测的目的，是为了确定爆炸时间、地点、爆炸威力、爆炸方式或高度和烟云飘移方向。

战场核爆炸探测的仪器，可利用现代高、新技术中的核侦察手段，诸如卫星侦察、航空照相、核爆炸当量仪、核电磁脉冲和光辐射探测仪、地震信号，以及综合各种爆炸因素而设计的核爆炸探测系统等。如果没有这些设备，也可以用上面提到的近距离探测中的各种仪器。

为了达到探测的目的，在核爆炸现场，可以采用以下步骤：

（1）当看见核爆炸闪光时记下该时间，同时记下听到响声时的时间。根据两个时间差和冲击波的速度，可估计爆炸距离。

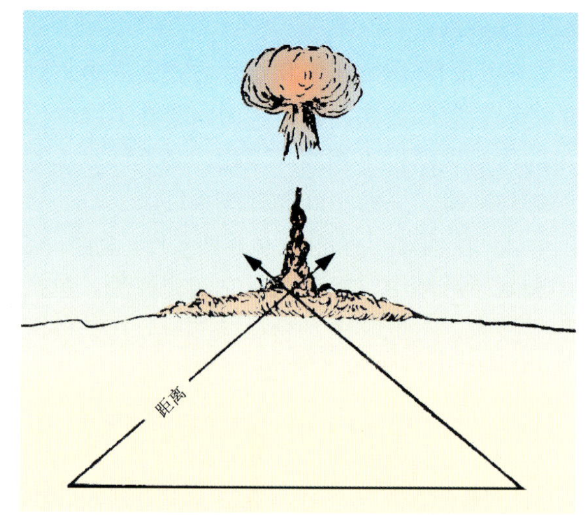

图5.57 交会法测定爆心示意图

（2）用各种光学仪器，确定火球中心的方位和测量它最初的高低角。可估计爆炸地点，结合估计的爆炸距离可得出爆炸高度。

通常利用两个测量点的结果，采用交会法可以得到爆心投影点（或爆心）的位置（图5.57）。

（3）测量不同时间的火球尺寸（直径或厚度），记录火球不再发光（熄灭）的时间；或测量不同时间的烟云尺寸（直径或厚度），和它不再上升（稳定）的时间，可以估计出爆炸威力。将对火球、烟云进行测量得到的威力求其平均值，最后得到威力的估计值。

（4）根据所估计的爆炸高度和爆炸威力，大致估计出爆炸比高，再依据火球形状和烟云颜色，确定爆炸方式。

（5）烟云稳定以后，继续测量烟云的位置，直到烟云消失为止。最后用交会法确定烟云的飘移方位。

根据已掌握的爆炸参数和资料，现场指挥机关便可以：

（1）确定需要重点考虑的毁伤因素。

如果根据爆炸参数，确定为是一次空爆，且爆炸地域人员密集，那么，应主要考虑光辐射和冲击波的毁伤作用；如果是一次地爆，则放射性沾染不可忽视。

（2）计算确定的毁伤因素值。

针对不同的目标，计算其毁伤半径或综合毁伤半径。如果是地爆，则要结合当时的气象条件，确定沾染方位和沾染范围。

（3）根据估计的毁伤半径或综合毁伤半径，制定部队的行动方案，和应采取的防护措施。

战场核爆炸探测中，应注意观察员的安全。将他们安排在安全距离外，如果无法做到，则可把他们可靠地掩蔽起来，配置装有特种滤光器和密封设备的潜望镜等。当然，配置先进的通讯设备，也是非常重要的。

五、战场上的核辐射侦察

战场核爆炸探测中，一个重要的内容，就是对放射性沾染的侦察，它是部队防核爆炸损伤的主要措施之一。前面提到的毁伤效果估算中的放射性沾染计算，只是根据现场监测信息作出的，仅能提供大致的沾染方向、范围和程度。实际沾染情况如何，需要通过现场辐射侦察加以探明。

a)

b)

图5.58　放射性沾染区标示牌

a）制式牌；b)非制式牌

现场核辐射侦察的任务，首先是探明哪些地域受到了沾染，其次是查清沾染地域的沾染程度，特别是部队配置或将要通过区域的沾染情况，以及武器装备、空气、水源等的沾污程度。查明沾染情况后，应及时地用醒目的制式或非制式标示牌（见图5.58a、b)，标识已经受到沾染的地带。图5.58中的标示牌都标明了该地域已经受到沾染，侦测时间分别是3月2日上午8时和6时。制式标记上还标明了侦察当时该地点的沾染程度为0.5戈瑞／小时，并用箭头表示了前进的方向。如果部队需要通过这一地带，便要按照箭头指示的方向行进，以免受到更严重的沾染。非制式标记一般只指出该地区已受到了沾染，提示人们避免受到放射性沾染的危害。

为了减少侦察人员所受的辐射剂量，而又能全面准确地探明沾染情况，侦察工作必须严密

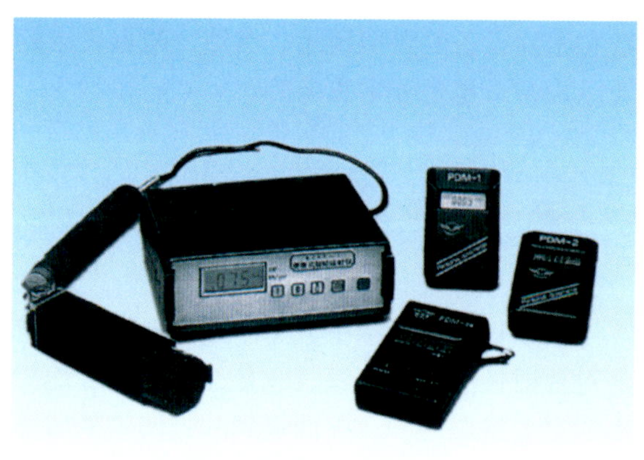

图 5.59 轻便核辐射监测仪器

A. BZNF-1 型便携式智能辐射仪；B. PDM 型个人辐射剂量仪

组织。每个侦察分队应明确自己的侦察路线、需要重点测量的具体位置、完成任务的时间和这次任务中容许的受照剂量等。

用于战场上的探测仪器，根据用途，可以分为地面辐射侦察、放射性沾染监测、空气污染测量和个人剂量监测等类型。图 5.59 标示的是一套便携式智能辐射仪和个人辐射剂量仪，后者能方便地监测个人的辐照剂量。地面γ辐照剂量监测中，比较常用的有各种型号的辐射级仪、乙丙仪和射线探测仪等。

随着测量技术和计算机技术的发展，核爆炸探测仪器的测量精度和自动化程度越来越高。图 5.60 是核爆炸自动观测仪外形图，它主要由探头和操纵箱等部件组成。

核辐射侦察，可以是徒步侦察、乘车侦察、有线探测和无线探测等。徒步侦察虽然比较灵活，但人员接受辐照量大，需要慎重采取。

战场核辐射侦察后放射性沾染的消除，是减轻放射性危害的重要环节。人员和所用的侦察器材设备，都需要按照预定的程序，进行严格的清洗、消除和处理。

核爆炸探测准确与否，取决于侦察人员掌握核武器知识和核爆炸效应知识的程度。为了能快速地得到探测结果，及时地为决策部门制定行动方案提供依据，平时就应该利用核爆炸效应知识，制定出相应的便于应用的图表，在计算机高度发达的今天，更可以设计出既能计算，又能将计算结果显示出来的应用软件，以供战时使用。当然，为了做好核爆炸探测工作，部队平时也应多作训练。

图 5.60 核爆炸自动观测仪外形图

核武器与世界上任何事物均具有两重性一样，它既具有巨大的杀伤破坏力，又是可以防护的。它以多种杀伤破坏因素对人员、武器装备起着毁伤作用。然而，只要掌握它产生的各种因素的传播规律，认识它的毁伤特性，采取相应的防护措施和手段，便可以减轻或防止它的危害。

第六章

核武器的未来

核武器问世以来的半个多世纪里，全世界爱好和平的人们一直盼望并努力促进早日实现全面禁止和彻底销毁核武器的目标。国际社会在1968年和1996年先后达成的《核不扩散条约》和《全面禁止核试验条约》，就是这种坚持不懈的努力所取得的代表性成果。但另一方面，一些国家的决策者们，始终想借助核武器特殊的超级军事能力，来扩张自己的势力，并企图把核武器设计得更便于在实战中使用，以达到威胁他国或称霸世界的目的。这两种态势看来还将持续相当长一段时期。那么在这段时期里，核武器会起什么样的作用？它还会不会进一步发展？怎样发展？这些就是本章将要探讨的问题。

第一节 未来核武器的作用

一、核大国继续把核武器视为国家安全的支柱

前面已经讲到，核武器的主要作用是核威慑。其核心是以核打击和核报复力量为后盾，以可能采取敌对行动一方的大城市中心或重要军事力量等为攻击目标，进行恫吓，使其认识到一旦采取敌对行动将招致核毁灭和生态破坏的严重后果。在当今世界，核武器已形成超级军事力量，其使用会造成空前巨大的破坏后果，这是其他武器所无法替代的。尽管近年来美国政府竭力鼓吹“相互确保摧毁”是冷战思维，核威慑概念已经过时，但实际上只要核武器这个特性继续存在，它的威慑作用就不会消失。特别是当其他武器无能为力时，核武器将是最后的依靠手段。正是由于这个原因，无论是冷战期间，还是冷战结束后的今天，美、俄两国仍然把核武器视为国家安全的支柱，其地位始终没有动摇。

值得注意的是，美国国防部在2002年1月公布的《核态势审议报告》(NPR)简报中，把核武器的威慑对象从主要威慑俄罗斯，扩大到所有拥有大规模杀伤性武器的非俄罗斯国家，而不管对方有无核武器。过去美国历届政府曾作过承诺，在任何条件下或在一定条件下，不对无核国家使用或威胁使用核武器（被称为“消极安全保证”）。上述报告表明，美国已明确放弃了曾作出过的这一承诺。

美国在《核态势审议报告》中还提出了战略力量“三位一体”的新概念。它包括：由核

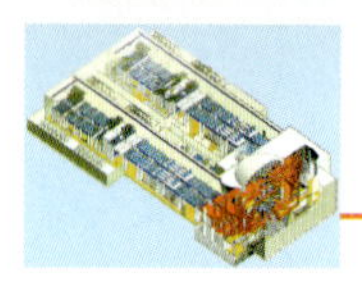

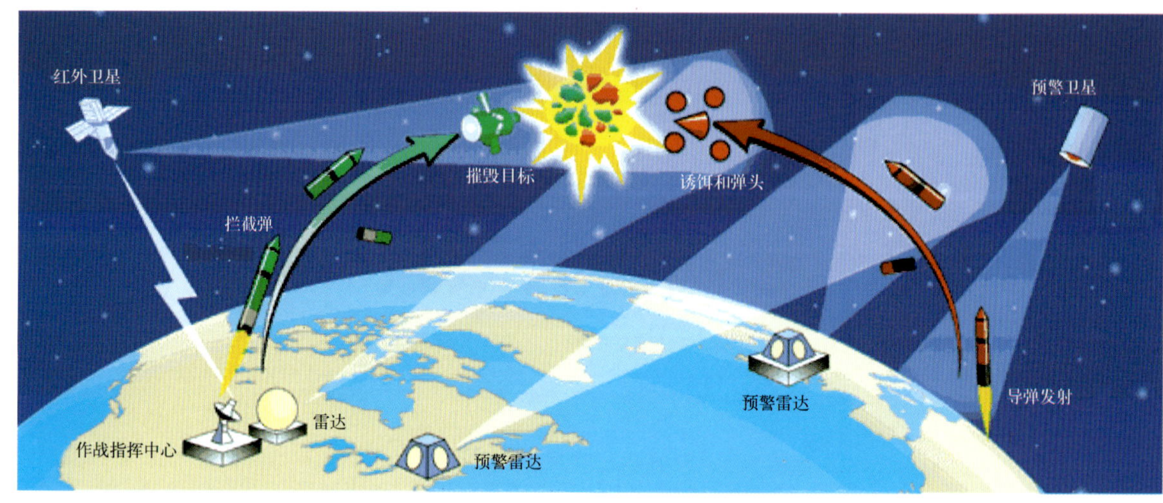

图 6.1　美国国家导弹防御系统示意图

力量和非核力量组成的进攻性打击系统；防御（主动防御和被动防御）；以及具有活力的国防基础设施，能够提供新的能力以随时对付正在出现的威胁。这是美国为适应未来战争的不确定性、多变性和非对称性等特点而建立的以能力为基础的攻防兼备的体系。在进攻性打击系统中，它将核力量与非核常规力量紧密结合，以更好地发挥其战略威慑作用。美国还把防御系统作为新"三位一体"战略力量的重要组成部分。防御是为了更好的进攻，进攻也是为了更好的防御，这是大家熟知的军事策略。美国计划中的战略防御，其关键系统就是已发展多年的国家导弹防御（NMD）系统。该系统的作战模式是天地合一，立体作战。覆盖全球的卫星网一旦探测到有导弹发射，预警卫星立即将导弹速度、弹道及可能的拦截点等数据传到地面作战指挥中心，国家导弹防御系统进入警戒，地面雷达网对导弹进行跟踪，提供更加精确的信息，确认属于威胁后，发射动能拦截弹摧毁来袭导弹。图6.1为美国国家导弹防御系统示意图。这种防御系统虽然还不具备对付像俄罗斯那样大量核导弹攻击的能力，但足以应付中小国家有限数量的导弹（包括核导弹）的攻击。这样一来，大大降低了中小核国家核威慑能力的有效性，而使美国的核威慑能力得到显著增强。由于发展和部署这种国家导弹防御系统，明显违背了美苏1972年签署的《反弹道导弹条约》。美国不顾国际社会的广泛反对和可能对世界核不扩散体制造成的冲击，悍然于2001年12月宣布单方面退出这一条约。这可能会进一步引发新的核军备竞赛。

俄罗斯和美国一样，继续把核武器视为国家安全的支柱。2001年4月，俄罗斯公布了普京批准的《俄联邦军事学说》。这份被称为俄罗斯新军事学说的文件，进一步强化了俄罗斯的核战略，继续把核武器作为遏制战争、保证俄罗斯及其盟友军事安全、保持国际稳定与和平的重要因素。

二、核武器实战化的趋势可能有所发展

冷战后有核大国参与的几次局部战争，显示了核威慑条件下信息化高技术战争的一些特点。在海湾战争和科索沃战争等局部战争中，各种高技术武器，特别是信息化武器在实战中得到了较好的运用，从而以较小的代价换取了较大的胜利。战争向信息化高技术方向发展，使不少人淡忘了核武器乃至核战争。其实不然，

海湾战争期间，美英两国为防止伊拉克使用化学武器，在陆地和海上针对伊拉克部署了800余件战术核武器。时任英国国防部参谋长的戴维·克雷格曾直言不讳声称“如果萨达姆敢使用化学武器，英国将使用战术核武器予以打击”。

但是，现在一些核大国并不满足于仅发挥核武器的威慑作用，它们还想使核武器进一步实战化。美国的《核态势审议报告》就赋予了核武器三大使命：一是攻击能承受非核打击的目标（即能抵挡所有常规武器打击的目标）；二是反击向美国发动的核生化武器袭击；三是用于对付出人意料的军事突发事件。这三大使命不仅将核武器的威慑作用由威慑核进攻扩大到威慑其他大规模杀伤性武器的进攻，而且进一步明确了必要时将首先使用核武器对敌进行打击，显然促使了核武器实战化趋势的进一步发展。

根据美国情报机构分析，在实战中有三类目标最难以对付。第一类是深埋加固目标，估计目前有70多个国家均有这类地下设施。这些设施主要是指挥控制中心、弹道导弹基地、核生化等大规模杀伤性武器设施等。这些设施不仅埋得深，位置也不确定，常规武器不能有效地打击此类目标。第二类是机动和可移动目标。打击这类目标面临的一个最大挑战是如何跟踪和准确定位这类目标。第三类是生化战剂目标。对付这类目标需要解决的问题是如何准确地搜索、掌握战剂的生产和储存场地，设施规模，以及战剂的成分等有关情报，同时采用什么手段使其不能使用、不能流动、失效或摧毁。

针对这三项新的军事需求，美国一方面着手研制对付这些目标的新型核武器（详见本章第四节）。例如，发展高命中精度、威力可调或低威力、深钻地的小型核武器。美国企图用这种武器有效地打击深埋地下目标，并尽量减少间接损害（即减少核武器放射性沾染泄露到地面的现象），从而缩小核武器与常规武器的差别，使核武器变得可实用化。此外，还发展用来对付生化战剂的所谓“除剂武器”和核电磁脉冲武器等。

另一方面是加强信息化系统技术和指挥、控制、通信和情报（C^3I）系统的功能，目的是使这些系统具有更好的跟踪、识别、表征、定位深埋加固目标和可移动目标的能力，并能迅速形成打击方案和进行打击后准确评估，使战略进攻武器系统实施更有效的打击；同时要使这些系统能在核战争环境下仍能正常工作，使它具有较强抗核电磁脉冲效应的能力，保证作战系统的顺利运行。为此，美国的《核态势审议报告》作了一系列规划。例如，优化卫星网，研制具有自动搜索功能的新型传感器，发展有核生存能力的通讯系统，发展能满足有保障、可生存和持久核指挥、控制的先进宽带系统，发展由空间能力、机载能力、水（地）面能力和水（地）下能力共同组成的大系统，以及在出人意料的军事突发事件中能及时、迅速产生深思熟虑的作战计划的自适应系统。

除美国外，俄罗斯也正在发展更加实用的小型化低威力核武器等新型核武器，俄罗斯表示必须拥有能在任何条件下，给任何侵略者以致命打击的核能力。俄罗斯保留使用核武器还击以核武器、其它大规模杀伤性武器以及常规武器大规模侵犯俄罗斯及其盟国的权力。这就是说，只要有外敌入侵，俄罗斯均有权动用核武器进行打击。特别是冷战之后，俄罗斯与西方高技术武器差距增大，促使俄罗斯用核武器来威慑和报复高技术战争。俄军事领导人明确表示：如敌人利用非核高技术武器攻击俄罗斯战略核力量、核设施（包括核电站）或可造成生态灾难的目标（如化工厂、大型水坝），俄罗斯将坚决用核武器反击。同时，为了抗衡美国发展的国家导弹防御系统，俄罗斯加快了突防性能更好的“白杨-M”(SS-27)导弹(参见本章第4节)的发展与部署。

由上可见，美、俄等核国家正在放宽其首先使用核武器的条件，并扩大核打击目标范围，其核武器实战化的趋势在发展。因此，核战争

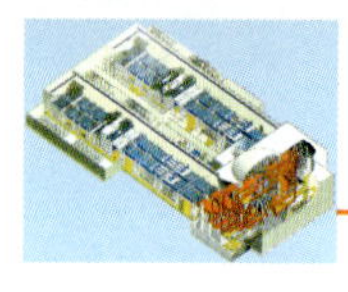

的危险不仅没有消失，而且核战争的门槛还在越降越低。当然，核武器的巨大毁伤力使它很难实际使用，因此，美、俄的核政策是否能兑现，人们还将拭目以待。

三、核武器在相当长时期内不可能完全消失

几十年来，核军控和核裁军虽然取得一定程度的进展，但美、俄两国现有的庞大核武库和印巴等国热衷于发展核武器这些事实表明，离全面禁止和彻底销毁核武器的时代，尚有很大距离。

表面上看来，1991 年美俄《第一阶段削减战略核武器条约》（START I）的实施，使美俄部署的核弹头数减少到 6 000 ~ 7 000 枚；2002 年 5 月，美俄《战略进攻性武器削减条约》的签订，要求2012年美俄部署的作战核弹头数不超过 1 700 ~ 2 200 枚（这也是美国《核态势审议报告》规划的指标）。这些给人们的印象是，美俄的核武器已经有了很大幅度的削减，核武库规模将大大缩小。但实际上，由于现有的这些条约中，均没有关于削减核弹头销毁的条款，因而这种削减是可逆的，只不过是把部署的处于作战状态的核弹头，转移到其他状态或库存状态，而核武库中核武器总数基本上保持不变。从《核态势审议报告》可以十分清楚地看出，2002 年至 2012 年期间，美国核武库中弹头总数始终保持在 10 000 枚左右。

这种搬家式的削减方式和可逆的特点，在《核态势审议报告》中可以看得十分清楚。该报告把美国核武库中核弹头分为现役和非现役两大类；再把现役类分为部署作战和部署检修、快速响应和备用四类。而上述美俄签署的两种条约中，核弹头数的限额，仅指现役部署作战类的弹头数。经过这种分类技巧处理，实施条约时的具体操作就十分容易了，只需把条约规定的超标部分的作战类核弹头，一部分转移成检修类、快速响应类和备用类，另一部分转移成非现役类。经过这种搬家式的处理，即可完成条约实施。同时，《核态势审议报告》也明确指出，一旦情况紧急，这些快速响应类、备用类的核弹头可立即返回至部署作战类，甚至非现役类也可以返回到现役类。这种削减的可逆特点暴露得清清楚楚。当然，这些条约并非一无是处，至少限制了随时处于戒备状态的作战类核力量。

除了美俄继续保持庞大的核武库外，个别无核武器国家还在千方百计要拥有核武器，把核武器作为抗衡核大国、威慑他国和提高本国国际地位的手段。印度、巴基斯坦发展核武器就是最好的例证（图 6.2 和图 6.3）。印度把称雄南亚次大陆，迈向印度洋，争当世界“一等强国”作为它的战略目标。发展核武器，就是实现这一战略目标的重要步骤之一。除了印度、巴基斯坦外，还有一些国家也在谋求发展核武器，有的是为了抗衡核大国，有的为在局部战争中对抗敌对强国非核高技术武器，威慑和阻止它们的参与和干涉。因此，核武器扩散的危机可能进一步加大，潜在的核国家数量将可能增加。

图 6.2　印度核试验装置正在吊装

图 6.3　巴基斯坦的“沙欣”I 导弹

6

综上所述，可以看到，在未来的世界里，核大国不愿意放弃核武器，一些具备开发核能力的国家还在千方百计地设法拥有核武器。在杀伤效果上，目前和今后相当长一段时期内还没有能够取代核武器的其他武器；因此，在相当长的时期里核武器不可能完全消失，核战争的危险依然存在。

第二节
各国核武库面临的问题

尽管美俄等国都已各自进行了千次左右的核试验，其他一些国家也进行了数十次核试验，核武器发展已达到很高水平。但由于核武器的动作过程过于复杂，在设计核武器过程中掺杂了很多经验因素，因此，从技术角度来看，留下了不少问题，尤其是在无核试验的情况下，会影响核武器发展。

一、核武库的可靠性和安全性问题

核武器中包含有化学物理性质不稳定的炸药和放射性核材料，在储存过程中，这些材料会随着时间的推移发生变化，例如放射性衰变、脆化、腐蚀、变质等。特别是材料之间的不相容性，会加速腐蚀，即“老化”。这就是库存核武器可靠性问题。它会影响核武器动作时的正常功能，甚至使核武器在作战时不能正常爆炸。要缓解核武器“老化”，除了改善储存环境和储存状态，加强定期检测外，在武器设计时必须采取延长武器寿命的各种措施，包括所用材料（特别是核材料）的储存稳定性、材料之间的相容性、材料和部件在储存环境中的适应性、以及易损部件（光电子部件）的可维护性等，以确保核武器可靠性，在一旦需要使用时能可靠地实现核爆炸，并达到规定的各项战术指标。此外，在严酷的环境下，例如，核弹头再入大气层时所经受的过载和烧蚀等恶劣环境中，核武器必须按规定要求实现爆炸。库存中，这些材料的相互作用及老化效应的积累，会有一个时间过程，必须进行长时间观察和实验研究（图 6.4）。

图 6.4　美国利弗莫尔实验室的研究人员正在研究钚材料老化

核武器安全性的含义包括两方面。一方面是保安性，即防止核武器非授权使用和被偷盗劫持。主要靠法规和安全保卫措施来保证（见本书第三章有关介绍）。与核武器部件设计有关的措施是密码锁和增强核引爆安全系统（把引爆的电气部件与能源部件隔离开）。这两项技术可以在无核试验下进行研究，不会受禁止核试验的影响。另一方面是防止储运和使用、操作过程中意外发生核爆炸，包括核爆安全和化爆安全（见本书第三章有关介绍）。目前在这方面所采用的技术有钝感炸药和耐火弹芯等。这些技术与核装置部件设计有关，以往用核试验来检验设计效果，禁止核试验后会使其改进面临一些难题。

此外，为了在确保核武器可靠性和安全性的条件下，延长核武器寿命，需要对早期核装置中使用的结构材料或核材料进行更换，但由于各种原因（例如，因不合环保标准而禁用，或因工艺落后而被淘汰），需要采用新材料，或对制造工艺和加工方法进行重大改进。这就需要解决新的代用材料和重新制造的可靠性问题。

以上这些问题，以往是通过核试验逐步解决，而现在则需要考虑新的解决途径（本章第

三节中介绍)。而最终能否完满解决，还需要在今后的实践中进一步检验。

二、发展新型核武器问题

核试验在核武器发展中发挥了非常独特的重要作用。到目前为止，无论是先进的计算机数值模拟或是在实验室中的各种模拟实验，总不能完全符合实际情况；核武器工作时的高温高密度状态，在目前的实验室条件下难以达到；有些核爆炸效应还只能在核试验中测量。因此，对于在无核试验情况下能否发展新型核武器，核武器科学家之间还存在不同看法。美国洛斯·阿拉莫斯核武器实验室副主任S.M.杨格认为，“在目前和可预计的科学发展条件下，不经过核试验很难或不可能设计出新的、可靠的、具有最优化设计的核弹头。”俄罗斯核武器专家P.U.伊利卡耶夫也持同样观点。

尽管如此，美俄等核大国还是一直在探索无核试验条件下能否和如何继续发展核武器的问题，因为全面禁止核试验条约并不禁止设计新武器。美国《核态势审议报告》指出，现有核武库中的核武器，在适应新的军事需求方面还有一定局限性，因此必须探索新型核武器来满足需求。为此，美国国家核安全管理局在华盛顿本部和核武器实验室中重建先进弹头概念设计队伍。但由于禁止核试验很可能妨碍这项工作的深入开展，因此《核态势审议报告》明确提出，继续反对批准《全面禁止核试验条约》，做好加快恢复核试验的准备。

三、深化对武器物理规律的认识

如前所述，由于核武器的工作过程过于复杂，在描述这些过程中，还存在许多“经验因子”和“人为处理”，这说明对其中的物理规律并未精确地认识和掌握，还需要将经验性的成分上升到科学的规律性认识，也就是要求在与武器物理相关的各个学科中开展更为深入的基础研究。无论是确保核武库的安全性和可靠性，或是开发新型核武器，都需要关于武器物理规律的各学科科学认识作为基础，并需要这些科学认识的指导。

第三节 禁核试条件下的核武器研究

《全面禁止核试验条约》签署后，核武器的研究进入了一个新阶段。在禁核试前的数十年间，研制发展核武器、维持核武库的安全性、可靠性和有效性的方法，可以说是以核试验为基础。全面禁核试后这个基础没有了，要设计新的核武器、改进现有核武器的性能，或对经长期存放的核武器的安全性、可靠性和有效性做出判断，必须改用其他方法。

禁核试后如何开展核武器研究，各核武器国家都进行了准备。美国1994年、1995年先后提出“核武库管理计划”，1996年9月美国能源部及其下属的三个国家武器实验室，又共同提出《加速战略计算计划》。这些计划的经费每年超过40亿美元，15年内共计划投资600亿美元以上。其他一些核大国，也都制定了相应的对策和计划。

禁核试后的核武器研究工作主要包括：大力加强实验室实验能力、进行次临界实验、加强计算机模拟与仿真、增强库存监测和实施非核部件生产的现代化等。在全面禁止核试验后，这些研究工作将是继续保持核武器安全性、可靠性和有效性，提高武器研制人员技术素质的主要途径。下面我们主要以美国为例，介绍他们的研究工作开展情况。

一、实验室实验研究

实验室实验研究是指利用各种实验室内设施，为模拟核武器爆炸物理过程而进行的爆炸、冲击波、辐射输运等各种实验研究。通常要求实验的主要参数（例如温度、压力、冲击波速度、辐射强度、核物理截面参数等）要达到或尽量接近核武器工作时的指标。实验室实验一方面是为计算机数值模拟提供各种准确的物理参数；另一方面又对计算机数值模拟进行实验检验，校正计算机模拟程序。由于核武器工作在极端条件下，因而室内实验通常需要一些大型的高功率、高能量脉冲功率专用设施或工程，才能达到或接近模拟核爆炸的要求。

美国《核武库管理计划》通过建立一系列大型室内实验装置来提高实验室的武器物理研究能力。这些装置包括：国家点火装置，X射线脉冲功率装置，双轴闪光照相流体动力学试验装置，先进流体试验装置，先进辐射源等八大装置。这些均是在现阶段暂停核试验条件下，美国开展高能密度物理研究，尤其是进行核武器物理研究的重要工具和手段。

在上述实验室装置中，美国国家点火装置（NIF）已耗资几十亿美元，是目前世界上规模最大的在建核爆模拟装置。计划在2008年至2010年间投入运行。

美国国家点火装置希望利用大型激光器产生的高强度激光照射含氘氚的靶丸，创造产生热核聚变点火的条件。国家点火装置总共可产生192路激光束，激光总能量达1.9兆焦耳。美国计划用于研究核装置次级的物理过程，特别是研究流体动力学不稳定性、辐射输运、状态方程以及辐射自由程等问题。图6.5为美国国家点火装置设想图。

其他一些国家也在建造类似的装置，法国正在建造的兆焦耳激光器（图6.6）。该激光器

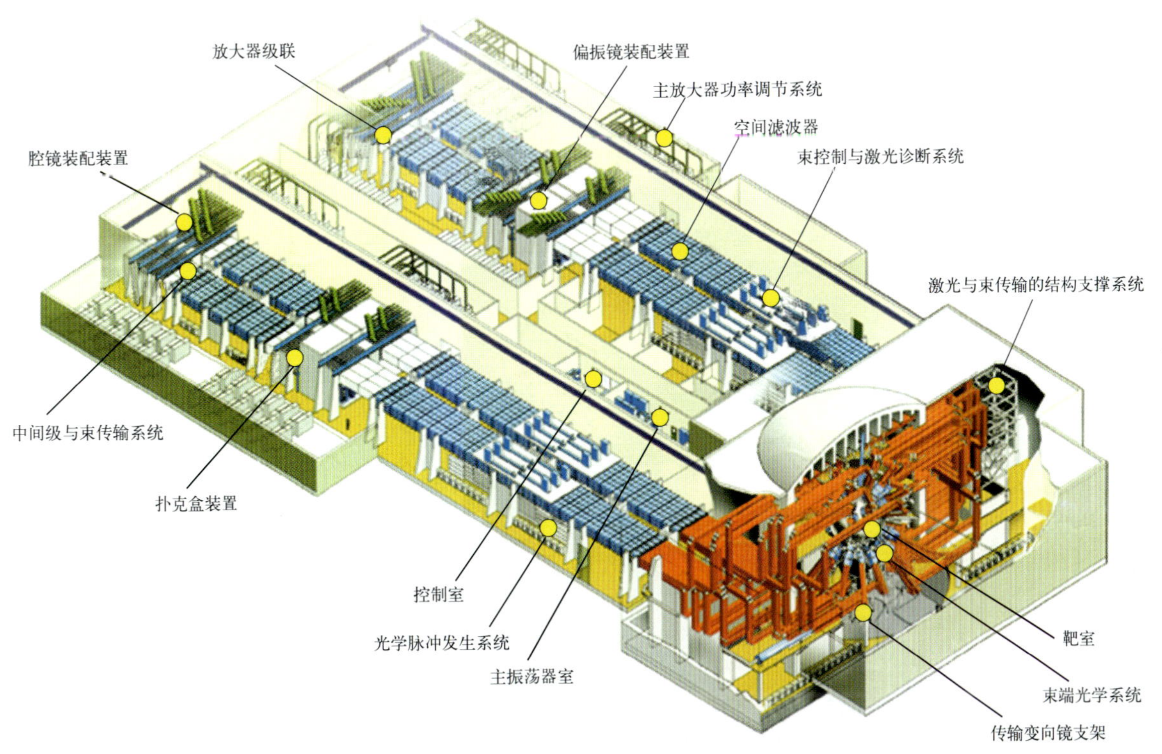

图6.5 美国国家点火装置设想图

图 6.6　法国的兆焦耳激光器

共有240路激光束，激光总能量为1.8兆焦耳，第一路原型样机于2001年建成，计划在2008年投入运行。

还有一种核爆模拟装置是利用等离子体Z箍缩原理的高功率脉冲装置。它利用强电流产生的磁场压缩套筒等离子体壳体，产生X射线脉冲，用于进行高能密度物理与惯性约束聚变研究。美国圣地亚实验室的PBFA-Z装置和俄罗斯已建的“安加拉”（Angara）装置及拟建的“贝尔加湖”装置，都采用这种原理。它们利用几十兆安的快脉冲电流通过柱型金属丝阵或金属套筒靶，形成高温高密度等离子体区，从而产生功率高达几百太瓦（1太瓦=10^{12}瓦）的X射线辐射。然后利用这些X射线压缩含氘氚气体的小球，实现对核装置次级动作过程的模拟研究。美国的PBFA-Z装置（图6.7），直径33米，高6米，可产生18～20兆安、脉冲前沿<100纳秒的箍缩电流，上世纪末已产生1.8～2.0兆焦耳的X射线辐射。

双轴闪光照相流体动力学试验装置（图6.8）是美国投巨资建造的另一种大型实验装置，其原理是利用两路互相垂直的直线感应加速器大型X光机，产生强X光进行爆轰试验闪光照相。该装置采用互相垂直的两路X光设计（即所谓双轴设计），可提供内爆过程中物理特性随时间变化的物理图像和分析数据，是解决核武器安全性和可靠性、验证对核装置初级的物理认识和预测能力的实验工具，在2002年竣工。

图 6.8　双轴闪光照相流体动力学试验装置

图 6.7　美国圣地亚实验室的PBFA-Z脉冲功率装置

以国家点火装置、X射线脉冲功率装置以及双轴闪光照相流体动力学试验装置为代表的一系列大型实验室装置，对于加强实验室实验研究能力，促进武器物理及相关学科的基础研究，保持核武器实验室的技术能力，具有十分重要的意义。

二、次临界实验

次临界实验是指带核材料但不发生链式核反应（核材料仍处于次临界状态）的爆轰流体力学实验。一些核国家认为这是在禁核试后仍然允许进行的试验。

次临界实验可以研究武器中裂变材料在炸药产生的高压动载条件下的材料特性，也可用接近完全原型的实验装置，研究裂变材料在武器条件下的行为，如裂变材料库存老化后是否会影响武器战术技术性能等。对次临界实验在材料研究中的重要性，美国能源部防务计划官员罗宾·斯坦芬在1997年能源部的圆桌会议上强调：次临界实验可研究钚材料的热力学性质（状态方程、压力、体积、温度），表面性质（喷射、反射），结构性质（强度、熔点），机械性质（断裂），表面速度和时间关系等。这些研究，也能从不同角度、不同层次考核、校验计算机模拟程序，使计算机模拟具有更强的预测能力。

自1997年以来，美国每年至少要进行2~3次次临界实验，到2002年8月，美国官方宣布进行了18次次临界实验。美国能源部已计划每年增加次临界实验次数。核武器专家认为，通过次临界实验，不仅可研究与核材料老化有关的一系列问题，还可以使核试验场设备和设施保持良好状态，并使实验和诊断队伍得到锻炼，以满足一旦恢复核试验时的需要。图6.9为美国进行次临界实验的内华达U1A设施的地面部分。该设施的地下部分有几条主隧道（每条长约250米），分成几个实验区。美国利弗莫尔和洛斯阿拉莫斯实验室均在此进行次临界实验，英国也在此进行次临界实验。图6.10为美国利弗莫尔实验室的研究人员正在内华达核试验场U1A设施的隧道内准备次临界实验。

图6.9　美国内华达试验场U1A设施的地面部分

图6.10　美国利弗莫尔实验室的研究人员正在隧道内准备次临界实验

其他核国家都有类似的次临界实验计划。

图6.11　俄罗斯进行次临界实验的新地岛核试验场

法国也进行过次临界实验；全面禁止核试验条约签署后，俄罗斯已宣布进行过多次次临界实验。图6.11为俄罗斯进行次临界实验的新地岛

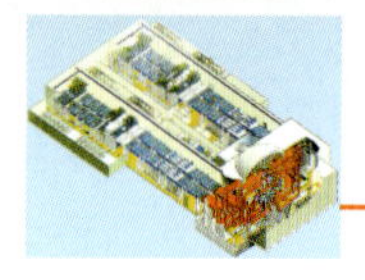

核试验场。

由于次临界实验在研究核材料老化等问题、保持核试验场设备与设施、及锻炼实验和诊断队伍等方面具有特殊意义，在未来的核武器发展中将发挥十分重要的作用。

三、计算机模拟和仿真

计算机模拟和仿真是利用计算机强大的运算能力对核装置爆炸全过程进行数值模拟，通过计算来描述、判断核装置爆炸的发展过程和最终的结果。是目前模拟核试验的最主要手段之一。计算机模拟需要有一套核装置爆炸物理过程的物理描述方案和数值模拟程序；需要有完整的经实验室实验证实的物理参数和数据库；还要有高性能计算机。计算机模拟实际上在以前的核武器研制过程中就一直在使用，但因对武器物理过程的了解还不够全面，有一些物理参数（如一些材料的状态方程、辐射自由程、中子参数等）不十分清楚，在使用程序包进行计算时常采用一些经验数据和可调参数，使它包含不少经验成分；此外，由于计算机能力的限制，整体程序包只能是一维和二维的。这些原因使得计算机数值模拟计算的准确性和精确度较差，还必须用核试验来进行最终的检验，同时用核试验的结果来校正程序包，使程序包不断完善。禁核试后，这些工作将无法进行，因此，利用过去的核试验结果改进计算机模拟计算程序包就显得非常重要。程序包能否正确描述整体集成后的武器反应全过程，只有靠过去核试验数据结果进行全面细致的考察比照。也就是说，只有当改进后的程序包用统一的物理模型、参数和方法能完全正确地计算过去各次核试验，得到与过去核试验相一致的结果时，才能认为程序包的改进已经完成。因此，通过分析总结历次的核试验数据，对过去的核试验总结数据进行再分析再研究，对程序包进行进一步的考核检验，是禁核试后核武器研究的重要基础工作之一。

为了充分利用过去的核试验结果，美国正在利用计算机网络和数据库技术，对过去的核试验数据进行整理，并建立起了供能源部及整个核武器研制综合体使用的大型分布式数据库，使之能更好地为室内实验研究、计算机模拟和次临界实验，甚至为开发新核武器提供强有力的支持。

要用计算机数值模拟计算的手段准确描绘核装置爆炸发展过程和最终结果，首先是要有能准确描述核爆全过程的物理方案和参数；其次是要进一步提高数值模拟水平，提高计算程序准确性；另外还要研制、装备高性能计算机，使之能够进行二维、三维以上更精确的模拟计算。这就要求努力提高理论研究水平和实验室实验能力，并在充分进行理论研究和实验室实验研究基础上，尽可能将数值模拟计算中的经验性成分去掉，使其具有坚实的科学基础。

美国增强计算机模拟能力主要通过《加速战略计算计划》来实现，它的目标是将武器评估方法从以试验为基础转移到以数值计算为基础。该计划的主要内容包括：开发高级的应用软件，建立描述全系统、全物理过程的三维模拟计算程序；到2003—2004年将计算能力提高到每秒百万亿次；在计算机硬件和大规模计算环境等方面取得显著进展。

《加速战略计算计划》的主要目标包括：进行高效能虚拟试验，分析核武器性能，预计核武器动作过程，延长库存武器寿命，减少库存武器质量验证和部件更换所需的试验和生产设备。

图6.12为美国国际商用机器公司（IBM）为美国核武器实验室建造的“白”计算机，用于进行核爆仿真模拟研究。这台计算机共使用了8 192个微处理器，运算速度为每秒12万亿次，大约是普通台式计算机的一万倍，占地约1 100平方米，比两个篮球场还大。

与美国的《加速战略计算计划》相似，法

图 6.12 美国核武器实验室建造的“白”计算机

国原子能委员会也制定并实施了《模拟计划》。该计划包括改进物理模型、数值模拟和实验验证等内容。根据该计划，法国与美国康柏公司合作，在2001年建成了“太拉”(TERA)大型计算机，其运算速度为每秒5万亿次，是欧洲最强大的超级计算机（图6.13)。

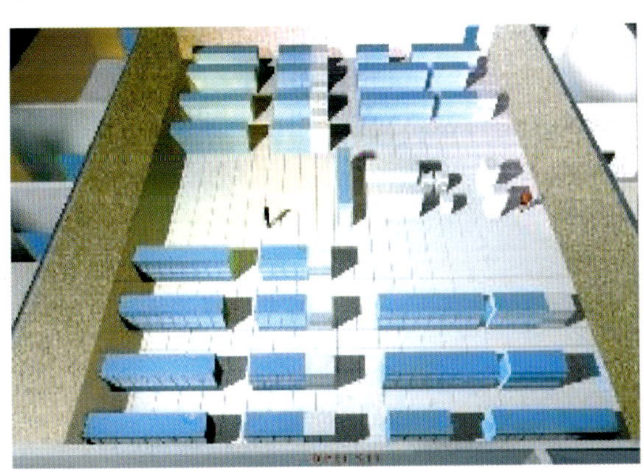

图 6.13 法国的“太拉”计算机机房外景图

四、增强监测

美国核武器设计的库存寿命一般为20年左右。冷战后，核武器生产数量大大减少，为了保持有足够数量的核武器，要求延长库存期，大部分要达到30～50年，有的甚至要达到60年。美国现役核武器中有许多是20世纪80年代生产的，一些弹头将会出现与老化有关的问题。为了维护核武库的安全性与可靠性，美国能源部在1996年还启动了《增强监测计划》。

该计划的主要目标是，发展增强监测所需的技术和手段，深化对武器材料特性和武器科学基础的认识，显著提高监测和预估能力。

《增强监测计划》的主要内容包括：试验和研究现有库存（包括退役弹头）材料、零部件及系统与老化有关的问题；改进材料老化和材料性能的计算模型；采用增强数据采集系统模型进行非核飞行试验；发展处理现有监测数据以及档案数据的先进分析技术；发展声学、X射线、中子层析照相等无损监测技术；以及传感器技术（研制新型集成传感器，提高武器部件和子系统的自诊断能力）等。图6.14为美国核武器

图 6.14 技术人员正在对核弹头进行气体采样

6

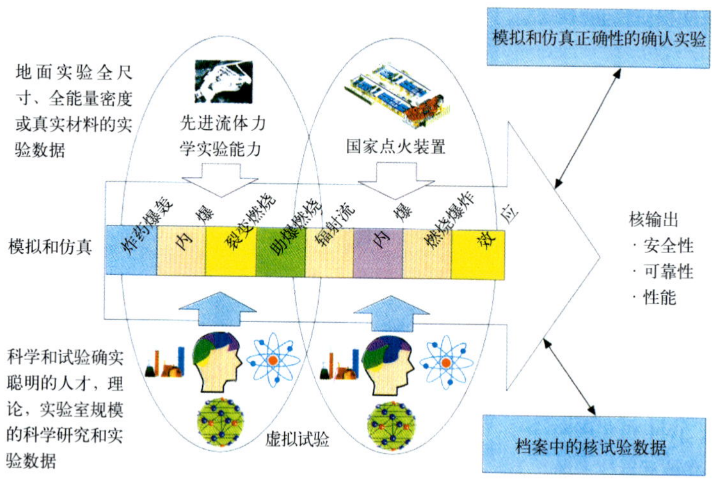

图 6.15　禁核试后核武器研究的整体思路

实验室技术人员正在对核弹头进行气体采样，以便对弹头内有机材料产生的气体进行分析，研究材料老化情况。

五、实施非核部件生产的现代化

美国现役核力量的核弹头，大都是20世纪70年代至80年代的产品，像比较先进的三叉戟II-D5导弹核弹头W88/MK5，也是80年代生产的。这些弹头内所采用的许多非核部件，在技术上已经落后，大部分厂商已不再供应。特别是目前所使用的电子部件，与几年前武器中采用的很少有共同之处。为了满足今后20年美国能源部核武库延寿计划的需求，更换这些过时的或者有限寿命部件，是当前延寿工作中的一项重要任务。如果采用原样复制品替代，是不明智的，不但技术上不可行，而且费钱。美国圣地亚核武器实验室正在组建微系统和工程科学应用联合企业，以适应非核部件生产现代化的要求。计划发展集成微系统（包括硅基微电子、传感器、微机电系统和集成半导体装置——包含多芯片组），以满足当前高可靠性、高安全性和低成本的迫切要求。该系统设计的主要优点有：数百个单个部件可以被单一的多功能部件取代；可减少数千个焊点（最易老化失灵）；功能类似部件的制造成本可以大大减少；完整的模块化部件更易替换和改进。这项微系统和工程科学应用计划（MESA）预计在2005年完成。

以上一些禁核试后进行的项目都是核武器研究的部分构想。美国禁核试后设想的核武器研究整体思路见图6.15。图中左边部分文字表示禁核试后继续核武器研究的基础，包括地面实验、模拟和仿真、科学和试验等。中间的文字部分表示研究对象为武器的物理过程，包括核装置初级和次级中的八个过程，即：炸药爆轰、初级内爆、裂变燃烧、助爆燃烧、辐射流、次级内爆、燃烧爆炸、效应等。中间两椭圆部分，左边椭圆大致为核装置初级的研究内容及使用的手段，右边椭圆部分大致为核装置次级的研究内容及使用的手段。在这些手段中，计算机模拟的武器物理全过程，被认为是在计算机上做核试验，因而被称为“虚拟试验”。右边文字部分表示经过模拟和仿真正确性的确认实验，以及历次核试验数据验证后所得到的研究结果，即是对核武器性能、安全性、可靠性等的准确预言。这些内容与手段相辅相成，互相补充。

上面介绍了全面禁止核试验之后，为继续确保核武器的安全性和可靠性进行的研究和采取的措施，这些工作都是必不可少的。但能否真正长期确保核武器安全与可靠，目前各核武器国家都正在探索之中。美国国内对此计划存在严重分歧：一些反对禁核试条约的政治家、武器专家认为，这套计划风险太大，一旦今后发现不可靠，将使美国核威慑力量受到严重损失，再挽救为时已晚。因此，美国不能放弃核试验，甚至应为恢复核试验做好准备。在此背景下，美国国会一直没有批准《全面禁止核试验条约》,美国国防部和能源部也在积极准备随时恢复核试验。

第四节 核武器的发展趋势

在可预见的将来，核武器将会长期存在。核武器存在一天，核武器技术就会不断发展，特别是核武器攻防技术交替发展，相互促进，又会从军事需求和技术发展两方面推动核国家发展性能更好的核武器。

从美国2002年《核态势审议报告》分析，目前美国的核武库基本上是冷战时期的模式。其特点是：大部分为带分导式多弹头的陆基、海基弹道导弹，核战斗部威力大，投射命中精度一般，打击目标时调整能力有限，钻地能力有限。而当今美国急需打击的新目标为：深埋加固目标、机动和可再定位移动目标，以及具有大规模杀伤能力的生化武器等，并要求在提高精度和限制附带毁害的情况下实施打击。显然，冷战时期的核武器已不适应这些要求，需要开发新型武器。

目前俄罗斯考虑的核武器发展重点是，针对美国国家导弹防御系统的发展，使自己的核武器具有更高的突防能力。

在这些需求的牵引下，美、俄已提出在今后一段时间需要发展的新型核武器大致有下列四种：具有更高突防能力的核武器；高精度低威力核武器；使电子系统失灵的增强核电磁脉冲弹；可摧毁生物、化学武器的增强辐射“除剂武器”(agent defeat weapon）等。第一、二种我们将在本节较详细概述。第三种增强电磁脉冲弹我们在第二章里已有简单的介绍。最后一种摧毁生物、化学武器的增强辐射“除剂武器”，是美国2002年《核态势审议报告》中提出的新概念武器。根据美国国防部和能源部的计划，研究工作正处在概念评估阶段。正在评估的概念包括：怎样利用热和辐射等效应，使生化武器不能移动、不能使用、失效或被摧毁。由于概念评估正在进行，这种武器能否最终研发成功，尚待观察。

一、具有更高突防能力的核武器

为了突破弹道导弹防御系统，在导弹和弹头设计上采取更多更好的突防措施和手段。例如，诱饵、电子干扰、隐身、速燃火箭、机动变轨、抗核加固和核先遣弹等。发展这些突防手段,主要是改进导弹和再入弹头的设计技术，核装置部分的设计可以基本不变，在无核试验条件下进行试验。

俄罗斯正加快生产与部署的“白杨-M”就是一种突防能力很强的核导弹。“白杨-M”是单弹头（也可装多弹头）机动陆基洲际弹道导弹，单弹头威力为55万吨梯恩梯当量，投掷质量为1.2吨，最大射程近2万千米，1997年开始试验性部署。俄罗斯的“白杨-M”导弹是采用先进技术研制成功的新型战略导弹，被誉为美国国家导弹防御系统的“克星”。图6.16为运载在车上的“白杨-M”导弹。

“白杨-M”核导弹的动力装置采用速燃固体燃料三级火箭发动机,导弹助推段飞行时间压缩在80秒以内，助推段高度80至100千米，处于稠密的大气层内,使敌方机载激光助推段拦截系统的效率大大降低,也使弹道导弹防御系统,包括预警、助推段拦截的响应时间十分紧张。

其弹道飞行中段和再入段，采取了特殊的弹道机动变轨技术,配有多种诱饵突防措施,使它能规避多种弹道导弹防御系统.控制与制导系统采用目前最先进的惯性加星光修正和地形匹配制导人工智能系统,命中精度达到90米以下；部署方式分井基和机动两种。地下发射井已加固到可承受48兆帕压力，反应时间只有15分钟。

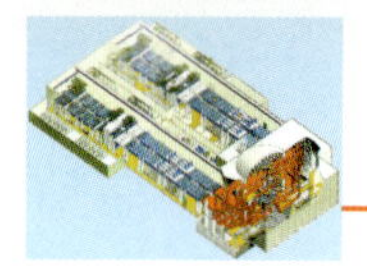

二、高精度、低威力核武器

近年来，美国认为核武器和其他大规模杀伤武器及其技术不断扩散，对美国安全构成严重威胁。而对方核武器或其他大规模杀伤性武器常常隐藏在深埋加固的地下设施内难以发现和打击；美国现有核武器威力太大，不便使用，因此目前还缺乏攻击这类目标的有效手段。于是，美国提出发展高精度、低威力核武器，满足降低核武器使用门槛的要求。美国发展高精度、低威力核武器的重点是钻地式核武器。

低威力核武器的威力一般为几千吨梯恩梯当量以下，尽管威力较低，但仍比其他任何类似的常规武器的威力大得多。美国曾部署过最小威力约为10吨梯恩梯当量的核武器（例如W54），作为短程战术或核爆破装置使用（用于摧毁道路和桥梁）。目前重点考虑的是威力为千吨梯恩梯当量级的钻地核武器。美国人认为可采用氢弹中的“初级”来制造低威力核武器，这样可不必对投射系统进行重复飞行试验，更不必进行核试验。同时，低威力核武器由于本身威力较低，裂变爆炸后产生的放射性较少，使放射性沉降和热辐射等附带毁伤相对较少。低威力钻地武器利用地下深层核爆炸产生的地震冲击波和成坑效应，破坏地下加固目标。摧毁的效果取决于核爆炸的威力、钻地深度、目标周围地质条件等。而钻地深度又与钻地弹的头锥设计（包括减震、减阻等）、质量、头部形状、撞击目标的角度、速度等因素密切相关。

钻地核武器设计的基本要求是：核装置封装在细长、坚固的壳体内，壳体必须坚实到足以穿透土壤、岩石和混凝土，并能保护内部的核装置；在弹体穿透过程中核装置不被冲击波所破坏，一般必须加固到能承受3 000个重力加速度以上的减速度。因此，钻地弹的头锥和壳体的工程设计技术要求很高。

钻地核武器可采用枪法或内爆法设计。美国早期的枪法设计有MK-8和MK-11，近期的内爆法设计有B61-11等。但这些钻地核武器钻地深度十分有限，例如，一枚B61-11核钻地弹（见图6.17）从12 000米高度投下，仅能钻入干土约6米，离摧毁深埋地下设施的要求还很远。美国近期目标是想把B61-11的钻地深度由现在的6米提高到约60米，并尽量减小附带毁伤。

图6.16　俄罗斯的“白杨-M”导弹

俄罗斯也已计划研制新一代高命中精度的低威力核武器。1999年4月29日，俄联邦安全会议决定开始研制新一代低威力核武器。与此同时，面对北约的大肆东扩，俄罗斯感到很大压力，因而提出大量发展易使用的低威力核地雷来保卫其漫长的边疆，

图 6.17 美国 B-2A 轰炸机正在进行 B61-11 核钻地弹投射试验

弥补常规军力的不足。

低威力核武器具有可对目标进行毁灭性打击而又有附带毁伤小、使用方式灵活等特点。将低威力核武器与有钻地能力的高命中精度投射系统相结合，可满足某些核大国试图降低核武器使用门槛的需求。

但是，未来核武器发展已经不能随心所欲地进行，它还受到国际政治、军控和禁止核试验条约的制约，尤其是禁止核试验将使研制与发展新型核武器遇到极大的困难；同时还受实验设备、模拟技术等的制约。

确保核威慑的有效性(确保库存武器安全、可靠和有效)，改进现有核武器性能，发展新核武器，将是各核武器国家的一项长期任务。同时我们也必须清醒地看到，禁止核试验与全面、彻底销毁核武器、消除核战争的危险之间尚有相当大的距离。尽管核爆炸试验已经暂停了，但缔约国在认为条约与国家利益有矛盾时，仍然可以退出条约，恢复核试验。而且美、俄两个核大国的核武库内仍然有成千上万枚核弹头可以使用，由于存在降低核武器使用门槛的趋向，核战争的危险不仅依然存在，还增大了国际社会安全的不确定因素和复杂性。

结 束 语

从日本广岛上空的原子弹爆炸到现在，核武器从最初的一两件，发展到后来的数万件，近十年来又开始逐步削减；弹头威力从一两万吨梯恩梯当量发展到上千万吨梯恩梯当量，后来随着精确制导技术的不断提高又向小型化、中低威力、多弹头方向发展；战略核力量结构也从单纯的战略空军，发展到地潜空三位一体；核武器已走过了半个多世纪的风雨历程。

进入21世纪后，核威慑战略依然是各核大国军事、外交斗争的支柱，《全面禁止核试验条约》签署后，各核武器国家都在为继续确保核武器安全性和可靠性，保持和发展核武器技术能力而努力。美俄2002年达成的《削减进攻性战略力量条约》虽然承诺继续削减双方作战部署的战略核弹头，以降低彼此间的核对抗水平，但这种削减是可逆的，一旦需要，双方都可以迅速地将退出部署的弹头重新转为现役。与此同时，在美、俄宣布的核政策中，都不约而同地扩大了其首先使用核武器的范围，降低核武器使用的门槛，并正在为此发展新的核武器。在这种情况下，一些具有开发核武器能力的国家发展核武器，试图成为“核俱乐部”新成员的努力，也不会停止。辩证唯物主义认为，一切事物都有其发生、发展到最终消亡的过程，核武器当然也不例外。但在可预见的将来，核武器还将继续发展，核战争的危险远未结束。

中国发展有限的自卫核力量，是为了打破核讹诈、核威胁和核垄断，维护国家的独立、主权和领土完整，也是为了保卫世界和平，防止核战争，并最终消除核武器。中国从未参加过核军备竞赛。中国是惟一向全世界承诺无条件地不首先使用核武器，也不对无核国家和无核区使用和威胁使用核武器的核国家。中国的核政策受到国际社会普遍的赞扬。中国还先后加入了《不扩散核武器条约》、《全面禁止核试验条约》等重要核军控条约，为推动核裁军进程作出了重要贡献。

在新世纪中，人类是继续生活在核战争威胁的阴影之下，还是享受和平幸福的阳光，完全取决于人类自己的选择。1999年3月26日，中

图为中国国家主席江泽民在日内瓦裁军谈判会议上讲话

华人民共和国主席江泽民在日内瓦裁军谈判会议上发表题为《推动核裁军进程，维护国际安全》的讲话（见图），阐述了中国关于核裁军的原则立场，并提出了防止核武器扩散、推动核裁军进程的六点建议：第一，拥有世界上最庞大核武库的美俄在核裁军问题上负有更大的责任；第二，《不扩散核武器条约》必须得到全面切实的遵守；第三，核武器国家应尽早以具有法律约束力的方式无条件地承诺，既不首先使用核武器，也不对无核国家和无核区使用或威胁使用核武器；第四，要努力推动《全面禁止核试验条约》，按照条约规定尽早生效；第五，要尽早谈判缔结具有普遍性的可核查的《禁止生产武器用裂变材料公约》；第六，要在上述各项基础之上谈判缔结《全面禁止核武器公约》。江主席的六点建议表明，中国将继续为实现“全面禁止、彻底销毁”核武器的崇高目标而努力。这也是世界人民的共同愿望。

我们已经欣喜地看到，在发展核武器军事应用的同时，科学家们也在努力发展核技术的和平利用。核技术在能源、工业、农业、医学、材料等方面的应用已经取得了令人瞩目的成就，形成了庞大的产业群。随着技术的不断发展，核技术和平利用中的污染等问题的进一步解决，核技术将走进人们的生活，更好地为人类服务。